安全可信技术丛书

数字顽疾：计算机病毒简史

张　瑜　石元泉　著

电子工业出版社·
Publishing House of Electronics Industry
北京·BEIJING

内 容 简 介

本书以科学理性与人文关怀相融合的笔触，系统梳理了计算机病毒从理论萌芽、技术演化到当代智能化威胁的完整发展历程。通过翔实的历史考证与生动的案例剖析，本书深入揭示了病毒技术的理论溯源、核心迭代、关键性人物，及其与数字社会文化的深刻关联，精准勾勒了其在信息技术演进和网络攻防对抗中的多维生态位，并前瞻性地审视了由此引发的社会结构冲击、伦理治理困境及未来潜在风险。全书兼顾理论深度与科普表达，将复杂的技术原理、生动的安全攻防、演化的博弈逻辑，转化为通俗易懂的知识，为读者呈现了一场跨越技术、社会与文化的智慧盛宴。

本书既适合 IT 从业者、网络安全研究者及相关学科学生阅读，亦是科技政策制定者以及所有对数智文明充满好奇的公众读者的理想读物。

图书在版编目（CIP）数据

数字顽疾：计算机病毒简史 / 张瑜，石元泉著.

北京：电子工业出版社，2025. 6（2025. 8 重印）. --（安全可信技术丛书）. -- ISBN 978-7-121-50268-2

Ⅰ. TP309.5-49

中国国家版本馆 CIP 数据核字第 202518H71Y 号

责任编辑：朱雨萌　　文字编辑：赵　娜
印　　刷：河北虎彩印刷有限公司
装　　订：河北虎彩印刷有限公司
出版发行：电子工业出版社
　　　　　北京市海淀区万寿路 173 信箱　邮编：100036
开　　本：787×1 092　1/16　印张：17　字数：400 千字
版　　次：2025 年 6 月第 1 版
印　　次：2025 年 8 月第 2 次印刷
定　　价：88.00 元

凡所购买电子工业出版社图书有缺损问题，请向购买书店调换。若书店售缺，请与本社发行部联系，联系及邮购电话：（010）88254888，88258888。

质量投诉请发邮件至 zlts@phei.com.cn，盗版侵权举报请发邮件至 dbqq@phei.com.cn。

本书咨询和投稿联系方式：xuxz@phei.com.cn。

推荐序一

　　能够为我的两位学生——张瑜教授（博士）和石元泉教授（博士）合著的《数字顽疾：计算机病毒简史》作序，我深感荣幸，也倍感欣慰。作为他们的博士生导师，我有幸见证了他们在学术研究道路上严谨而不失创造性的探索，以及在网络安全领域取得的丰硕成果。这本科普著作既是对他们多年研究经验的总结，也是对网络空间安全在技术与社会层面的历史沿革所作的深度剖析。

　　张瑜教授任职于广东技术师范大学，担任智能安全方面的学术带头人，活跃于多个学术组织。他专注于网络安全关键技术的研究突破与实践落地，主持或参与了多项国家及省部级重大科研项目，并在国际知名期刊上发表了多篇高影响力的论文。他以深厚的科研功底与开阔的学术视野，为本书注入了技术层面的深度。石元泉教授任职于湖南第一师范学院，曾在澳大利亚阿德莱德大学进行学术访学，主持过多个国家自然科学基金项目，并在国际顶级刊物上发表了很多学术论文。他不仅致力前沿技术创新，更善于从社会文化层面深度思考技术的衍生影响。本书技术与社会视角的交融，正是两位作者学术特长与团队协作的完美体现。

　　《数字顽疾：计算机病毒简史》的写作源于两位作者对技术发展深刻洞察的积累，以及对社会文化影响的高度关注。他们以计算机病毒的发展史为主线，不仅展现了技术演进的轨迹，还深入探讨了其背后的社会、伦理与文化意义。从计算机病毒起源的理论构想到当代高级持续性威胁（Advanced Persistent Threat，APT）攻击的现实应用，他们以严谨的逻辑和系统的视角，描绘出一幅动态的历史画卷。这本书并非枯燥的技术描述，而是以生动的笔触呈现病毒、信息技术与人类社会之间复杂而微妙的关系。书中涵盖的重要案例，如"蠕虫"病毒、震网攻击及"太阳风"事件，不仅能让读者感受到技术进步的惊人速度，也促使人们反思技术滥用可能带来的灾难性后果。

　　本书的一个显著亮点在于其多维视角的运用。无论是病毒技术的理论起源、攻击手段的演变，还是病毒编写者的心理动机解读、技术对社会的影响，两位作者都以兼容并蓄的态度，为读者揭示了计算机病毒这一"数字顽疾"的全貌。这种多学科交叉的尝试需要超越单一领域的认知能力，这正是两位作者多年学术积累与合作精神的集中体现。

计算机病毒的历史表面上是技术发展的演变史，实际上也是人与技术、人与社会关系的一个缩影。正如本书前言中所说，计算机病毒"见证了数字技术更新换代的发展路径，还见证了风云人物跌宕起伏的心路历程，更有助于理解国际博弈风云变幻的时空逻辑"。张瑜教授擅长从宏观技术演化的视角捕捉关键节点，而石元泉教授则专注于从跨学科视角探讨技术对社会的深远意义。他们的合作让读者得以在科技、文化与社会的交汇点上，重新审视计算机病毒这一人工生命体的兴衰演变。

此外，本书不仅着眼于计算机病毒的历史梳理，还以史为鉴，洞察计算机病毒未来发展趋势。两位作者以学者的敏锐目光，探讨了人工智能赋能下可能出现的新型病毒威胁，以及定向攻击和勒索软件的潜在风险。他们希望通过这本书，引导网络安全领域的研究者、政策制定者，以及普通读者认识到技术发展的潜在威胁，从而共同构建一个更安全、更具韧性的数字社会。

作为他们的导师，我深知两位作者在学术研究中表现出的严谨与创造力，也了解本书完成过程中所经历的种种考验。特别是在多维度交融的领域，写作不仅需要广泛的文献积累，更考验作者对不同学科逻辑的精准把控能力。两位作者凭借多年的研究功底，克服了这些困难，最终将一本兼具学术性与可读性的优秀作品呈现给广大读者。

总而言之，《数字顽疾：计算机病毒简史》是两位作者为学术界与社会公众奉献的一部科普力作。它不仅填补了计算机病毒历史研究领域的空白，也为网络安全未来的发展提供了新的视角。在此，我衷心希望本书能为更多读者带来启示，激发人们对网络空间安全的深入思考，并进一步推动这一领域的研究与实践发展。

李 涛

四川大学网络靶场创新中心主任兼首席科学家

四川大学网络空间安全学院教授委员会主席

国家网络空间安全重点研发计划项目首席科学家

2025 年 2 月

推荐序二

信息技术的飞速发展，渗透到现代社会的每个角落，而隐藏于光辉背后的阴影——计算机病毒，则成为了数字时代的顽疾。本书《数字顽疾：计算机病毒简史》通过对计算机病毒起源、演化及对抗的全景式梳理，展示了技术变革背后的复杂生态，也为网络空间安全研究提供了独特的视角。

本书的两位作者张瑜教授（博士）和石元泉教授（博士），分别是智能安全与网络安全领域的学术带头人。他们不仅学识渊博，更拥有丰富的科研与实践经验。从早期病毒概念的理论雏形，到现代高级持续性威胁（APT）的复杂运作，他们以严谨的逻辑框架与清畅晓白的笔触，将计算机病毒的技术迭代、深植其中的社会文化烙印、关键人物的智慧与命运，以及昭示未来的演化趋势，编织成一幅既引人入胜又发人深省的知识图谱。书中大量鲜活的案例与历史关键节点的"风云人物"纪实，使得阅读此书不仅是一次前沿技术知识的系统学习，更是一场对技术、人性与社会互动演进的文化与历史沉浸之旅。

《数字顽疾：计算机病毒简史》不仅是一部简史，更是一部寓意深远的技术文化之书。它提醒我们，科技的进步从来不是单线条的庆祝，它伴随着风险与挑战。通过本书，读者可以深入了解计算机病毒的前世今生，从技术的复杂演变中汲取智慧，在未来的信息化浪潮中洞察风险与机遇。

感谢两位作者以科学理性和人文关怀，将纷繁复杂的技术抽丝剥茧，为广大读者奉献出一部既具学术深度、又易于理解的精品力作。我坚信，本书不仅会成为技术从业者和专业研究者的重要参考，也将为关注公共安全和数字伦理的广大读者带来启发和思考——帮助我们正视数字世界的隐秘风险，培育理性与责任，守护未来社会的安全与秩序。

掩卷遐思，感慨良多，遂成七律一首，以抒胸臆：

七律·观病毒简史感怀

病毒初生竟戏游，蠕虫入世几人愁。

攻防博弈侵千域，智勇交锋护九州。

恶疾潜藏犹未尽，良方探索自难休。

且观一卷知风雨，简史传神百代留。

  谨以此序向两位作者致以敬意，亦希望本书能够激发学界乃至全社会对数字时代技术发展、安全伦理及未来治理的更广泛、更深入的思考与探讨。

刘庆中

美国萨姆休斯顿州立大学终身教授

数字与网络取证科学博士点负责人

IEEE 会士，ACM 会士

2025 年 2 月

推荐序三

信息技术日新月异，计算机病毒作为数字时代的一种"顽疾"，已成为网络空间中难以回避的风险。计算机病毒一旦暴发，不仅威胁个人用户的计算机安全，也对国家安全、经济发展与社会稳定构成威胁。因此，深入探讨计算机病毒的起源、演变与社会影响，显得格外迫切。基于这一背景，由张瑜与石元泉合著的《数字顽疾：计算机病毒简史》应运而生，旨在为读者系统梳理计算机病毒的发展脉络与深层内涵。

作为网络安全领域专家，张瑜教授在智能安全研究中成果卓著，多次主持国家自然科学基金等重大项目；石元泉教授则深耕于网络安全与智能计算，拥有丰富的实践经验。两位学者强强联手，使本书在科学性与专业性方面皆能保持高水平，既兼顾学术严谨性，又不乏深入浅出的论述。正如书中所呈现的，计算机病毒不仅是一种技术现象，更与经济、文化及社会形态紧密交融，展现出极为多元的历史与现实意义。

全书分为基础篇、演化篇、博弈篇与趋势篇四大部分：基础篇集中介绍支撑信息技术的关键要素，包括计算思维与理论、硬件技术与软件技术，为理解病毒运行提供坚实的理论基础；演化篇阐明病毒的定义与类型，探究其从实验室概念走向复杂网络攻击的演进历程；博弈篇则剖析计算机病毒与防御技术之间的持续对抗，以攻防视角揭示技术变革与安全威胁的交织；趋势篇展望未来病毒借助人工智能等新兴技术进一步演变的可能性，并探讨如何在此动态环境中完善网络安全。

作者在书中以翔实的案例与数据，生动勾勒出计算机病毒从早期实验室研究到当代高度复杂攻击的嬗变过程。病毒形态与功能经历迭代，在技术层面的革新与社会需求的演化相互作用下，映射出人类对未知的探索。尤其在网络空间地缘政治竞争日益激烈之际，计算机病毒已成为高效率的攻击手段，其地位日渐凸显。与此同时，作者深刻剖析病毒传播与变异所遵循的"适者生存"逻辑，将其比作自然界生物生态的数字化再现，提示我们在追求技术进步的同时，也必须警惕伴随而生的安全隐患。

这部著作不仅是一部关于计算机病毒的专业论述，更是一块洞见数字社会复杂性的多棱镜。它提醒我们，在享受信息技术带来的便利与创新的同时，也须正视其潜藏的风险。作者希冀借由回顾计算机病毒的发展史，让读者更加明晰技术背后的动力与社会渊源。在数字时代前行的道路上，每项技术突破都意味着潜在的博弈与责任，也激励我们致力于防范与治理。

　　谨以此序向两位作者，以及所有耕耘在网络安全前线的工作者致敬，愿我们在快速迭代的技术洪流中，始终保持理性思考与警醒，共同打造更安全、和谐的数字未来。

沈鸿

国家特聘专家

中山大学教授

2025 年 2 月

前　言

　　纵观当前的简史类书籍，大致有两种写作逻辑：一种是以人物为主线，将其置身于波澜壮阔的历史事件中，以凸显其卓越的才智及对事件发展的重要影响力，并细腻地呈现历史人物的孤勇与坚韧；另一种是以事件为主线，在相对平静的历史长河中，点缀一些杰出人物的趣闻轶事，以烘托出"时势造英雄"的历史沧桑感。当然，一般意义上的历史研究，是通过今天的眼光与逻辑审视过去的人物与事件，并赋予其合理化的解释，以积极的历史意义和隐含的现实启示来教育后人，即以史为鉴，启示未来。

　　计算机病毒史，其实就是一部信息技术的发展史。为计算机病毒写"简史"，以今天的逻辑去审视计算机病毒发展过程中所涉及的信息技术、风云人物、历史事件及社会文化，为读者勾勒一幅病毒与信息技术、病毒与重要人物、病毒与数字社会文化相互交融的动态历史画卷，并让读者从中认识计算机病毒技术发展的动态非线性关系，理解计算机病毒的消极影响与积极意义，预测计算机病毒未来发展趋势及其应对之策。显然，要将网络信息与安全技术素养融入计算机病毒发展简史中，需要较长的资料检索时间和极高的简史编纂热情，可谓视野与耐心共生，难度与挑战并存。

　　原本计划一年完成的这本简史，开始写作后却发现涉及技术、思想、人物及社会文化等诸多维度，且每个维度的内容都足以写出一本简史，始觉丰满理想与骨感现实之反差，于是只能寻求妥协：在技术演化逻辑中寻找关键创新点与风云人物，尽量构建出反映人物–技术–社会等多维度交融的计算机病毒简史。

　　人类的好奇心是大自然的馈赠，是与生俱来的。为实现生存这个目标函数，大自然以好奇心为正反馈机制促使多巴胺分泌，激励人类无畏地去寻求目标函数的多维解，以拓展自己的认知边界，提升人类的生存概率，进而造福整个人类。回顾计算机病毒的演化历史，人类的好奇心一直在扮演重要的角色。正是在好奇心的驱使下，人类不断尝试与实验各种异想天开的构思，在病毒技术、病毒种类、病毒攻击力、传播途径、智能融合等维度不断创新求变，展现出由好奇心所激励、所迸发的技术创新热情。

滥觞于美国麻省理工学院（MIT）AI 实验室的黑客精神，是人类好奇心在数字时代的诠释与弘扬。黑客（Hacker），原本是一群以崇尚信息开放、追求信息分享、倡导信息自由为己任，推动构建数字文明，弘扬冒险精神与正能量的数字时代的"罗宾汉"。但目前"黑客"这个名称的内涵已时过境迁，甚至已具有贬义色彩，而其初设内置的技术冒险与理想主义精神依旧赓续于技术爱好者心里，并不断尝试在有限的编码范围内发掘无限的可能性，推动数字时代的变革，以软硬件改变世界。

冯·诺依曼在不经意间开启了"自我复制"式图灵机模型理论的构思，为计算机病毒勾勒了理论架构。贝尔实验室的三位年轻程序员为消磨工作之余的无聊时光，灵光乍现地编写了一款游戏《磁芯大战》：通过自我复制来侵占对方领地以扩展生存空间。科幻小说作者更是异想天开地构思了一种能自我复制并通过信息通道传播的计算机程序。鲍勃·托马斯为测试阿帕网的连通性编写了类似蠕虫的"爬山虎"（Creeper）程序。里奇·斯克伦塔纯粹出于满足好奇心和炫耀的目的编写了苹果电脑的首例病毒"麋鹿克隆"（Elk Cloner）。

好奇心一直驱使人类不断探索新技术。当时还在美国南加利福尼亚大学就读的弗雷德·科恩，对计算机病毒产生了浓厚的兴趣，并将自己的研究课题设定为"能自我复制并感染其他程序"的破坏性计算机程序。他首次将此类程序称为"计算机病毒"，使得计算机病毒从实验室进入公众视野。当巴基斯坦的两兄弟为保护知识产权和打击盗版而开发了"Brain"病毒时，计算机病毒因其现实威胁性开始引起广泛关注，成为媒体追踪报道的焦点。这些事件标志着计算机病毒作为一种"人工生命体"正式进入公众视野，并开始对信息技术和网络安全产生深远影响。

与自然界中的生命体类似，作为"人工生命体"的计算机病毒，其生息繁衍同样离不开"生态系统"的支撑。在计算机生态系统中，病毒的演进一直遵循"适者生存"的进化逻辑与"错位竞争"的生态位博弈原则。无论是计算生态系统支撑平台的快速迭代，即 DOS 系统➔Windows 系统➔Linux 系统➔Android 系统，还是其应用领域的极速扩展，即个人计算机（PC）➔互联网（Internet）➔移动–云（Mobile-Cloud）➔人工智能（AI），计算机病毒也在迅速演化并适应该生态系统。

"艾滋"病毒以 189 美元的勒索赎金震惊了与会者；"千禧虫"引发的恐慌使人们开始反思病毒带来的时代困境与现实威胁；"震网"病毒开创了破坏伊朗核电基础设施的先例；"太阳风"蠕虫则导致多个美国联邦机构及财富 500 强企业网络瘫痪。这些具有时代意义的计算机病毒攻击，无不论证了计算机病毒快速迭代与超强的适应能力。同时，也表明支撑其演化与适应的幕后推手在悄然改变，已从推崇个人英雄主义的散兵游勇式黑客，逐渐转向有组织、有资金，并得到国家支持的高级持续性威胁（APT）攻击组织。

　　计算机病毒演化幕后推手的更替，折射出网络空间中剧烈博弈的严峻现实。随着网络空间成为继陆、海、空、天之后的第五维疆域，其战略重要性日益凸显。为规避外交纠纷及热战的破坏性，全球大国开始在网络空间展开各类激烈的虚拟博弈。计算机病毒作为一种高效的网络空间博弈武器，正在全领域、多维度、智能化加速演进。如果未来出现一款具有人脸识别功能且能够与人交互的定向勒索病毒，这将不足为奇，这既是病毒演化的必然趋势，也是其作为数字顽疾的明证。

　　作为网络空间的数字顽疾，计算机病毒从最初的网络连通性测试、恶作剧、反击软件盗版等原始形态，逐步演变为勒索赎金、加密文档、泄露机密等网络犯罪工具，最终发展成为政经间谍、情报搜集、网络战武器等地缘政治博弈的利器。其演化史不仅见证了数字技术更新换代的发展路径，还见证了风云人物跌宕起伏的心路历程，更有助于理解国际博弈风云变幻的时空逻辑、把握数字时代脉搏、洞察信息技术趋势，进而洞悉人类数智文明演化逻辑。

　　本书获得了国家自然科学基金（61862022，62172182）、广东省自然科学基金（2023A1515011084）、广东省高校重点科研平台与项目（2022ZDZX1011）、广东技术师范大学博士点建设单位科研能力提升项目（22GPNUZDJS27）、浙江省信息安全重点实验室项目（KF202306）等研究项目的资助。全书从各种论文、书刊、期刊及网络中引用了大量资料，有些已在参考文献中列出，有些无法查证，资料作者可与本书作者或出版社联系，在此谨向所有资料作者表示衷心感谢！

作者

2024 年 10 月

目 录

博 弈 篇

趋 势 篇

基 础 篇

互联网（Internet）是一个由无数计算机、服务器、通信设施相互连接而成的全球信息传输与交互的通道，是网络信息交互的物质基础。网络空间（Cyberspace）是各类实体借助互联网这个信息传输通道进行互动、竞争与合作的场所，是实体交互的虚拟空间。随着互联网技术的迅猛发展，网络空间已演化成一种先进的生产关系，深刻影响了人们的生产、生活方式，被视为继陆、海、空、天之后的第五维疆域，是一种人造的多维数字虚拟空间。

第 1 章　信息技术：网络空间的物质基础

信息技术是构建网络空间的基础。艾伦·麦席森·图灵（Alan Mathison Turing）撒播的计算文明火种，通过约翰·冯·诺依曼（John Von Neumann）的存储程序架构擘画，并在理查德·马修·斯托曼（Richard Matthew Stallman）开源思想的启发下，在由CPU、GPU、内存芯片和编程语言、操作系统等软硬件构建的信息技术土壤里，以摩尔定律的增速极速扩散与发展，结出信息技术的累累硕果，最终成就了人类数智文明的辉煌与灿烂。

1.1　计算思维与理论

人类的计算需求亘古未变，且计算量与日俱增。计算与智能是息息相关的，在数据量剧增的现代智能社会里，简单粗放的"刀耕火种"式计算，显然已无法满足人类的需求，需要与时俱进地更新计算思维与理论。计算思维与理论，犹如蛰伏于冬季冻土里的毛毛虫，破茧而出，将会在绚烂的计算空间划出一道永恒美丽的亮光，为人类的信息文明乃至数智文明奠定坚实基础、提供不竭动力。

1.1.1　计算火种：史前计算

人类的计算梦想亘古不灭，人类文明更是与计算息息相关。按照美国社会学家路易斯·亨利·摩尔根（Lewis Henry Morgan）的理解，人类社会可划分为三个阶段：蒙昧阶段、野蛮阶段和文明阶段。每个阶段可通过其显著标志来区分：蒙昧阶段到野蛮阶段的标志是发现与发明，野蛮阶段到文明阶段的标志是社会制度。可以想象，在人类的蒙昧阶段，混沌初开，人类与其他动物一样为生存而狩猎。在分配狩猎成果时，必然会涉及计数与计算。

◆ **十进制与人类文明**

为了合理分配狩猎成果，最原始的计数方法便是使用手指。然而，随着狩猎成果的增加及对猎物存储需求的扩大，单纯依靠手指计数已无法满足需求。于是，人们开始使用垒石、结绳、枝条、刻字等方式进行计数与计算。为简化计算与统计，十进制的"逢十进一"方法逐渐出现。尽管玛雅人采用"逢二十进一"的二十进制计算，但其本质上仍是对人体手指和脚趾的最大利用，可以视为十进制的扩展。中文的"十"是双手食指交错叠加的象形表达，英文中十进制单词 decimal 的"dec"词根也源于手指的象形字母"d"。

人类文明与十进制计算紧密相连。公元 5 世纪前后，古印度人发明了阿拉伯数字。随后的两百年，阿拉伯人开始征服世界，简单易懂、易于书写和计算的阿拉伯数字传入阿拉伯世界，接着传入欧洲，从而被世界广泛采用。约公元 14 世纪，中国人发明并开始使用算盘作为计算工具，这是人类首次使用的十进制计算工具。随着时间的推移，十进制已逐渐成为全球通用的计数系统，被广泛应用于数学、科学、财务、商业等领域，极大地促进了人类文明的发展。

◆ **二进制与科学计算**

二进制在人类早期文明中扮演了重要角色。通过狩猎活动，人类观察到大量具有对立统一特征的事物或因素，例如，男与女、天与地、昼与夜、上与下、前与后、左与右、有与无等。《易经》是一部将古代中国自然科学和社会科学融为一体的哲理性经典著作。古人使用《易经》进行占卜、预测、决策、修身养性等方面的活动，如对个人、家庭、国家及天灾人祸等方面的占卜。此外，《易经》还被用于指导政治、军事、医学等领域的决策。

二进制是《易经》中的一种重要哲学思想。《易经》有言："易有太极，是生两仪，两仪生四象，四象生八卦。"其中"两仪"指具有阴阳对立与并存性质的两种事物或因素，如阴与阳、奇与偶、刚与柔、乾与坤等。用"—"表示"阳"，称为"阳爻"；用"--"表示"阴"，称为"阴爻"。受《易经》影响，老子在《道德经》中也阐述了包含二进制思想的宇宙演化规律："道生一，一生二，二生三，三生万物。"总之，《易经》用阴爻和阳爻来表征天地万物，而二进制用 0 和 1 表示一切数，两者的共同之处在于都用两个符号来表示事物。

如果说《易经》的二进制思想是一种简单模糊的表达，那么德国的哲学家、数学家和物理学家戈特弗里德·威廉·莱布尼茨（Gottfried Wilhelm Leibniz）在公元 1679 年发表的学术论文《论二进制级数》则明确提出了二进制算术的表达原则，并给出了加减乘除四则运算规则。莱布尼茨是一位虔诚的基督徒，其宗教信仰对他的哲学和数学思想产生了深远的影响。据说，莱布尼茨发明二进制算术有其宗教目的，旨在用 0 和 1 来表达上帝从无中创造出一切。

人类一直在追求计算速度与精度的提高。机械化的计算设备能显著提升计算速度，计算机器的出现是自然且符合逻辑的。由于电子器件大多具有两种稳定状态，如晶体管的导通与截止、电压的高与低、磁性的有与无等，因此电子计算机采用二进制算法具有极大的优势，不仅可简化设计和操作，提高可靠性和容错性，还能方便实现跨平台的兼容性。这也是现代计算机系统采用二进制算法来表示和处理数据的主要原因。

1.1.2　计算文明：图灵机

图灵机是英国数学家艾伦·图灵于 1936 年在其论文 *On Computable Numbers, with an Application to the Entscheidungsproblem*（论数字计算在决断难题中的应用）中提出的一种抽象计算模型，即一切可计算的问题都可以由一个虚拟的机器代替人类进行计算。由于其独具一格的理论创新及其对计算机物理实现与工业制造的重要启示意义，该计算理论模型被称为"图灵机"（Turing Machine），以纪念艾伦·图灵的这一伟大理论构想。

图灵机理论是计算理论的里程碑，证明了任何可计算的问题都可以由这一模型处理。为纪念艾伦·图灵并奖励在计算机科学领域做出重要贡献的杰出人物，美国计算机协会（Association for Computing Machinery，ACM）于 1966 年设立了图灵奖。艾伦·图灵在提出图灵机时，其初衷是解决可计算的问题，图灵机却给出了一个可实现的通用计算机模型，且能模拟现代计算机的所有计算行为，促成了现代计算机信息文明的到来。

◆ **图灵机**：计算机理论模型

公元前 4 世纪，古希腊哲学家欧布里德（Eubulides）提出了著名的说谎者悖论："如果一个人说'我正在说谎'，那么他到底是在说实话还是在说谎？"类似地，伯特兰·罗素（Bertrand Russell）于 1903 年提出了著名的罗素悖论：如果一位理发师只给不为自己理发的人理发，那他给不给自己理发呢？这些悖论都源于递归自指：当一套理论开始描述其自身，就会出现悖论。然而，数学家们心怀执着，依然尝试寻找一个完备系统，以判定命题真假的通用算法。1900 年，德国数学家大卫·希尔伯特（David Hilbert）和威廉·阿克曼（Wilhelm Ackermann）提出了判定问题。

1936 年，尽管两位数学家分别用不同的方法给出了判定问题的否定解答，相比于美国数学家阿隆佐·邱奇（Alonzo Church）的 λ 演算方法，英国数学家艾伦·图灵采用了一种更为直观且形象的计算模型：图灵机。图灵机是一个抽象的数学概念：将所有一阶逻辑命题的真伪问题转化为判定图灵机是否会停机的问题。艾伦·图灵证明了不存在一种通用算法可以判定所有图灵机是否停机，从而打破了希尔伯特寻找一个普遍有效的判定算法的希望。

艾伦·图灵的基本思想来自模拟人类使用纸笔进行数学运算的过程。受机械打字机的启发，艾伦·图灵设计出一种抽象机器，其操作对象是一条无限长的一维纸带。纸带被划分为无数个小方格，每个小方格可以存储一个符号（如数字、字母或其他符号）。机器还包括一个可移动的读写头，该读写头受一组指令控制，可以读取、擦除和打印纸带上的符号。图灵机模型如图 1-1 所示。

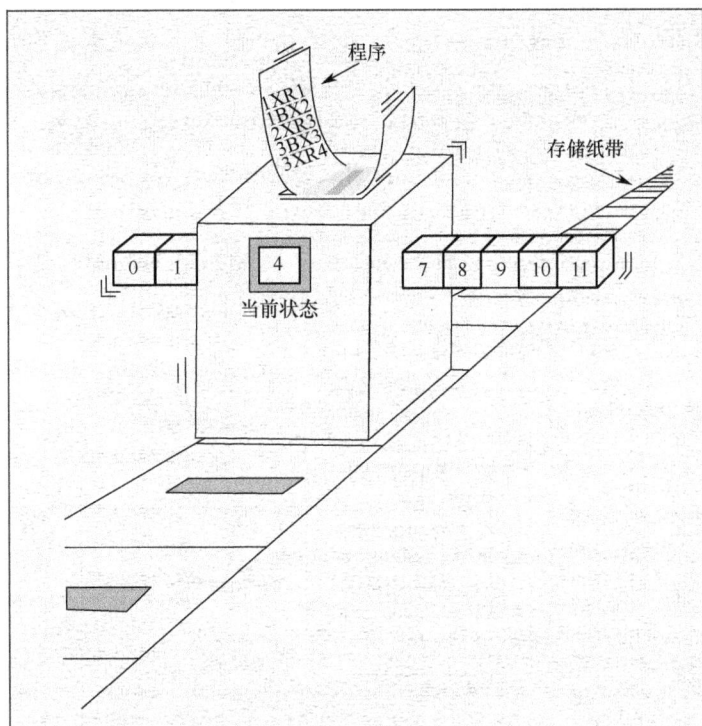

图 1-1 图灵机模型

图灵机的工作流程如下：

（1）读写头读出存储纸带上当前方格中的符号；

（2）根据当前状态和读到的符号，找到相应的指令；

（3）执行指令：在当前方格上写入一个符号，更改自身状态，移动读写头（向左、向右或保持不动）。

图灵机的理论意义在于：

（1）它提供了一个可实现的通用计算机模型；

（2）引入了通过"读写符号"和"状态改变"进行运算的思想；

（3）证实了基于简单字母表实现复杂运算的能力；

（4）引入了存储、程序和控制器等现代计算机概念的原型。

正如古希腊著名的物理学家阿基米德（Archimedes）所言："给我一根足够长的杠杆和一个支点，我可以撬起整个地球。"同样，只要给图灵机足够多的状态，它就能实现更多功能，理论上可以完成现代计算机所能执行的所有复杂算法。

◆ **计算机：图灵机的物理实现**

作为信息文明理论基石的图灵机，已经从理论上证明了机器可以完成所有人类能完成的计算工作。图灵机只是计算机的理论模型，基于这个理论模型去实现一台真正的计算机，还需要考虑两个问题：存储在纸带上的字符表和控制器。

人类习惯使用十进制数进行日常运算。如果让机器来替代人类进行计算，数制的选择将直接影响计算速度和精度。字符表中的符号越少，程序的复杂度会越低，但读写和移动的次数会相应增加。研究表明，字符表中的最优符号数量接近欧拉数 e（约 2.718）。结合具有两个稳定状态的电子元器件，字符表的数量通常选为 2，即二进制数制，这在计算机工程中已成为标准。

在解决了计算机所采用的数制后，该如何实现控制器的控制功能？英国数学家乔治·布尔（George Boole）创立的布尔代数，为计算机的控制电路设计提供了重要的数学方法和理论基础。基本的布尔逻辑运算如图 1-2 所示。

逻辑	真值表	MIL逻辑符号
与 (AND)	A B Y 0 0 0 0 1 0 1 0 0 1 1 1	
或 (OR)	A B Y 0 0 0 0 1 1 1 0 1 1 1 1	
非 (NOT)	A Y 0 1 1 0	

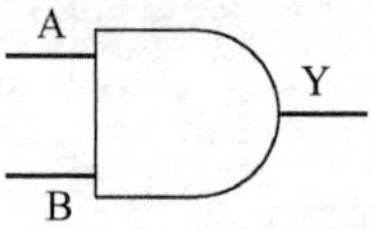

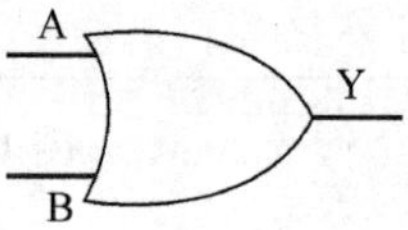

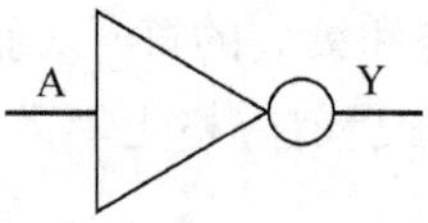

图 1-2　基本的布尔逻辑运算

计算机的控制器可以使用布尔逻辑运算实现，其算术运算和存储功能可通过逻辑组合来完成。从电子管到晶体管，再到集成电路，均可实现这些逻辑组合。在图灵机给出的通用计算机模型的基础上，通过将所有逻辑和算术运算转换成二进制运算，再利用布尔代数将二进制运算转换成布尔运算，并通过集成电路实现所有布尔运算，就可以从物理上实现替代人类计算的"计算机"。

基于图灵机理论模型，并结合在曼哈顿计划中制造数字计算机的经验，冯·诺依曼提出了著名的存储程序计算机体系结构，即冯·诺依曼架构。这种架构为现代计算机的设计提供了重要的基础。由于他们在计算机科学发展方面的杰出贡献，艾伦·图灵被誉为"计算机科学之父"，而冯·诺依曼则被誉为"计算机之父"。

1.1.3　计算体系：存储程序思想

如果说图灵机描述的是计算机的抽象理论模型，冯·诺依曼体系结构则是对图灵机这个抽象理论模型的具体实现。依据图灵的图灵机理论构想及自己亲手研发大型计算机的实践经验，冯·诺依曼提出了电子计算机使用二进制数制系统和存储程序，并按照程序顺序执行。

冯·诺依曼总结了计算机运行的三个维度：计算机结构包含运算器、控制器、存储器、输入和输出设备；程序和数据以二进制形式在存储器中存放，按地址区分；运行机制中，控制器依据存储指令指导运算器操作，执行结果返回存储器。这就是造就 IT 技术辉煌及开创与延续数字信息文明的冯·诺依曼存储程序思想。

◆ 冯·诺依曼体系结构

"Computer"原义是指"进行数字计算的人员"，后因出现了帮助人们进行计算的机器，才将其词义扩展为"计算机"。计算机的出现是人类发展至特定阶段的必然产物。在人类发展的初级阶段，人数不多，涉及学习、工作和生活计数的工作量自然不大，手工统计及计算就足以胜任。当人数增多后，数据量猛增，此时的手工统计与计算就显得力不从心了。19 世纪，美国的西进运动导致人口剧增，要进行全国性的人口普查，通常要 10 年之久才能完成。

1880 年，美国又开始进行全国性人口普查，为将当时的 5000 余万美国人登记造册。望着厚厚的人口登记册，美国人口调查局的赫尔曼·霍列瑞斯（Herman Hollerith）博士陷入沉思。如果像往常那样手工统计、计算，估计要到 1890 年才能最终完成，但按如此迅猛的人口增长趋势，10 年后的人口数早就改变了。为改进传统的手工统计人口的方法，赫尔曼·霍列瑞斯发明了打孔卡片制表机，利用机器自动完成数据统计，以减少统计制表工作量。赫尔曼·霍列瑞斯的制表机比手工方式快 10 倍以上，两年半就完成了人口普查工作，节省了几百万美元。为此，赫尔曼·霍列瑞斯创建了制表机器公司（Tabulating Machine Company），该公司后来被 IBM 公司兼并。

在第二次世界大战期间，由于美国对武器军火的系统复杂性和性能精确性要求提高，需要用自动且精确的计算机器来替代缓慢且易错的手工计算，客观上促进了计算机的出现。为研制新型大炮及其他武器，美国陆军军械部在马里兰州阿伯丁设立了弹道研究实验室。为解决每天面临的大量弹道计算问题，该实验室提出试制"高速电子管计算装置"的设想。1946 年诞生于宾夕法尼亚大学的 ENIAC（Electronic Numerical Integrator And Computer，电子数字积分计算机），就是这个设想的实践成果。如图 1-3 所示为世界首台商用计算机——ENIAC。ENIAC 被认为是世界上首台可编程的通用电子计算机，但是 ENIAC 仍旧使用插线板编程，且编程效率很低，据说一个简单程序在 ENIAC 上编程最多要耗费 20 天。

图 1-3　世界首台商用计算机——ENIAC

当时担任弹道研究所科学顾问的是正在参加美国第一颗原子弹研制曼哈顿计划的数学家冯·诺依曼。带着曼哈顿计划（1944 年）实施中遇到的大量计算问题，以及研制 ENIAC 时存在的问题：没有存储器且用较慢的插线板进行编程与控制，冯·诺依曼和研制团队在后续研制改进型计算机——EDVAC（Electronic Discrete Variable Automatic Computer，电子离散变量自动计算机）的过程中，发表了影响计算机历史进程的 101 页的研究报告：*First Draft of a Report on the EDVAC*（EDVAC 报告书的首份草案）。

在该报告中，冯·诺依曼和研制团队提出了一个全新的"程序存储计算机"（Stored-program Computer）概念。尽管是团队研究成果，但不知是疏忽还是其他原因，该研究报告只署了冯·诺依曼一个人的名字。后来人们便开始将此方案称为冯·诺依曼计算体系。冯·诺依曼计算体系解决了很多关键性问题，为真正意义上的计算机诞生及后续的快速发展奠定了坚实的理论基础。目前所有的单片机、PC、智能手机、服务器依然遵循冯·诺依曼体系架构。冯·诺依曼也因此被誉为"计算机之父"。

冯·诺依曼的存储程序理论要点可概括为三点：①计算机由控制器、运算器、存储器、输入设备、输出设备五大部分组成；②程序和数据以二进制代码形式不加区别地存放在存储器中，存放位置由地址确定；③控制器根据存放在存储器中的指令序列（程序）进行工作，并由一个程序计数器控制指令的执行。冯·诺依曼体系结构如图 1-4 所示。

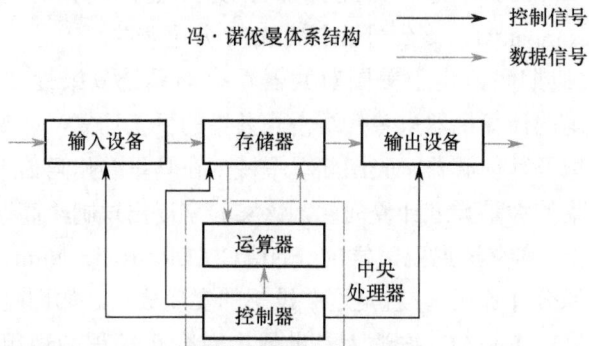

图 1-4　冯·诺依曼体系结构

◆ **存储程序思想**

早期的计算机是由各种门电路组成的，而运行的计算机程序由硬件化的各种门电路组成。这些门电路通过组装出一个固定的电路板来执行一个特定的程序。一旦需要修改程序功能，就要重新组装电路板。显然，此类硬件化程序的执行，是非常费时、费力、费资源的，不利于计算机的推广使用。

为解决计算机存在的上述缺点，冯·诺依曼及其团队提出的体系结构的优势非常明显，主要体现为：①集成性，通过三大总线（控制总线、数据总线、地址总线），将计算机五大组件紧密相连；②易用性，通过廉价易用的电子元件实现二进制代码的存储；③匹配性，通过缓存系统解决了 CPU 和存储器之间的数据传输瓶颈；④可编程性，计算机可按事先编写的程序逐步运行。

冯·诺依曼体系结构所体现的存储程序思想，对于计算机技术的发展意义重大。在硬件维度上，通过将计算机划分为五大组件：控制器、运算器、存储器、输入设备、输出设备，简化了计算机的结构设计，化繁为简，促进了计算机各个组件技术的快速深入发展。在软件维度上，计算机硬件是可编程的且在软件控制下运行，这也促进了软件体系的划分。自底向上可将软件划分为：硬件抽象软件、操作系统、应用软件，其中的硬件抽象软件将硬件与软件隔离，操作系统将用户与硬件隔离，应用软件则直接面向用户提供相应的服务。

存储程序思想不仅为计算机技术发展提供了硬件结构、软件体系、数据存储体系等理论支撑，更为后续的计算机网络、移动智能设备、云计算、物联网、人工智能等 IT 技术的发展奠定了理论基础，对人类社会从工业文明向数字信息文明转换意义重大。

1.1.4　计算动力：摩尔定律

2022 年，台积电（TSMC）宣布建造新工厂以生产体积更小、速度更快且效率提升30%的"2 纳米"芯片，为包括智能手机、笔记本电脑等在内的所有智能设备提供大算力支持。自 1965 年戈登·摩尔（Gordon Moore）提出著名预言（史称摩尔定律 Moore's Law）：集成电路上可容纳的晶体管数量每 18 个月将翻一番，而成本保持不变。这意味着处理器的性能将以指数级增长，且在过去几十年的芯片技术发展中得到了验证。摩尔定律对计算机技术的发展起到了重要的推动作用，使计算机变得更小、更快、更强大。如今，摩尔定律不仅论证了奇点技术理论，更成为一种文化隐喻：冀望科技每年都能不断进步、推陈出新、更上层楼。

◆ **潮起摩尔定律**

1955 年，被誉为"晶体管之父"的威廉·肖克利（William Shockley）离开美国贝尔实验室，创办了自己的实验室——肖克利半导体实验室（Shockley Semiconductor Laboratory）。该实验室迅速吸引了大量才华横溢的年轻科学家。但肖克利的管理方式和古怪的行为使不少员工感到不满，包括戈登·摩尔在内的 8 个人决定辞职。这 8 个人后来被称为“八叛逆”，在 1957 年，他们接受位于纽约的仙童摄影器材公司（Fairchild Camera and Instrument）的资助，创立了仙童半导体公司（Fairchild Semiconductor）。

在创业初期，仙童半导体公司专注于晶体管的研究与生产，并首创了商业化生产集成电路的方法。凭借技术优势，仙童半导体公司在随后的 10 年中快速发展，并吸引了大量优秀的电子技术人才。1965 年 4 月 19 日，时任仙童半导体公司工程师的戈登·摩尔在 *Electronics Magazine*（电子学）杂志发表了一篇名为 *Cramming More Components onto Integrated Circuits*（让集成电路填满更多的组件）的论文。在该文章中，摩尔基于历史数据，做出了大胆的预言：半导体芯片上集成的晶体管和电阻数量将每年增加一倍。

1975 年，戈登·摩尔在 IEEE 国际电子组件大会上发表了论文 *Progress in Digital Integrated Electronics*（数字集成电路进展），根据当时的实际情况修正了他的预测，将“每年增加一倍”改为“每两年增加一倍”。这一修正版的摩尔定律表述为：集成电路上可容纳的晶体管数量约每两年增加一倍。此后，Intel 公司首席执行官大卫·豪斯（David House）进一步调整了这一定律，他提出集成电路上可容纳的晶体管数量每 18 个月将翻一番，同时成本保持不变。图 1-5 所示为摩尔定律。

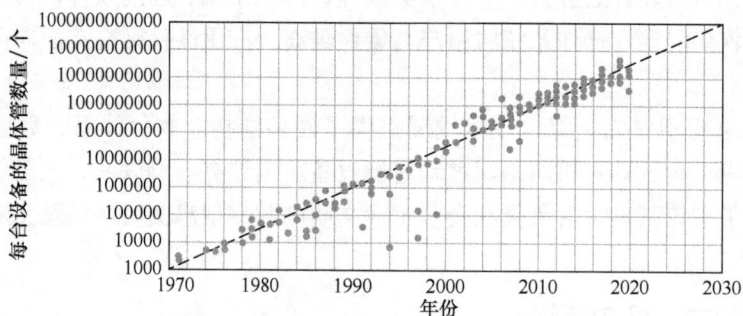

图 1-5　摩尔定律

摩尔定律是行业工程师戈登·摩尔在简单评估半导体技术进展后的经验之谈与大胆预言，并非通常意义上的自然科学定律，它揭示的是 IT 技术的进步速度。摩尔定律已被后续的芯片技术发展持续验证。世界首款商用芯片是 Intel 公司于 1971 年推出的 Intel 4004 芯片，拥有 2300 个晶体管，每个晶体管大小约为 10 微米。20 世纪 80 年代初，晶体管的尺寸缩小到 1 微米，芯片上则集成了多达 100,000 个晶体管。20 世纪 90 年代，每个芯片上的晶体管数量达到了百万级。21 世纪初，芯片上的晶体管数量达到了 1 亿级，10 年后达到了 10 亿级。2020 年 10 月，Apple 公司发布的智能手机“iPhone 12”系列所采用的“5 纳米工艺”CPU 拥有超过 100 亿个晶体管。2025 年 3 月，Apple 发布了 M3 Ultra 芯片，内部共集成 1840 亿个晶体管，将性能提升至新极限。

◆ IT 技术突飞猛进

最初的摩尔定律从晶体管集成数量的角度揭示了微处理器（CPU）芯片研发速度及其性能的关系。然而，这一定律的正确性不仅可以在微处理器层面进行验证，还可以从计算生态系统的其他两个关键层面（内存芯片和系统软件）进行考察。

由于 CPU 和内存速度的严重不匹配，CPU 常常在等待从内存中获取数据的过程中处于闲置状态。为提升计算机系统的整体性能，需要一个速度能够匹配 CPU 但容量小于内存的数据存储中转站，这就是缓存。因此，计算机的存储系统被分为多个层次，包括寄存器（Register）、高速缓存（Cache）、内存（Memory）和硬盘（Disk）。缓存可以进一步细分为一级缓存（L1 Cache）、二级缓存（L2 Cache）、三级缓存（L3 Cache），甚至四级缓存。例如，Intel 的 i7-6560U 处理器有两个内核，每个内核配有 64KB 的一级缓存和 256KB 的二级缓存，并共享一个 4MB 的三级缓存。当 CPU 需要读取数据时，首先在缓存中查找，如果找到则读取该数据；如果未找到，则从下一级缓存或内存中读取数据并将其存储到缓存中以便后续访问。存储系统的容量与性能的金字塔结构如图 1-6 所示。

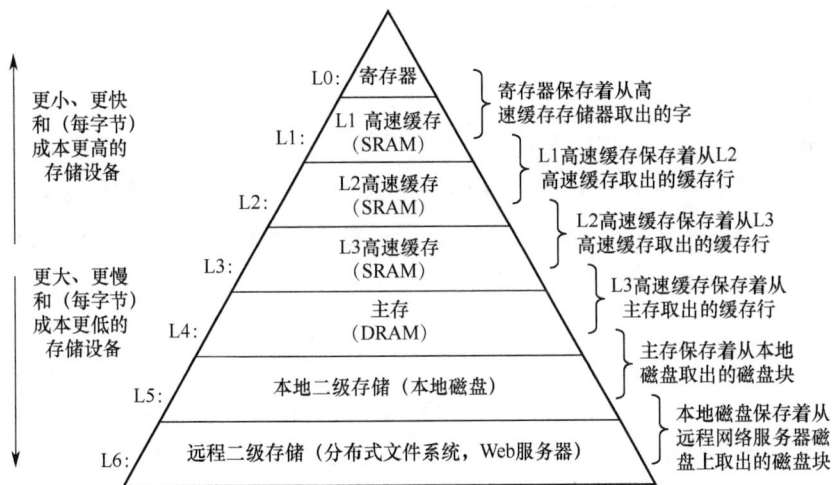

图 1-6　存储系统的容量与性能的金字塔结构

在计算机内存芯片容量方面，可参照 Intel 的 CPU 芯片进化路线来验证内存芯片容量的发展是否遵循摩尔定律。与 Intel 的 CPU 芯片类似，内存芯片容量演进基本遵循摩尔定律。

在系统软件的发展方面，早期受限于 64KB 的存储容量，DOS 操作系统的规模和功能都受到很大的限制。然而，随着内存容量的指数级增长，系统软件的代码行数也开始迅速增加，符合摩尔定律的预期。例如，Windows 95 约有 1500 万行代码，Windows 98 约有 1800 万行代码，Windows XP 约有 3500 万行代码，而 Windows Vista 的代码则达到约 5000 万行。Basic 语言的源代码在 1975 年只有约 4000 行，但 20 年后增加到约 50 万行。可以预见，随着应用程序的不断扩展，软件的规模和复杂性也将持续快速增长，符合摩尔定律的预期。

◆ 后摩尔定律时代

2023 年 3 月 24 日，摩尔定律的提出人戈登·摩尔在夏威夷的家中去世，享年 94 岁。

斯人已逝，由其预测的摩尔定律是否也将随风飘逝？尽管在 IT 技术发展过程中，摩尔定律一直占据主导地位，但受运行速度和材料尺寸的物理限制，其推进变得越加困难且成本越加高昂。美国纽约城市大学的理论物理学家加来道雄曾指出，高温和漏电是摩尔定律失效的两大主要因素。即便通过进一步优化硅材料以延续摩尔定律的生命力，但最终将会逼近硅材料的物理极限，量子效应也将严峻制约摩尔定律的发展。

在步入后摩尔定律时代，人们积极探索各种方法以持续维持摩尔定律的效力。目前，主要从芯片架构和光刻技术两个维度入手。

在芯片架构方面，主要包括 SoC（System-on-a-Chip）架构、Chiplet（芯粒）架构和 GPU 架构。SoC 架构是一种将处理器核心、内存、外设控制器和其他硬件组件集成在单一芯片上的设计方式，通过将多个功能单元集成在一起，达到更高的性能和更低的功耗。Apple 公司最新的 M2 芯片即采用了 SoC 架构，集成了 200 亿个晶体管。Chiplet 架构是一种封装技术，通过将 SoC 设计切割成不同工艺节点的小芯片，并通过先进封装技术实现高密度互联，将多个小芯粒集成在一个芯片内。Intel 和 AMD 等芯片公司已经开始推出基于 Chiplet 架构的芯片。GPU 架构是一种异构多核计算技术，旨在满足迅猛增长的 AI 计算需求。NVIDIA 是市场上主要的 GPU 制造商之一，其 GPU 架构包含多个系列，如 Fermi、Kepler、Maxwell、Pascal 和 Turing 等。随着 AI 技术的发展，NVIDIA 的 CEO 黄仁勋（Jensen Huang）提出了一个属于 AI 时代的摩尔定律：GPU 将推动 AI 性能逐年翻倍。

光刻技术是制造越来越微小的晶体管的核心技术。光刻技术通过在硅衬底上覆盖光刻胶，在光照射下产生反应。光穿过具有特定图案的掩模后，会使光刻胶曝光部分发生反应，而未曝光部分保持不变。显影处理后，硅衬底上形成与掩模相匹配的图案。光刻机原理如图 1-7 所示。

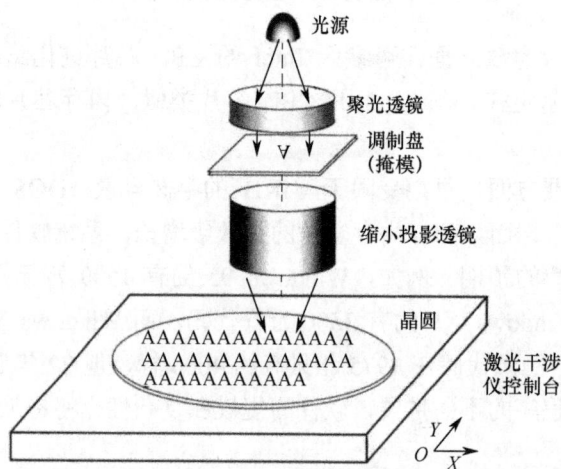

图 1-7　光刻机原理

目前，EUV（Extreme Ultraviolet，极端紫外）光刻技术是先进的半导体制造技术之一，用于制造集成电路中的微小结构。相比传统光刻技术，EUV 光刻技术具有更高的分辨率和更小的制造尺寸。EUV 通过激光在真空中轰击熔融锡液滴并将产生的光反射到蔡司制造的镜子上实现。荷兰 ASML 公司开发的 EUV 光刻系统使用波长 13.5 纳米的极紫外光（几乎接近 X 射线范围），是工程界在物理极限上的惊人突破。如图 1-8 所示为荷兰 ASML 光刻机。

图 1-8　荷兰 ASML 光刻机

总之，在后摩尔定律时代，人们正在采取一切可能的手段来维持摩尔定律的发展。摩尔定律作为一个极富产业洞察力的技术预言，对于 IT 技术的进步与创新的推动，具有无可估量的深远影响。此外，摩尔定律的应用范围已从计算机科学延伸到社会各个领域，加速了科技在各个领域的应用和进步。

1.1.5　计算理念：开源思想

20 世纪 30 年代，麻省理工学院（MIT）标志性地开启了计算机科学的研究，这一举措为计算机科学奠定了初步基础。第二次世界大战结束后，伴随新自由主义思潮在美国的兴起，一种截然不同的计算机文化逐渐显现：黑客文化。这种文化崇尚信息开放、追求信息分享、倡导信息自由。

起初，这些黑客利用精湛的技术手段，挑战传统观念，树立了一种理想主义的精神旗帜，催生了开源思潮及开源运动。他们不仅传达了黑客伦理和精神，还大力推动信息自由和共享的发展。这一运动不仅为全人类带来了大量实际的技术财富，也极大地改变了我们的世界。

通过开源运动，黑客的理想主义化为了现实，推动了技术进步和创新，塑造了现代计算机技术的格局，并为信息技术的发展注入了持久的动力。黑客文化的影响无疑是深远的，它在追求技术开放性和共享性的同时，也促成了全球科技的协同进步。

◆ 黑客重镇 MIT

坐落于美国马萨诸塞州剑桥市查尔斯河畔的 MIT，是一所享誉全球的顶尖私立研究型大学，同时也是美国计算机文化的主要发源地之一。20 世纪 30 年代，MIT 率先开启了计算机科学的研究；到 20 世纪 50 年代，MIT 在人工智能领域也迈出了重要的探索步伐。得益于一系列国防项目的资助，MIT 拥有当时最先进的大型计算机等科研设备，为师生们提供了近距离观察和研究计算机技术的绝佳条件。MIT 校园如图 1-9 所示。

图 1-9 MIT 校园

1958 年，MIT 成立了技术模型铁路俱乐部（Technology Model Railroad Club，TMRC）。俱乐部的活动室内摆放着一个庞大的火车模型，成员们的主要工作是模拟铁路系统。TMRC 的成员大致分为两类：一类专注于制作精美的火车、城市和景物模型；另一类则关注模型的信号和动力系统。彼得·萨姆森（Peter Samson）所在的"信号与动力"小组负责模型的信号和操作系统，着眼于如何改进、更新和完善支撑整个模型的基础设施。他们发明了一种行话：完全出于兴趣加入一个项目，并以创新且高技术含量的方式完成它，这就是"Hack"。而在"信号与动力"小组中效率最高的人自称为"Hacker"，他们是具有首创精神的技术先锋。

1956 年，达特茅斯会议拉开了人工智能研究的序幕。随后，志趣相投的马文·明斯基（Marvin Minsky）和约翰·麦卡锡（John McCarthy）在 MIT 共同创立了世界上最早的人工智能实验室——MIT 人工智能实验室。随着时间的推移，这个实验室吸引了一批卓越的年轻人，他们在自动计算机、神经网络、计算规模理论等先进领域开展了开创性的研究。

从某种意义上说，黑客精神在 MIT 人工智能实验室诞生，理查德·斯托曼（Richard Stallman）和理查德·格林布莱特（Richard Greenblatt）是这一精神的杰出代表。尽管在流行文化中，"黑客"（Hacker）一词已经与计算机犯罪分子有些许关联，指的是那些利用系统漏洞开展非法入侵并访问数据的人，但在最初，黑客是指那些热爱编程并享受其中的人，他们追求自由、不愿受限。黑客精神，即纯粹出于兴趣、不为功利地解决各种技术问题的精神。大多数黑客信奉的黑客伦理（价值观）可以概括为以下 6 条：

（1）对计算机的访问应该是无限制的，任何人都有动手尝试的权利；

（2）所有的信息都应该可以自由获取；

（3）不要迷信权威——应促进分权；

（4）评价黑客的标准应该是他们的技术，而非学位、种族、性别等外在指标；

（5）计算机上可以创造出艺术和美；

（6）计算机可以让生活更美好。

通过理解和践行这些原则，黑客文化不仅推动了技术进步，也塑造了自由、开放的技术生态环境，激发了无数技术爱好者的创造力和热情。

◆ **黑客：数字时代的"罗宾汉"**

在黑客精神的引导与激励下，一批崇尚信息开放，追求信息分享，倡导信息自由的技术爱好者应运而生，他们致力于构建数字文明，弘扬冒险精神与正能量。这些信仰代码公开、信息共享的黑客，开创了数字时代的软件发展高峰。他们在 TX-0 交互计算机上编写文字处理程序，在 IBM 704 上开发国际象棋程序，在 PDP-1 上创造了经典的 *Spacewar!*（《太空大战》）游戏。他们坚信，每一行代码都应对公众开放。

1975 年年初，旧金山湾区涌现了众多反主流文化的信息交流中心，其中由戈登·弗伦奇（Gordon French）创立的家酿计算机俱乐部（Homebrew Computer Club，HCC）尤为突出。1975 年 3 月 5 日，这个俱乐部在戈登·弗伦奇的车库里举行了首次聚会，吸引了 32 名对计算机硬件充满兴趣的年轻黑客。他们憧憬计算机技术的未来，交流硬件购买和组建的心得，分享编程经验，展示自己手工打造的个人计算机。

受 1964 年加利福尼亚大学伯克利分校发起的校园言论自由运动的影响，家酿计算机俱乐部的主持人李·费尔森斯坦（Lee Felsenstein）坚定地认为，应该让大众拥有价廉物美的计算机，以获取和掌控信息，更好地反映事实并传播真相。Apple 公司创始人史蒂夫·乔布斯（Steve Jobs）和史蒂夫·沃兹尼亚克（Steve Wozniak）也是家酿计算机俱乐部的成员。正是这些数字时代的"罗宾汉"掀起了个人计算机革命的浪潮。

1976 年，《美国著作权法》正式确立了对软件著作权的保护。根据该法律，软件被视为创意作品，软件作者自动拥有版权，并可以授予他人使用、复制、分发和修改软件的权限。然而，软件的功能和操作方法不受版权保护，其他人可以独立开发具有相同功能的软件。从积极的角度看，这部法律为软件提供了版权保护，确保了作者的权益，并促进了创新和发展。

尽管如此，MIT 人工智能实验室的一部分黑客对研究成果被知识产权、营利性软件公司控制，并被加密锁定深感不满。作为该实验室精神领袖的理查德·斯托曼，发起了一场历史性的自由软件运动（Free Software Movement，FSM），旨在推广用户拥有使用、复制、研究、修改和分发软件的权利。斯托曼认为，售卖不附带源代码的二进制软件是不道德的，因为这剥夺了用户学习和帮助他人的权利。

自由软件运动致力于拒绝专有软件并推广自由软件，最终目标是解放网络世界中的每个人。理查德·斯托曼曾说："这代表我们可以避免重复无益的系统编程，而把这份精力用在推动技术革新上。"这体现了自由软件运动提升科技进步的愿景。

斯托曼还创建了自由软件基金会（Free Software Foundation，FSF），并撰写了 GPL（GNU General Public License，GNU 通用公共许可协议），它定义了 4 项基本自由，为开源软件社区提供了法律框架。这些自由包括：

（1）出于任何目的，自由运行软件（自由之零）；

（2）学习软件如何工作，并按需修改它（自由之一）；

（3）自由分发软件副本，帮助他人（自由之二）；

（4）分发修改过的软件版本的自由（自由之三），共享改动成果。

与此同时，一些对自由软件和 GNU 感兴趣的人，尝试用更符合市场需求的方式介绍自由软件，试图在商业中找到合适的位置，以减少意识形态的阻碍。著名黑客埃里克·斯蒂芬·雷蒙（Eric Steven Raymond）正是其中的代表。他是开放源代码运动的核心理论家之一，也是开放源代码促进会（Open Source Initiative，OSI）的创办人之一。他撰写的 *The Cathedral and the Bazaar*（大教堂与市集），以 Linux 核心开发过程及他自己主持开发的开放源代码软件——Fetchmail 为案例，探讨软件工程方法论。该书出版后受到程序员的广泛欢迎，为开放源代码运动指明了方向。

在这些先锋的推动下，自由软件和开源软件运动不仅改变了软件开发的方式，也塑造了现代数字文化的基石。

◆ 开源：黑客思维

在理查德·斯托曼和埃里克·斯蒂芬·雷蒙的不懈努力下，开放源代码运动逐渐兴起。这场运动是对黑客精神的进一步诠释与弘扬，崇尚信息开放、追求信息分享、倡导信息自由。开放源代码运动不仅造就了 Apache、MySQL、PHP、Firefox 和 Linux 等软件的辉煌，而且极大地推动了数智文明的发展，造福了全人类。

开放源代码运动的成功可以用"林纳斯定律（Linus's Law）"来概括，即"只要有足够多的眼睛，就可让所有问题浮现"（Given enough eyeballs, all bugs are shallow）。这是埃里克·斯蒂芬·雷蒙以 Linux 创始人林纳斯·托瓦兹（Linus Torvalds）的名字命名的重要理论。林纳斯定律指出，"只要有足够多的测试员及开发者，所有问题都会在很短时间内被发现，并能够轻松解决"。

在开放源代码理念的感召下，芬兰赫尔辛基大学的学生林纳斯·托瓦兹不满于 Minix 系统只能用于教育而不得商用，开始计划编写自己的操作系统。1991 年，他成功发布了 Linux 系统，并将其置于 GNU GPL 协议之下，允许使用、复制、修改、研究和分发。在 GPL 许可下，众多开发者致力于将 GNU 元素融入 Linux，最终完成了一个功能完备的自由操作系统。如今，Linux 不仅是一种广泛使用的开源操作系统，而且已成为现代数字生活的重要组成部分。Linux 驱动着智能终端和嵌入式设备，成为绝大多数 Web 服务器的内核，更是全球前 500 名超级计算机的支撑平台。

尽管理想主义的黑客文化与严酷的商业现实之间仍存在矛盾，但在黑客价值观中却存在一个共识：计算机是反叛者的利器，赋予才智出众的个体以强大力量。"给我一台上网设备，我就能黑遍全球"——这句经典的早期宣言浓缩了黑客精神的阿基米德式的自信和雄心。"黑客是建设者"（Hackers are builders），其技术生态系统和开放源代码理念为全人类带来了难以估量的财富和变革，成为构建现代人类数智文明的重要基石。

在这些崇尚技术和自由共享理念的先驱的推动下，开放源代码运动不仅改变了软件开发的方式，更塑造了现代数智文明的基石，推动了信息技术的普及与进步，令信息技术惠及全球每一个角落。

1.2　硬件技术

在人类文明漫长的发展轨迹中，战争是不同文明间不可调和的激烈冲突，同时也是技术演进的强大催化剂。从石器时代到信息时代，每一次技术突破，几乎都伴随着军事需求的驱动。金属冶炼技术的出现使人类从石器时代跨越至冷兵器时代，铸造了古老而辉煌的青铜与铁器文化。随着火药技术的发明，热兵器时代的序幕被宏大而惨烈地拉开。此后，坦克、飞机和舰船等机械化军事技术将人类推进到工业化和机械化时代，全面改变了战争的样貌和规模。

第二次世界大战中后期，电磁技术、计算机网络技术等新兴科技的应用，使人类迈入信息时代。此后，信息技术的飞速发展不仅改变了军事领域，更深刻地影响了社会的各个方面。如今，CPU、GPU 和内存芯片等硬件技术，已然成为驱动人类信息文明的强力引擎和加速器。

这些硬件组件是构建现代数字世界的基石，使得高性能计算、大数据、人工智能和物联网等前沿科技得以发展和普及。正是这种不断追求进步的动力，推动着人类不断攀登技术的巅峰，绘制出一幅波澜壮阔的文明画卷。

1.2.1　IT 发动机：CPU 芯片

正如一个人必须拥有一颗聪慧的大脑才能言行举止正常一样，模仿人类执行逻辑推理和算术运算的计算机也需要一个睿智的"中枢"——中央处理器（Central Processing Unit，CPU）。CPU 是计算机的心脏，容纳着数十亿个微型晶体管，这些晶体管被巧妙地集成在一块微小的硅芯片上。通过晶体管状态的复杂转化与组合，CPU 能够执行各种计算任务并运行存储在内存中的程序代码。

CPU 不仅是计算机系统的核心组件，还是信息技术的关键引擎。这个微小的芯片在每台计算机中发挥核心运转作用，承载着电子计算机行业从初创到现代的技术演变过程，展现了一段波澜壮阔的发展历史。在这场不懈追求卓越的技术竞赛中，无数科学家的智慧、汗水和创造力在晶体管微妙的开合之间熠熠生辉，推动着科技的进步。如图 1-10 所示的为 Intel 面向服务器的 Xeon 系列 CPU。

图 1-10　Intel 面向服务器的 Xeon 系列 CPU

◆ 芯片材料，百年荣光

作为 IT 技术的心脏，CPU 的组成材料研发历程并非一蹴而就。从半导体的发现与研究，到电子管的发明与应用，再到晶体管和集成电路的推广与普及，这条科技之路，百余年来历经风雨坎坷。今天，我们徜徉在现代 IT 文明的光辉之中，回顾 CPU 芯片材料的演化历史，不仅能一窥 CPU 的由来，也是对那些勇敢探索者们的致敬。

早在 1833 年，人们就逐渐发现了半导体材料的 4 个重要特性：电阻效应、光伏效应、光电导效应和整流效应。半导体（Semiconductor）材料因其导电性能介于导体（Conductor）与绝缘体（Insulator）之间，而其电学性能可以人为控制，成为电子技术乃至 IT 信息文明的基石。

1904 年，英国物理学家约翰·安布罗斯·弗莱明（John Ambrose Fleming）发明了真空二极管。两年后，美国工程师李·德·福雷斯特（Lee de Forest）在此基础上增加了一个栅极，发明了真空三极管，这种电子管具备检波、整流、放大和振荡等功能，广泛应用于电子技术中长达 40 年。然而，由于其体积大、耗电多、可靠性差，电子管最终被晶体管所取代。

1947 年，美国贝尔实验室的约翰·巴丁（John Bardeen）、沃尔特·布拉顿（Walter Brattain）和威廉·肖克利（William Shockley）合作发明了晶体管，并因此荣获了 1956 年诺贝尔物理学奖。紧接着，1960 年诞生的 MOSFET（Metal Oxide Semiconductor Field-Effect Transistor，金属–氧化物–半导体场效应晶体管）标志着可以利用电场效应控制电流的方向和大小。晶体管具有信号放大、功率放大和电流开关功能，成为芯片中最基本也是集成数量最多的电子元器件。

与此同时，半导体材料的制造工艺也在不断完善。1950 年，美国科学家拉塞尔·奥尔（Russell Ohl）和威廉·肖克利发明了离子注入技术，将杂质离子嵌入硅材料来控制其导电性。1956 年，美国人查尔斯·富勒（Charles Fuller）发明了扩散工艺，成为芯片制造的基础方法之一。1960 年，亨利·卢尔（Henry Loor）和伊曼纽尔·卡斯特兰尼（Emmanuel Castellani）发明了光刻工艺，这一工艺后来成为芯片制造的核心技术。从美国联合荷兰、日本对我国进行芯片光刻机禁售就能明白光刻机对芯片制造的重要性。

1958 年，美国仙童半导体公司的罗伯特·诺伊斯（Robert Noyce）和美国德州仪器公司的杰克·基尔比（Jack Kilby）独立发明了集成电路，开启了微电子学的新时代。杰克·基尔比因为这一发明，荣获 2000 年诺贝尔物理学奖。集成电路在现代信息社会中发挥着至关重要的作用。

1965 年，仙童半导体公司工程师戈登·摩尔提出了半导体历史上具有革命性意义的预言（摩尔定律）：集成电路上的晶体管和电阻数量将每年增加一倍。摩尔定律的提出不仅改变了芯片的发展路径，还使得芯片能够从军用走向民用，通过技术进步实现大规模生产，从而降低了芯片成本，推动了 IT 技术的普及和信息文明的高速演进。

◆ 助推计算，坚韧不拔

在计算机世界的宏大蓝图中，冯·诺依曼体系结构的控制器和运算器宛如计算机的"大脑"，是这些智慧机器的心脏与灵魂。随着集成电路的诞生，这些关键部件——控制器、运算器、寄存器和高速缓存——被整合到一块超大规模的集成电路上，揭开了 CPU 的篇章。从那时起，CPU 便肩负起执行计算机程序指令的重任：从内存中提取指令和数据，执行各种计算和逻辑运算。其内部的控制器解读并执行指令，运算器负责算术和逻辑运算，而寄存器临时存储数据和指令。可以说，CPU 是 IT 技术发展的核心引擎，是观测 IT 技术演化与进步的最佳窗口。CPU 的逻辑结构如图 1-11 所示。

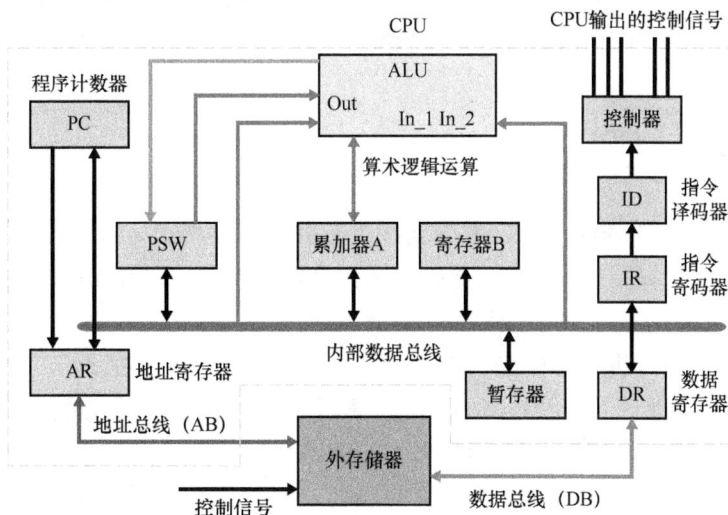

图 1-11　CPU 的逻辑结构

1970—2010 年，芯片产业尤其是 CPU 在摩尔定律的引领下迅猛发展。以 Intel 公司为代表的芯片巨头推动着 CPU 技术不断革新与进步。从 x86 系列到奔腾系列，再到酷睿系列，Intel 的 CPU 更新换代不仅标志着技术的跨越，更为信息社会的快速转型提供了有力支撑。

1971 年，Intel 公司推出了全球首款微处理器——4004 芯片，它集成了 2250 个晶体管。这一里程碑标志着 LSI（Large Scale Integration，大规模集成电路）时代的来临。随后的 1974 年，RCA 公司推出了首款应用于航天领域的 CMOS 微处理器——1802 芯片。

1978 年，Intel 发布了集成约 4 万个晶体管的 16 位微处理器 8086，并在其基础上陆续推出了 8088、80286、80386 和 80486 芯片，开启了 x86 架构计算机的辉煌时代。1981 年，IBM 基于 8088 芯片并搭载 MS-DOS 操作系统推出了全球首台 PC（Personal Computer，个人计算机），自此，IBM-PC 机迅速走入千家万户，推动了 IT 技术的大规模应用与普及。

1993 年，Intel 发布了具有划时代意义的"奔腾"CPU 芯片，其命名寓意计算速度如江河奔涌般迅猛，标志着进入 IT 的"奔腾"时代。这一时期，由于集成了上亿个晶体管，CPU 芯片迎来了 GSI（Giga Scale Integrated Circuits，巨大规模集成电路）时代。

进入 21 世纪，CPU 技术始终在追求卓越：1997 年，IBM 开发了铜互联技术，使得 CPU 速度较之前的铝互联技术提高了 33%；1999 年，胡正明教授发明了 3D 晶体管——鳍式场效应晶体管（FinFET），进一步提高了晶体管集成密度。2006 年，Intel 推出了多核心处理的"酷睿（Core）"CPU 芯片，标志着 CPU 芯片技术进入 3D 时代。

与此同时，在移动互联终端 CPU 芯片领域，德州仪器、高通和华为等公司纷纷发力，研发出高性能的移动终端芯片，极大地促进了移动互联网的快速发展与普及。每一个突破，不仅是技术的进步，更塑造了现代社会的信息文明。这段历程，似一卷波澜壮阔的画卷，不仅展示了 CPU 芯片技术的演进道路，更是对科技创新的礼赞。

1.2.2 AI 助推剂：GPU 芯片

随着大数据产业的蓬勃发展，数据量级以空前的速度增长，呈现出爆发式增长的态势。传统的 CPU 计算架构面对深度学习等人工智能（Artificial Intelligence，AI）大规模并行计算需求显得力不从心，从而催生了对 AI 芯片的迫切需求。

在这片充满挑战与机遇的科技疆域中，GPU 芯片本是"无心插柳"，却意外地成为推动 AI 革命的核心利器。凭借其卓越的并行计算能力，GPU 芯片极大地提升了计算机的计算速度，成为 AI 研究领域的一大助推剂。未来，随着 AI 技术的不断深耕与拓展，AI 芯片必将迎来更为璀璨的时代。GPU 芯片的成功，也为其他新型计算架构的创新提供了宝贵的启示：唯有迎合时代需求，持续创新，才能在科技的浪潮中立于不败之地。如图 1-12 所示的为 NVIDIA 公司的 GeForce RTX 系列 GPU。

图 1-12　NVIDIA 公司的 GeForce RTX 系列 GPU

◆ 视频与游戏，GPU 初衷

　　起初，GPU（Graphics Processing Unit，图形处理器）的诞生是为了协助 CPU 完成图形计算任务，这一点从其名称便可见一斑。20 世纪 90 年代，人们对计算机游戏和图像视频需求的不断增长，CPU 的计算任务越发繁重。为了将 CPU 从图形渲染、视频编码和解码等繁杂的计算任务中解脱出来，设计一种专门用于图形加速计算的处理器已势在必行。如图 1-13 所示为 GPU 相对 CPU 增加了更多 ALU 计算单元。

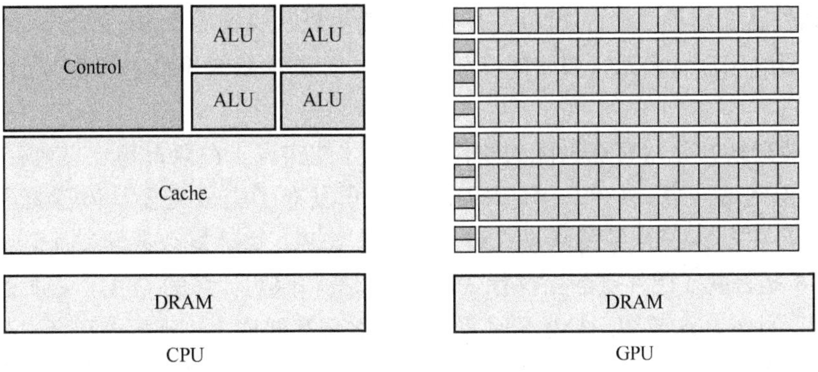

图 1-13　GPU 相对 CPU 增加了更多 ALU 计算单元

　　CPU 作为计算机的"大脑"，负责处理各种通用性强的任务，其内部结构复杂，包括控制器、运算器、寄存器、高速缓存和总线等多个组件。相较之下，GPU 则专注于大规模并行计算，其内部主要由大量运算器组成，特别适用于图形处理及视频编码和解码任务。当年，NVIDIA 公司创立的初衷正是为方兴未艾的 PC 游戏市场提供出色的图形显示芯片。谁能料到，GPU 卓越的大规模并行计算能力不仅推动了图形和图像技术的发展，还恰逢 AI 蓬勃兴起的时代，成为 AI 发展的天然助推器。

在图形处理领域，GPU 的出现如同一场革命，其强大的并行计算能力，使得复杂的图形渲染和视频处理变得高效且流畅，极大地提升了用户体验。然而，真正令人惊叹的是，GPU 在 AI 领域展现出的巨大潜力。深度学习等 AI 任务需要处理海量数据，进行复杂的矩阵运算，而这正是 GPU 的强项，成千上万个计算核心并行工作，使得神经网络训练速度大幅提升，显著缩短了 AI 模型的开发周期。

◆ AI 芯片，开启数智时代

人工智能自 1956 年达特茅斯会议后，逐渐进入人们的视野。人工智能的发展历程虽波折，却也在挫折中不断前行，大致经历了萌芽期、反思期、平稳发展期和蓬勃发展期。受限于当时的算力、算法、工具框架和应用场景，人工智能在相当长的一段时间里陷入了沉寂。然而，1997 年 IBM 的深蓝计算机战胜国际象棋大师，2011 年 IBM 的沃森智能系统在《危险边缘》节目中击败所有人类选手，2016 年 AlphaGo 击败韩国围棋九段职业选手，这些标志性事件使得人工智能逐渐走入公众视野。

然而，人工智能的发展离不开以 GPU 为核心的 AI 芯片技术。特别是 NVIDIA 公司的 GPU 芯片重新定义了现代计算机图形技术，彻底革新了并行计算，成为 AI 芯片领域的领航者。以下，我们将以 NVIDIA 公司的 GPU 为例，简要梳理 AI 芯片的发展历程。

20 世纪 90 年代，GPU 的推出旨在减轻 CPU 在图像处理上的计算负担。通过增加运算单元实现大规模并行计算，GPU 使得图像渲染和视频处理得以从硬件上加速，从而让图像显示和游戏视频更加流畅。1995 年，NVIDIA 公司发布了首款具备基于二次方程纹理映射的 2D/3D 图形核心产品 NV1，并与当时的街机游戏领导者 Sega 合作，使 3D 游戏《VR 战士》在 NV1 显卡上成功运行，这标志着 3D 游戏显卡开始主宰计算机游戏市场的时代正式开启。

硬件性能的最大化只有在适配的软件支持下才能实现。在取得初步成功后，NVIDIA 公司很快意识到这一点。1999 年，NVIDIA 公司发布了集成更多晶体管的图形处理器 GeForce 256，并引入有限编程环境以进一步优化 GPU 执行复杂数学和几何计算功能。GeForce 256 是首款在硬件层面上执行 3D 对象转换和照明计算的 GPU，极大地提升了图形渲染速度。此外，这款图形处理器还采用了多级缓存架构、纹理压缩和全局光照技术，提供了更加逼真的图形效果。GeForce 256 的成功发布奠定了 NVIDIA 公司在图形处理领域的领先地位，并为后续 GeForce 系列 GPU 的开发铺平了道路。

随着技术的不断进步，GPU 在图形展示优化方面已经超越了通用 CPU。为拓展 GPU 在图形计算之外的应用领域，NVIDIA 公司于 2006 年推出了 CUDA（Compute Unified Device Architecture）编程环境。CUDA 是一种通用并行计算架构，使 GPU 能够解决更为复杂的计算问题。它包含 CUDA 指令集架构（ISA）及 GPU 内部并行计算引擎，开发人员可以使用 C 语言编写基于 CUDA 架构的程序，并在支持 CUDA 的处理器上以超高性能运行。

随着深度学习等人工智能技术的崛起，对大数据和高算力的需求变得越来越迫切。智能互联设备的普及，使得大数据的采集变得越来越容易。而 GPU 的大量并行处理单元，可以同时执行大量并行计算，这一点非常适合人工智能训练中的矩阵运算。人工智能与 GPU 芯片相辅相成，已形成一种密不可分的计算与应用共同体。人工智能为 GPU 芯片提供了广阔的应用和进步空间，而 GPU 芯片则为人工智能的发展提供了强大的硬件计算支持。

在这场科技革新中，NVIDIA 公司的 GPU 不仅推动了图形和视频技术的发展，更促成了 AI 的飞速前进。GPU 的成功不仅是技术上的突破，更是创新精神的象征。未来，随着 AI 的不断进化，GPU 将在更多领域继续展现其强大潜力，续写科技进步的辉煌篇章。这段历程，如同一部波澜壮阔的史诗，讲述了 GPU 从图形处理器到 AI 核心引擎的辉煌转身，昭示着科技与人类无限的可能。

1.2.3　数据仓库：内存芯片

在冯·诺伊曼体系结构中，存储器占据了核心地位，其中包括内存和外存。内存的主要作用是暂存 CPU 正在运行的程序和处理中的数据，同时也负责与硬盘等外存交换数据。外存则承担着所有数据和程序的最终存放任务。在这个体系中，由于内存直接与 CPU 相连，所有程序的运行和数据的处理都依赖于内存。因此，内存作为程序与数据的中转站，对计算机整体性能具有至关重要的影响。

在内存技术不断突破的背后，是 IT 行业历久弥新的创新精神。从第一代的磁核心存储器到当今广泛应用的 DDR5 内存，每一次技术飞跃都标志着一段辉煌的历史。无论是内存本身还是主板上的内存插槽，其演化发展都一直见证着内存技术突破与更迭，更见证着 IT 技术演进的光荣与梦想。如图 1-14 所示为主板上的内存芯片及插槽。

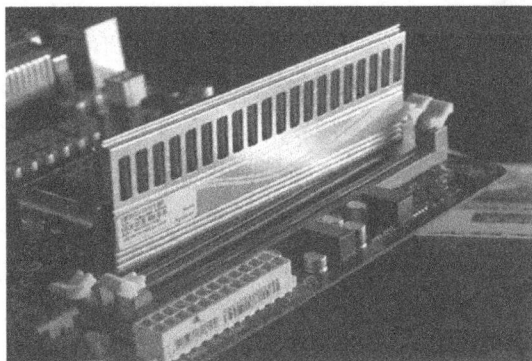

图 1-14　主板上的内存芯片及插槽

◆ **数据中转，舍我其谁**

起初，受限于 CPU 的处理速度和程序对内存需求的微小，计算机的内存以固化形式嵌在主板上的 DIP 芯片中。当时，拥有 64~256KB 内存容量的计算机，已足够满足基于 Intel 8088 CPU 的个人计算机的需求。然而，随着 Intel 80286 芯片的发布，以及程序对更大内存容量的迫切需求，原本固化在主板上的内存逐渐显得捉襟见肘，更大容量更灵活扩展方式的内存支持已势在必行。

内存芯片的发展得益于 1967 年美国贝尔实验室的江大原（Dawon Kahng）和施敏（Simon Sze）共同发明的浮栅 MOSFET，为内存芯片的物质基础奠定了坚实根基。1970 年，道夫·弗罗曼（Dov Frohman）发明了首款通过紫外线照射擦除存储内容的浮栅型器件——EPROM（Erasable Programmable Read-Only Memory，可擦除可编程只读存储器），为 DRAM（Dynamic Random-Access Memory，动态随机存取存储器）内存芯片的应用提供了技术支撑。Intel 公司随后发布基于 EPROM 的 1103 芯片，这成为首款商用 DRAM 内存芯片，标志着内存技术的一大飞跃。1980 年，Intel 公司的 Eli Harari 发明了首款电可编程和可擦除存储器——EEPROM（Electrically Erasable Programmable Read-Only Memory），为基于浮栅器件的存储体替代基于磁体的存储磁盘指明了科学可行的路线。

1988 年，Intel 推出了首款基于 EEPROM 的商用闪存芯片，用于存储计算机软件和数据。同年，Eli Harari 创立了 SanDisk（闪迪）公司，致力于推动闪存技术的发展，使其能够像磁盘一样用于存储程序和数据。1991 年，SanDisk 推出了首款基于闪存的容量为 20MB 的 ATA SSD 存储器，并成功应用于 IBM ThinkPad 笔记本电脑。1992 年，个人计算机开始采用闪存进行 BIOS 存储。自此，基于闪存技术的内存芯片全面接管了计算机内部的存储系统。

作为数据传输与存储的中枢，内存的容量和运行速度呈飞跃式增长，为计算机系统整体性能的提升提供了强大的数据缓冲支持。内存技术的每一个进步，都像是点燃了 IT 信息革命的火炬，照亮了计算机技术快速前行的道路，推动信息文明之花尽情绽放。

◆ 内存插槽，线性迭代

计算机中的所有程序及其处理的数据都需要通过内存中转，内存的容量大、速度快、功耗低对于匹配 CPU 处理速度及提升计算机整体性能具有至关重要的影响。然而，当前内存技术面临的主要问题在于日益增长的容量和速度需求与 DRAM 技术瓶颈之间的矛盾。为改进内存性能，主板内存插槽不断进行线性迭代，以缩小内存与 CPU 之间的速度差距。内存在冯·诺依曼计算机体系结构中的重要性如图 1-15 所示。

当早期以 DIP 芯片形式固化于主板的内存无法满足越来越高的计算机系统对内存容量和速度的要求时，主板内存插槽 SIMM（Single In-line Memory Module，单列直插式内存模块）规范应运而生。SIMM 以单边插槽形式为计算机提供内存容量扩展支持。然而，随着遵循摩尔定律的 CPU 不断更新换代，内存的容量和寻址方式逐渐成为系统瓶颈。这时，主板内存插槽从原来的 SIMM 升级为 DIMM（Dual In-line Memory Module，双列直插式内存模块）。如其名，DIMM 规范采用与 CPU 数据位宽相同的总线传输数据，内存频率与 CPU 外频同步运行，这不仅提高了数据传输效率，还降低了内存芯片的采购成本。内存芯片规范演化如图 1-16 所示。

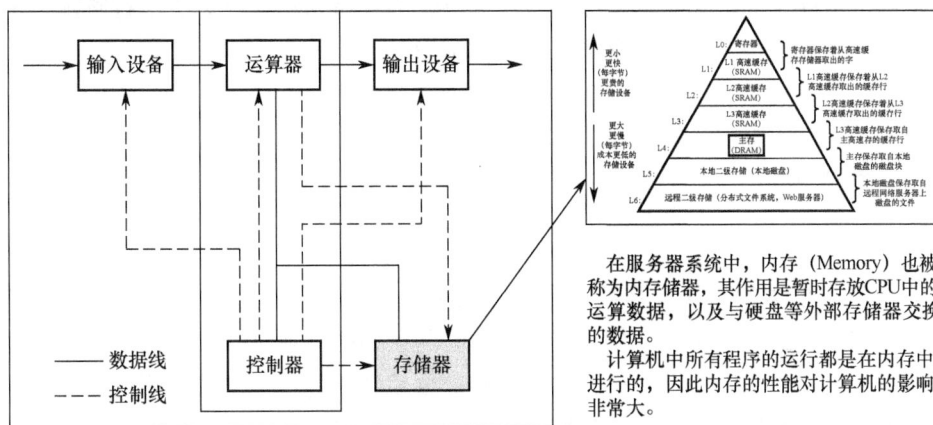

图 1-15　内存在冯·诺依曼计算体系结构中的重要性

内存由内存芯片、电路板、金手指等部分组成

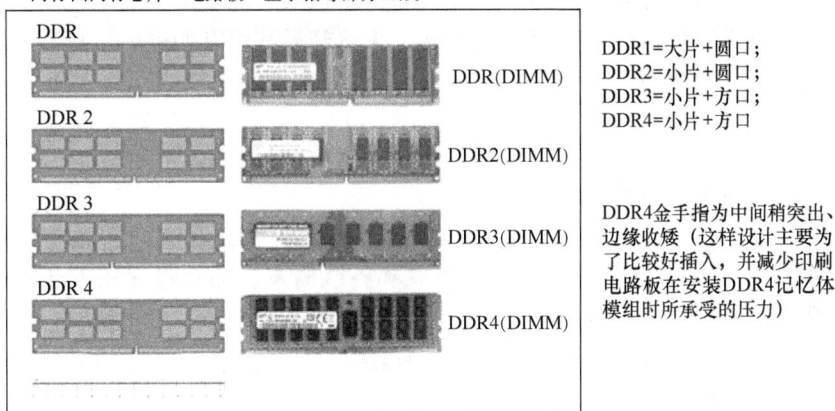

DDR1=大片+圆口；
DDR2=小片+圆口；
DDR3=小片+方口；
DDR4=小片+方口

DDR4金手指为中间稍突出、边缘收矮（这样设计主要为了比较好插入，并减少印刷电路板在安装DDR4记忆体模组时所承受的压力）

图 1-16　内存芯片规范演化

在摩尔定律和市场需求的双重驱动下，DDR（Dual Data Rate，双倍数据速率）内存应运而生。DDR 内存通过在时钟周期的上升沿和下降沿各传输一次信号，从而实现传输速度翻倍，同时保持低功耗。2004 年，DDR2 内存插槽集成于 Intel 的 915/925 主板，从而正式登上 IT 历史舞台。DDR2 内存采用 BGA 封装，其数据传输速度是采用 TSSOP 封装的 DDR 内存的两倍。2007 年，DDR3 内存随 Intel 发布的新系列芯片组揭幕，其数据传输速度是 DDR2 的两倍。

2014 年，DDR4 内存规范发布，其引脚数量从 DDR3 的 240 个增至 284 个，设计上的防呆缺口也与 DDR3 不同，保证了与 DIMM 插槽的紧密接触并便于内存芯片轻松装卸。DDR4 内存的标准电压为 1.2V，单条容量有 4GB、8GB 和 16GB 等多个规格，已逐步取代 DDR3 成为市场主流。

内存技术的每一次迭代，不仅提升了计算机运行效率，也为不断演进的科技应用铺平了道路。随着 DDR 内存体系的不断发展，计算机性能得以大幅飞跃，推动着信息技术的繁荣发展，成就了无数辉煌的科技进步。未来，内存技术将继续突破现有瓶颈，不断攀登新的高峰，实现更快、更强、更节能的计算体验。

1.3 软件技术

软件是信息技术的灵魂，是数字经济发展的基石，是制造强国、质量强国、网络强国、数字中国建设的关键支撑。如同健康的体魄与正确的三观对于一个人的全面发展至关重要，推动人类信息文明进步的信息技术同样需要软硬兼备。先进的硬件技术唯有在适配的软件技术整合与支持下，才能充分释放其潜力，展现出最佳的技术性能。

在信息技术的宏大图景中，软件与硬件如同一部交响乐中的旋律与节奏，彼此依存，相辅相成。没有强大的硬件，软件世界将如空中楼阁，缺乏坚实的依托；而没有智能的软件，先进的硬件则如同一部无灵魂的机器，无法施展其应有的威力。只有两者紧密合作，才能将技术的光辉散发到极致。

1.3.1 IT 动力源语：编程语言

在人类演化的漫长历史中，地理上的隔离和各族裔发音器官进化的方式不同，导致了语言的多样性和复杂性。正因如此，来自不同语言背景的个体若要进行有效的沟通，往往需要借助一种彼此都能理解的语言。借助这种桥梁式的语言媒介，双方不仅能够传递信息，更能实现深层次的思想交流。

语言作为桥梁的理念同样适用于人类与计算机之间的交互。在这一领域，编程语言就是人类与计算机的"共同语言"，扮演着至关重要的角色。通过编程语言，人类能够将复杂的逻辑、操作流程和数据处理意图转化为计算机可以理解并执行的代码及命令。编程语言的演进和多样性反映出人类对技术无限追求的历程。从早期的机器指令到高级编程语言，从结构化编程到面向对象编程，编程语言不断发展，形成了一幅技术与智能交相辉映的宏伟画卷。编程语言作为人类与计算机沟通的媒介如图 1-17 所示。

◆ 编程者思想载体

在缤纷多彩的 IT 世界中，约有 500 多种编程语言。人类编程语言的历史可以追溯到 1883 年，当时艾达·洛夫莱斯（Ada Lovelace）与查尔斯·巴贝奇（Charles Babbage）合作设计出原始的机械计算机，旨在进行数学计算。艾达·洛夫莱斯在掌握其工作原理后，为该机器开发了编程语言，并编写了第一个程序，用于计算伯努利数。由此，人类与机器交流的梦想开始启航。

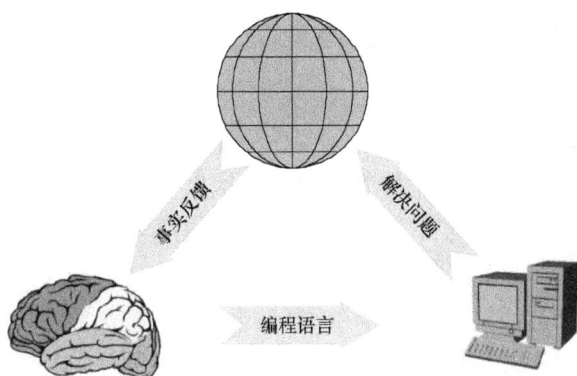

图 1-17 编程语言作为人类与计算机沟通的媒介

然而，在现代冯·诺依曼架构的计算机出现之前，操作计算机不仅是一项耗费脑力的工作，更是体力上的考验。在那些庞大的计算机设备上，操作员需要通过穿孔卡片输入数据，频繁拔插线路来切换操作逻辑，并最终从穿孔卡片获得计算结果。可以想象，在闷热且狭窄的实验室里，计算机操作员们，汗流浃背是常态。

为简化操作，并为操作者提供统一的操作规范，设计者们开始将计算机执行的微指令固化为逻辑电路，并集成到 CPU 中，这便是 CPU ISA（Instruction Set Architecture，指令集架构）的由来。基于 ISA，可以构建计算机操作指令序列，既简化了计算机的操作流程，也为其他操作者提供了书面参考。然而，计算机只能识别由 0 和 1 组成的二进制指令，编写一个操作计算机的指令序列不仅需要深入了解计算机的底层硬件逻辑，还得记住庞大且复杂的 ISA 的二进制指令序列。这对于操作员而言，无疑是一项艰巨的挑战。

为了解放计算机操作员，使其不再需要记忆和编写繁杂的 ISA 二进制指令，1949 年，英国女科学家凯瑟琳·布斯（Kathleen Booth）在为计算机 ARC2 和 SEC 编写操作软件的过程中，发明了指令助记符。这种助记符编程语言经过后来的发展与改进，最终演化为汇编语言。在汇编语言中，用助记符代替机器指令的操作码，并使用地址符号或标号代替指令或操作数的地址。例如，ADD 代表加法指令，SUB 代表减法指令，INC 表示增加 1，而 DEC 表示减去 1，MOV 代表数据传送。通过这种方式，程序员能够更容易地阅读和理解代码，极大地简化了程序的维护和调试工作。

尽管汇编语言将程序员从晦涩难懂的二进制指令中解放出来，但其与特定硬件的紧密关联使其在不同计算机间缺乏通用性。为解决这一问题，能够在不同机器上运行且更接近人类自然语言的程序语言成为计算机专家的目标。高级语言应运而生。

1951 年，美国 IBM 公司的约翰·贝克斯（John Backus）针对汇编语言的缺点，研发了一种高级语言——Fortran 语言。1957 年，第一个 Fortran 编译器在 IBM 704 计算机上实现，并成功运行了 Fortran 程序。Fortran 语言的诞生彻底改变了人与计算机的交互方式，使得编程语言更加接近于自然语言，从而将人们从烦琐的编程任务中解放出来，使其能够专注于更高级的逻辑和问题解决。可以说，Fortran 语言的出现具有划时代的意义，并深刻影响了随后诸多高级编程语言的发展，因此，编程语言也真正成为程序员思想的载体和手中的利剑。

◆ **编程语言的共性**

尽管当前计算机编程语言种类繁多，应用领域也各有千秋，但从逻辑层面看，编程语言可以划分为三大类：高级语言、汇编语言和机器语言。机器语言通过编写晦涩难懂的0和1组合的二进制串来控制计算机，实际上是通过高低电平或通路开路操作硬件。汇编语言作为对机器语言的升级与优化，采用一些易于理解和记忆的字母和单词来替代具体指令。然而，汇编语言仍然面向机器的语言，程序的可移植性差，且难以从代码中直观理解程序设计的意图。

高级语言则是跨越硬件边界的革新之作，它面向过程或对象，独立于具体机器，实现了编程思想接近于自然语言和数学公式的表达方式。高级语言基本脱离了直接操作硬件，用更易理解的形式来编写程序，从而使得人类可以更加专注于解决实际问题，而非与硬件进行低级别的对话。

从编程语言的视角看，冯·诺依曼计算机体系可以划分为两个维度：硬件系统和软件系统。在硬件系统中，所有物理机器都是由逻辑门的组合和时序电路组成的。在软件系统中，所有编程语言通过迭代或递归算法处理数据，并最终需要翻译成机器语言以便执行或解释。如图 1-18 所示为计算机系统的 2D 视图。

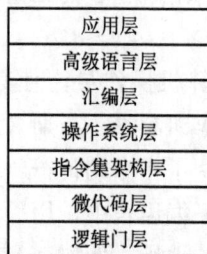

进一步扩展，可以将编程语言的逻辑层次自上而下划分为七个层次：应用层、高级语言层、汇编层、操作系统层、指令集架构层、微代码层和逻辑门层，如图 1-19 所示。

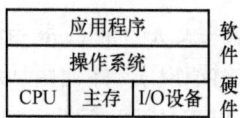

应用层
高级语言层
汇编层
操作系统层
指令集架构层
微代码层
逻辑门层

应用程序	软件
操作系统	
CPU	主存	I/O设备	硬件

图 1-18　计算机系统的 2D 视图　　　图 1-19　软件视角的编程语言层次结构

编程语言是用于创建软件程序、使计算机执行特定任务的一组指令和语法。尽管编程语言种类繁多，但每种编程语言都有自己的语法、结构和命令集。通常来说，每种编程语言都包括如下共性功能：

（1）语法：编写代码的特定规则和结构。

（2）数据类型：存储在程序中的值的类型，如数字、字符串和布尔值。

（3）变量：存储数据值的内存地址。

（4）运算符：对值执行运算的符号，如加法、减法和比较。

（5）控制结构：控制程序逻辑流的语句，如 if-else 语句、循环和函数调用。

（6）库和框架：执行常见任务和加快开发的预编写代码集合。

（7）范式：语言中使用的编程风格或哲学，如过程式、面向对象或函数式。

在当前的技术环境中，流行的编程语言包括 C、Python、Java、C++、JavaScript 和 Ruby 等。每种编程语言都有其特点，适用于不同类型的项目。编程语言的选择通常取决于项目的具体需求，包括所需平台、目标受众和预期成果。

编程语言是不断进化的，其发展反映了编程世界中不断变化的需求和技术进步。新的编程语言不断涌现，旧的编程语言也在不断更新以适应新的应用场景。随着人工智能技术的迅猛发展及技术领域中的伦理考量越来越重要，未来的编程语言可能会进一步纳入这些因素，鼓励负责任且符合道德的人工智能技术的发展与推广，从而推动人类信息技术文明迈向更高成就。从编程基础到高级系统，每一步创新都在不断重塑人与计算机互动的方式，推动技术前沿向新的高度迈进。

1.3.2　IT 生态平台：操作系统

"创造操作系统，就是去创造一个所有应用程序赖以生存的基础环境——从根本上来说，就是在制定规则：什么可以接受，什么可以做，什么不可以做。事实上，所有的程序都是在制定规则，只不过操作系统是在制定最根本的规则。"这段林纳斯·托瓦兹的肺腑之言，不仅回顾并盛赞了风靡全球的 Linux 操作系统，更一语道破了操作系统的核心与本质。

如果将编程语言比作人类与计算机的共同语言，那么操作系统就是那座沟通软件世界与硬件天堂的桥梁。它在硬件和软件之间扮演着中间人的角色，通过管理资源和调度任务，使得计算机能够高效、可靠地处理各种指令与运算。承上启下的操作系统在计算机体系中的作用如图 1-20 所示。

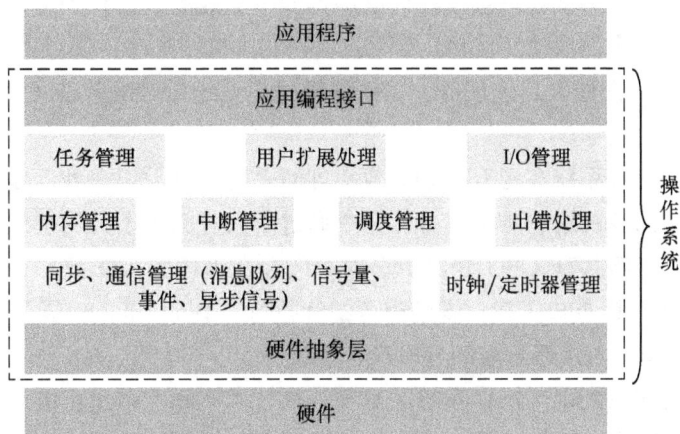

图 1-20　承上启下的操作系统

◆ 万能的系统管家

当世界上第一台计算机 ENIAC（Electronic Numerical Integrator And Computer）于 1946 年在美国宾夕法尼亚大学问世时，它的庞大体积和复杂性令人瞩目。ENIAC 占据了一个大房间的空间，重达 30 吨，使用了大约 17468 个真空管和 7200 个晶体管。这台"巨兽"主要用于进行科学和军事计算，尤其是在核武器和弹道导弹等军事研究领域。然而，当时的 ENIAC 并没有操作系统，所有的计算任务完全依赖操作员的手工操作。程序员必须将程序和数据记录在穿孔卡片上，然后通过输入机将这些卡片装入计算机内存，再通过控制台开关启动程序进行运算。计算完毕后，结果由打印机输出，程序员取走计算结果并卸下卡片，以便让下一位程序员继续使用机器。

此时的程序员不仅需要精通软件，还要深谙硬件操作。每位程序员都要亲自编写代码，自己动手操作计算机完成运算。更具挑战性的是，计算机的工作方式极为不友好：用户独占整台机器，系统资源利用率低；单用户单任务执行，中途无法中断；如果程序陷入死循环，后面的用户就只能无限期等待。这种串行处理方式在计算资源极为有限的情况下，导致了巨大的资源浪费和时间耗费，令人难以忍受。

为了破解手工串行操作计算机的困境，计算机批处理系统应运而生。IBM 在 20 世纪 60 年代开发的 IBSYS（IBM Batch System），用于 IBM 7090 和 IBM 7094 等计算机。IBSYS 引入了内存保护、特权指令和定时器等概念，将系统监控程序（Monitor）与用户程序所使用的内存分开，允许系统监控程序使用特权指令，并通过定时器为用户程序分配固定的时间段，以批处理的方式按序执行用户程序。批处理系统大幅提升了计算资源利用率，并具备了基础的任务调度能力。

然而，批处理系统在处理输入输出时，I/O 设备速度远不及 CPU，常常导致 CPU 在执行完运算任务后处于等待 I/O 设备响应的空闲状态。为了提升 CPU 的运行效率，多任务批处理系统应运而生。多任务批处理系统引入了中断、进程调度、内存管理等概念。通过内存管理功能，多任务批处理系统在内存中为即将加载的进程找到空闲空间；通过进程调度功能，按优先级为需要使用 CPU 资源的进程安排执行顺序；通过中断功能，CPU 可以在 I/O 操作时切换去处理其他任务。多任务批处理系统显著提升了 CPU 的利用率，具备了现代操作系统的雏形。

虽然多任务批处理系统在提升 CPU 效率方面表现出色，但在处理多个交互任务时，仍显得力不从心。为解决这一难题，分时系统通过引入时间片，为每个进程分配固定的时间段，使多个进程能够共享 CPU 资源。分时系统会在进程的 I/O 操作被阻塞时，切换其他进程运行，直到中断通知 CPU 该进程可继续执行。1969 年，美国贝尔实验室开发的 UNIX 系统，成为迄今为止最著名的分时操作系统。

从 ENIAC 的诞生到现代操作系统的出现，是技术不断创新进步的过程。每一次改进都旨在更好地利用宝贵的计算资源，让人类能够更高效地解决复杂问题。操作系统作为硬件与软件之间的桥梁，是推动这一发展的重要基石。

◆ 操作系统演化史

在当代信息文明的舞台上，IT 应用领域涌现了众多杰出的操作系统。在桌面计算领域，Windows 和 Linux 这两颗耀眼的双子星占据着主导地位；而在移动智能计算领域，Android 和 iOS 则以其无与伦比的创新与优雅引领着潮流。然而，这些操作系统无一不拥有一个共同的祖先，那就是 UNIX。UNIX 是现有所有操作系统的发展之基、创新之本、活力之源。

追溯到 20 世纪 60 年代，操作计算机可不仅仅是脑力劳动，更是一项极为辛苦的体力活。程序员必须精通所有硬件操作的细节，才能编写代码并亲自上机执行程序。为了将程序员从这些烦琐的工作中解放出来，使他们能够专注于实现相关功能的编程工作，人们开始探索创建专门的操作系统，以管理计算机系统的复杂性。UNIX 操作系统，正是在这一背景下应运而生的，其对当今信息文明的贡献不可估量。

实际上，UNIX 操作系统的部分技术可以追溯至 1965 年由美国贝尔实验室、麻省理工学院和通用电气公司联合发起的 Multics（Multiplexed Information and Computing Service，多路复用信息与计算服务）工程计划。这个计划旨在开发一种交互式、多任务处理的分时操作系统，以取代当时广泛使用的批处理系统。然而，受目标设定过高及开发资金等多重因素影响，通用电气公司和贝尔实验室先后退出了该计划，使得 Multics 系统半途而废。

1969 年，曾参与过 Multics 系统研发的肯·汤普森（Ken Thompson）在 Multics 的基础上，用汇编语言编写了 UNIX 操作系统，并在贝尔实验室内部使用。这位才华横溢的工程师还开发了一种编程语言：B 语言。尽管如今已经鲜有人使用 B 语言，但它却是风靡全球的 C 语言的前身。1969—1973 年，肯·汤普森的同事丹尼斯·里奇（Dennis Ritchie）在 B 语言的基础上开发了 C 语言。1973 年，肯·汤普森和丹尼斯·里奇用 C 语言重写了 UNIX 系统内核。从此，C 语言和 UNIX 系统便紧密绑定在一起，成为编写操作系统的通用编程语言，更是衍生出许多如今流行的编程语言。

UNIX 系统的诞生，对后续操作系统的发展产生了深远的影响，极大地推动了 IT 信息文明的进步。UNIX 系统的创造者肯·汤普森和丹尼斯·里奇因其卓越贡献，荣获了 1983 年度计算机领域的最高荣誉：图灵奖。UNIX 的成功让贝尔实验室的母公司 AT&T 看到了商机，1975 年他们首次以 20,000 美元的价格向企业授权使用，并免费向教育机构开放使用权限。

UNIX 系统对硬件的广泛支持性和结构化模块的高可用性，使得 UNIX 系统被众多计算机专家和爱好者所钟爱。AT&T 公司随后高举保护知识产权的旗帜，收回了 UNIX 的所有免费授权，要求所有使用 UNIX 的机构和个人都必须购买使用许可。这一举动让在荷兰自由大学教授"操作系统原理"课程的安德鲁·谭邦宁（Andrew Tanenbaum）教授陷入困境。他的课程依赖于 UNIX 源代码来讲授操作系统原理与实现，如果无法继续免费使用 UNIX 源代码，这门课程将无法继续下去。

为了更好地讲授操作系统知识，并避免版权纠纷，谭邦宁教授于 1987 年亲自编写了一个名为 Minix（Mini-UNIX，微型 UNIX）的操作系统，这个系统完全兼容 UNIX 上的所有软件。Minix 1.0 的发布配合了谭邦宁教授的《操作系统：设计和实现》课程教材，主要用于教育和教学，但其源代码和许可证完全免费，这使得 Minix 在大学和科研机构中广泛普及。

1991 年，芬兰大学的学生林纳斯·托瓦兹在学习操作系统课程时，通过阅读谭邦宁教授的教材及其所编写的 Minix 系统源代码，对操作系统有了深刻的理解与实践。于是，他在 Minix 的基础上开发了自己的操作系统——Linux（Linus's UNIX）。1994 年，林纳斯·托瓦兹发布了 Linux 1.0 版，并将其引入自由软件基金会（FSF）的 GNU 项目，遵循通用公共许可证（GPL），允许用户销售、复制、修改 Linux 代码，但必须免费公开修改后的代码，以传递自由软件的理念。如今，Linux 不仅是一种通用的开源操作系统，更是一种现代数字生活方式和文化。iOS 和 Android——这两棵 Linux 大树的参天枝干，在移动互联网领域绽放出了别样的繁华与春色，构建了两个令人惊叹的移动智能生态系统。

UNIX 的传奇启示我们，技术的进步，不仅仅是一次次迭代的结果，更是一代又一代技术先驱们的智慧结晶。他们点燃了信息文明的火炬，照亮了未来科技前进的道路。

1.4 信息技术公司

尽管个体的责任感、梦想与好奇心是推动技术创新的核心原动力，但科技发展的真正加速器在于汇聚无数优秀个体的集体智慧与力量。正是信息技术公司的集体努力，秉持严谨求实、持之以恒的科学精神，艰辛探索，薪火相传，才使得技术突破和革新不断涌现。他们如同燃烧的火炬，不仅照亮了科技前进的道路，更把知识与创新的火种传遍全球，使人类的信息文明得以快速传播和持续发展。

1.4.1 PC 推广商：IBM

拥有百年历史的 IBM 公司一直被誉为 IT 界的"黄埔军校"，如图 1-21 所示。许多著名的 IT 领袖都曾在 IBM 效力，并从中汲取了企业精神的精髓，这种精神激励他们不断创新、追求卓越、突破自我。美国《时代》周刊曾评价道："IBM 的企业精神在人类历史上无可匹敌。没有任何企业能够像 IBM 公司那样，对全球产业和人类生活方式产生如此深远且持续的影响。"IBM 不仅培养了无数科技精英，还通过其前瞻性的技术和管理理念，深刻影响了整个信息技术行业，塑造了现代社会的科技面貌。

图 1-21 IT 界的"黄埔军校"——IBM 公司

◆ **战火洗礼，造就国际机器公司**

1911 年，被誉为"托拉斯之父"的查尔斯·弗林特（Charles Flint）将国际时间记录公司（International Time Recording Company）、计算秤公司（Computing Scale Company）和制表机器公司（Tabulating Machine Company）合并，成立了计算-制表-记录公司（Computing-Tabulating-Recording Company，CTR 公司）。

然而，CTR 公司在成立后业绩一路下滑，陷入经营困境。为挽救公司，查尔斯·弗林特决定引入一位销售奇才——托马斯·沃森（Thomas Watson），他曾供职于 NCR（National Cash Register，全美现金出纳机器）公司，并以卓越的销售能力闻名。1914 年，托马斯·沃森正式加入 CTR 公司，并于次年提出了著名的"Think"口号，如图 1-22 所示。这一口号倡导"用心用脑做好自己，从每个细节创新产品，提升客户体验。"这一理念在公司内广泛推广，后来风靡全球的"ThinkPad"笔记本电脑正是以此口号命名的。

图 1-22 IBM 首任 CEO 托马斯·沃森

1924 年，CTR 公司正式更名为 IBM（International Business Machines，国际商用机器）公司。在托马斯·沃森的领导下，他通过建立与政府的良好合作关系，将 IBM 的穿孔卡片设备成功引入美国各地政府的社会保障系统，用于人口统计、财务计算等领域。这不仅为 IBM 积累了丰厚的原始资金和工业发明与制造能力，也为其日后涉足需求巨大的武器军火市场和方兴未艾的计算机领域提供了坚实的基础。

第二次世界大战期间，全球大部分公司的业绩都受到冲击。IBM 迅速调整策略，与美国国防部签订了大量合同，供应机枪、发动机、瞄准器等军事设备。公司将近三分之二的产能用于战争武器生产，产量相比平常扩增至 3 倍以上，为盟军提供了重要的武器支持。战后，IBM 积极响应并支持美国的"马歇尔计划"，致力于推动欧洲经济复苏，将业务拓展至整个欧洲大陆，获得了丰厚的回报。通过这些举措，IBM 不仅在战争中壮大了自身实力，还为全球信息技术产业的深远发展打下了坚实的基础。

◆ 豪赌电子技术，引领全球 IT 浪潮

尽管在第二次世界大战期间 IBM 因生产军火而发展壮大，但打卡机仍然是 IBM 的主营业务。战后，美苏冷战使军事领域对自动防御武器系统的需求激增，技术含量相对较低的打卡机业务让 IBM 面临着科技发展的危机。作为一家以工业发明与制造起家的国际公司，IBM 迅速调整战略，决定开启作为信息文明重要载体的计算机制造业务。

事实上，早在第二次世界大战期间，IBM 便开始在计算机研发上进行投入。1944 年，IBM 出资 100 万美元，资助哈佛大学成功研制出了著名的"Mark"模拟计算机。1952 年，IBM 邀请计算机体系结构的奠基人冯·诺依曼担任公司的科学顾问，并成功研制出了公司首台商用存储程序计算机——IBM 701 型。1956 年，IBM 推出了世界上第一台存储容量达 5MB 的硬盘驱动器 IBM 350。

然而，IBM 并未止步于此，而是进一步加大研发投入，推出了后来举世闻名的 IBM System/360 大型计算机系统。据称，IBM 在 System/360 的研发上投入了 50 亿美元。这次被称为"豪赌"的技术研发，为现今的大型数据库、个人计算机、国际互联网和电子商务奠定了基础。IBM 的技术成就催生了 6 位诺贝尔奖得主、6 位图灵奖得主、19 位美国科学院院士和 69 位美国工程院院士，并荣获了 10 项美国国家技术奖和 5 项美国国家科学奖。事实证明，技术确实源于现实需求。

1964 年，IBM System/360 成功推出，并取得巨大成功，为阿波罗登月计划提供了高性能计算支持。到 1969 年，IBM 在大型计算机市场的份额高达 70%，击败了"七个小矮人"（Burroughs、UNIVAC、NCR、Control Data、Honeywell、通用电子和 RCA），成为大型计算机市场的霸主。由于其无与伦比的业绩及象征性的蓝色公司徽标，IBM 被称为"蓝色巨人"（Big Blue）。

在大型计算机领域取得成功后，IBM 的客户主要是政府机构、大学及大企业，与普通消费者并无直接关联。但 20 世纪 70 年代兴起的个人计算机热潮改变了这一局面。在 Apple 公司不断推出个人计算机的刺激下，IBM 敏锐地察觉到了个人计算机市场的巨大潜力，迅速调整策略，将其制造大型计算机的经验转化为个人计算机的研发。1981 年，IBM 与微软（Microsoft）公司合作，成功推出搭载 MS-DOS 操作系统的 IBM-PC。如图 1-23 所示为 IBM 公司的 IBM-PC 5150。

图 1-23　IBM 公司的 IBM-PC 5150

因 IBM-PC 性能优越且价格适中，并且允许其他厂商生产其兼容机，IBM-PC 及兼容机迅速占领个人计算机市场，成为该领域的绝对王者。据报道，IBM 在 1982—1985 年，占据了个人计算机市场 56%的份额。IBM-PC 及其兼容机体系催生了无数 IT 公司与大亨，并为 IT 的迅猛发展与广泛应用立下汗马功劳。可以说，IBM 公司的发展史不仅是一部个人计算机的发展史，还是一部 IT 不断迭代、创新的演化史。通过这些战略和创新，IBM 不仅在科技领域奠定了自己的霸主地位，还推动了全球信息技术的进步，成为现代科技史上的重要一员。

◆ 百年老店，成功转型咨询企业

20 世纪 80 年代，IBM 公司凭借其在个人计算机市场中的绝对优势，迎来了个人计算机发展的辉煌时期。然而，繁荣之下的隐患也逐渐显现。因未能及时"居安思危"，IBM 犯下策略性错误，于 1987 年推出了排他性的"微通道体系结构"（Micro Channel Architecture，MCA）总线技术，试图通过技术垄断来限制其他厂商的竞争。这一举措促使其他计算机厂商转向使用"扩展工业标准体系结构"（Extended Industry Standard Architecture，EISA）总线技术。结果，IBM 逐渐被孤立，开始丧失其在个人计算机市场的主导地位。

进入 20 世纪 90 年代，IBM 的业绩逐步下滑，Apple 公司则取代它成为个人计算机市场的新领袖。面对严峻的业务现实，IBM 迫切需要重新思考其未来发展。经过反复评估与深刻反思，IBM 决定将战略重心从硬件转向软件和服务。2005 年，IBM 正式剥离了其桌面计算机与笔记本业务，将其出售给中国 IT 企业联想集团（Lenovo）。如图 1-24 所示为 IBM 出售给 Lenovo 的 Thinkpad 笔记本。

图 1-24　IBM 出售给 Lenovo 的 Thinkpad 笔记本

　　尽管决定转向软件和服务领域，IBM 的转型之路并非一帆风顺。20 世纪 90 年代，Microsoft 已经成长为软件生态的霸主，掌控了从操作系统到应用软件的整个生态体系。IBM 在这一领域想要分得一杯羹，面临着巨大的挑战。到 2000 年，Microsoft 的总体规模已经超越了 IBM。在软硬件业务难以为继的危机下，IBM 再次调整战略，转而专注于咨询服务，重点发展在 IT 领域的知识产权申请与转让业务。如图 1-25 所示为转型并直冲云霄的 IBM 公司。

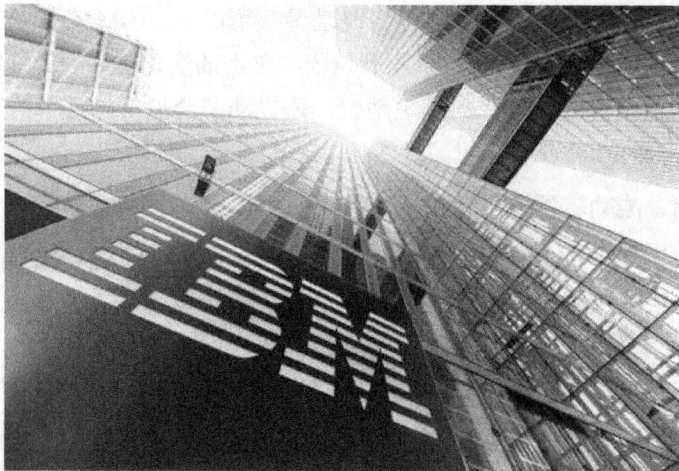

图 1-25　转型并直冲云霄的 IBM 公司

　　2020 年，美国专利商标局公布的专利统计数据显示，IBM 依然稳居榜首，连续 29 年蝉联世界专利数量最多的公司。深耕知识产权许可和开发领域的 IBM，自 1996 年以来已创造了超过 270 亿美元的知识产权收入。凭借卓越的行业洞察力与预见力，IBM 将公司战略进一步转向大数据分析、云计算等基础设施服务。2021 年，IBM 宣布拆分为两家独立公司：其中一家专注于云计算和人工智能，另一家则致力于基础设施服务。可以预见，奋力转型的 IBM 将在未来的数智时代再续辉煌。通过这些调整，IBM 不仅在过去的几十年内保持了在科技领域的影响力，还在不断变化的市场中重新找到了自己的定位，继续引领行业的创新与发展。

1.4.2　PC 原动力：Intel

中央处理器（Central Processing Unit，CPU）是一种执行算术和逻辑运算的关键芯片，是现代信息技术的核心。其发展水平不仅代表了一个国家的综合实力，而且决定了在数字时代 IT 技术应用的深度与广度。作为全球领先的半导体制造商和技术创新引领者，自 1971 年推出首款商用 Intel 4004 CPU 以来，Intel 不断推动着 CPU 技术的前进。如图 1-26 所示为 Intel 公司的 Intel Inside 商标。

图 1-26　Intel 公司的 Intel Inside 商标

从 CPU 架构设计的日新月异，到集成电路工艺的飞跃进步，再到芯片硅基材料的不断创新及光刻技术的精进，CPU 晶体管的集成度和性能基本遵循摩尔定律，以指数级速度迅猛增长。这一连串技术突破，不仅加速了人类科技发展的步伐，而且深刻改变了人类的生活方式和创新理念，推动了社会从信息时代迈向数智时代。

◆ **主攻 PC 芯片，助推 IT 技术**

Intel 公司与仙童半导体公司具有深厚的历史渊源，可以追溯到"晶体管之父"威廉·肖克利，他于 1955 年创立了肖克利半导体实验室（Shockley Semiconductor Laboratory）。由于对肖克利管理方式的不满，8 位员工集体辞职，并于 1957 年创建了仙童半导体公司。1968 年，仙童半导体公司的技术骨干罗伯特·诺伊斯（Robert Noyce）和戈登·摩尔共同创立了 Intel 公司。戈登·摩尔正是著名的"摩尔定律"的奠基人，而罗伯特·诺伊斯则被称为"集成电路之父"。

系出名门，Intel 浑然天成。作为集成电路技术领域大佬创建的公司，Intel 的技术与产品自然不同凡响。公司成立后的第三年，1971 年，Intel 推出了世界上首款商用微处理器 Intel 4004。这款 CPU 芯片对 Intel 公司来说是一小步，但对于整个人类社会却是一大步。它不仅改变了公司的命运，也标志着个人计算机（PC）时代的开始，深刻改变了人类社会的发展进程，加速了从电气化时代向信息化时代的变革。Intel 公司首款商用 Intel 4004 芯片如图 1-27 所示。

图 1-27　Intel 公司首款商用 Intel 4004 芯片

接下来，Intel 相继推出了具有划时代意义的 CPU 产品，包括 Intel 8008、Intel 8086、Intel 80286、Intel 80386、Intel 80486 和 Intel Pentium 等。这些产品不仅奠定了 x86 架构的基础，也践行了摩尔定律，推动了微处理器技术的飞速进步。在此过程中，Intel 探索出名为"钟摆"（Tick-Tock）计划的研发战略。这项计划是由戈登·摩尔于 2005 年提出的，旨在通过芯片工艺和微架构交替改进，实现技术的持续领先，以打压竞争对手 AMD 公司。2007 年，Intel 正式实施"钟摆"计划，其中"Tick"代表处理器芯片工艺的更新，周期通常为一年，而"Tock"则代表在新工艺基础上的微架构改进，周期同样为一年。

在个人计算机时代，如果说 Microsoft 是软件霸主，那么 Intel 毫无疑问就是硬件王者，其以强大的技术实力形成对 CPU 市场的垄断。Wintel 联盟通过软硬结合、强强联手的发展模式，积极构建起信息时代的生态圈，成为推动 IT 迅猛发展的核心力量。通过不断的技术创新和战略调整，Intel 不仅在个人计算机领域奠定了自己不可撼动的地位，更引领着全球科技发展的方向。

◆ 错失移动芯片，无缘智能终端

2003 年 7 月 18 日，Intel 公司庆祝其成立 35 周年。在庆祝会上，CEO 克瑞格·贝瑞特（Craig Barrett）感慨万千地回顾道："35 年以来，我们一直追求卓越与完美，这为我们不断推出创新理念和保持创新能力奠定了坚实的基础，也使得 Intel 在全球竞争最为激烈的 IT 和 CPU 芯片领域始终处于领先地位。我们的努力让世界发生了翻天覆地的变化，我们将继续改变世界的未来，这正是我们今天庆祝 Intel 成立 35 周年的意义所在。"

自成立以来，Intel 公司在 IT 行业内游刃有余，凭借其强大的技术优势和市场垄断地位，利用 x86 体系结构与 Microsoft 公司的 Windows 操作系统，构建了一幅计算机软硬件生态图。Wintel 联盟在个人计算机（PC）时代独占鳌头，称雄天下，风头一时无两。如图 1-28 所示为 CPU 芯片霸主 Intel 公司。

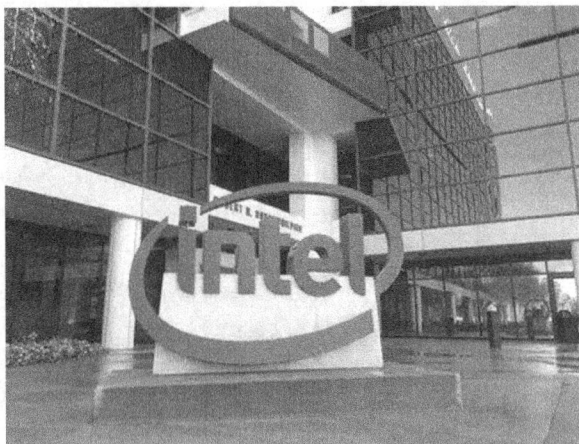

图 1-28　CPU 芯片霸主 Intel 公司

然而，垄断地位不仅带来了垄断利润，也滋养了 Intel 公司的傲慢与故步自封。公司固守个人计算机 CPU 芯片领域，对移动互联网的崛起视而不见。当 Apple 公司于 2007 年推出首款 iPhone 智能手机时，Intel 仍坚持其传统体系与制造优势，认为只要愿意，随时可以研发出移动智能终端芯片。

不幸的是，Intel 的 x86 体系虽然与个人计算机无缝契合，但在体积、功耗和复杂性方面却不适合移动智能设备。这一先天障碍使得 Apple、Motorola、Nokia 等公司转向 SoC（System-on-Chip）体系芯片，这才是移动智能设备的未来。当 Apple 公司寻求 Intel 提供 iPhone 芯片时，Intel 干脆拒绝了这一机会。由于自大和短视，Intel 错失了移动芯片市场，昔日的高额利润逐渐被移动智能芯片市场侵蚀。曾经在 PC 时代叱咤风云的 Intel，在移动智能时代却落到无所作为的境地，令人唏嘘不已。

◆ 发力 GPU 芯片，未雨绸缪 AI 时代

错过移动智能市场，Intel 又不得不面对个人计算机（PC）市场增长的瓶颈。高额利润不再，昔日的辉煌成为历史。此时的 Intel 处于发展低谷：在 CPU 芯片领域被 AMD 公司围堵，在移动芯片领域被 Apple 公司碾压，在 GPU 芯片领域被 NVIDIA 公司横扫。

痛定思痛，Intel 决心抓住 AI 时代的机遇，全面进军 AI 领域，计划在硬件、软件和生态系统等方面进行全方位布局。虽然早在 1998 年，Intel 就曾推出过服务器显卡 i740 芯片，但因性能欠佳和更新缓慢而退出市场。但 Intel 于 2006 年推出的基于 x86 架构的 Core（酷睿）芯片，在个人计算机和服务器领域广泛采用，重新确立了 Intel 的市场地位。

通过收购如显卡公司 Recon、FPGA 制造商 Altera、自动驾驶公司 Mobileye，及芯片制造商 eASIC 等公司，Intel 开始深耕 GPU 市场。公司将 CPU 和显卡捆绑销售，利用其在 CPU 市场的庞大份额，确立了在集成 GPU 市场的优势地位。如图 1-29 所示为 Intel 公司的 Meteor Lake 集成 GPU 芯片。

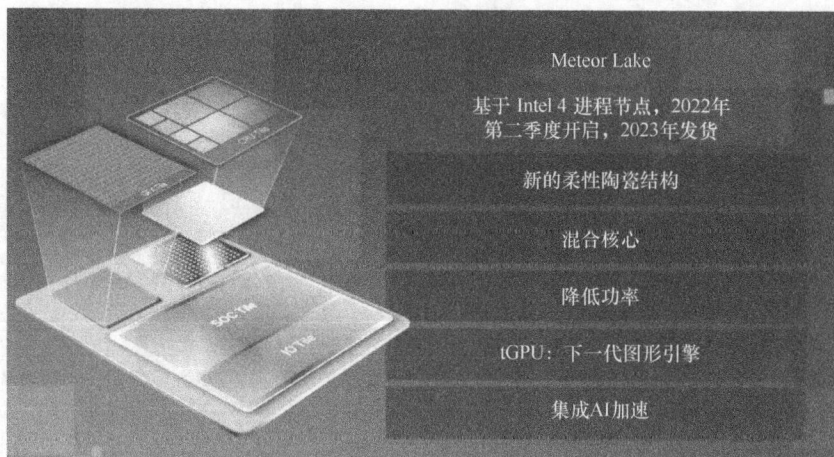

图 1-29　Intel 公司的 Meteor Lake 集成 GPU 芯片

2020 年，Intel 推出了第 12 代通用图形处理单元（GPGPU），采用全新的 Xe 微架构和 10 纳米工艺。测试显示，搭载 Intel Xe-LP 的 i7 1185G7 在 GPU 性能上已经超越同期 AMD 的 Vega 核显和 NVIDIA 的 MX 系列独显。AI 时代的 GPU 领域进入 NVIDIA、AMD 和 Intel 三足鼎立的局面。Intel 把握住 AI 时代的契机，努力构建完整的 AI 生态系统：在硬件领域提供至强处理器和 Nervana 神经网络处理器；在存储领域提供 FPGA、网络和存储技术；在深度学习领域推出 MKL、DAAL 等函数库，并支持 Caffe 和 Neon 等深度学习框架。

如果说 Intel 的首款商用 CPU 芯片 Intel 4004 宣告了 PC 时代的到来，x86 体系架构推动了 PC 时代和互联网时代的技术发展，如今 Intel 全面发展的 AI 生态，则为即将到来的 AI 数智时代吹响了号角。

1.4.3　PC 生态盟主：Microsoft

卧薪尝胆十余年，Microsoft 终迎王者归来。依靠 OpenAI 于 2022 年 11 月发布的 ChatGPT 引发的全球 AI 大型语言模型热潮，以及 OpenAI 模型整合至 Bing 搜索引擎和 Windows 操作系统中的强大优势，Microsoft 市值在 2023 年 6 月突破 2.6 万亿美元，超越 Apple，再次成为全球市值最高的企业。尽管如今这个软件生态帝国已达卓尔不凡之境、高居行业顶峰，但其波澜壮阔的发展历程——从独孤求败到泯然众人，再到卓尔不凡——

不仅为全球 IT 科技注入了强大的动能和思想启迪，也展示了软件生态系统良性发展的典范。如图 1-30 所示为 Microsoft 公司总部。

图 1-30　Microsoft 公司总部

◆ 赢者通吃，独孤求败

自 1975 年 4 月比尔·盖茨（Bill Gates）和保罗·艾伦（Paul Allen）共同创办 Microsoft 公司以来，通过与 MITS（Micro Instrumentation and Telemetry Systems，微型仪器仪表和遥测系统）公司和 IBM 公司的战略合作，依托 BASIC 语言编译器和 MS-DOS 操作系统，成功奠定了其软件生态帝国的基石。

在 20 世纪 80 年代个人计算机蓬勃兴起的潮流中，借助蓝色巨人 IBM-PC 的迅猛发展，Microsoft 不断迭代、更新和扩展 MS-DOS 系统，使得个人计算机变得更加便捷、易用，赢得了大量用户的青睐。由此，Microsoft 在软件市场攻城拔寨、开疆拓土，迅速成长为个人计算机时代当之无愧的 IT 霸主。比尔·盖茨"让每一张桌子上，每一个家庭里都有一台个人计算机"的梦想初见成效。与此同时，Microsoft 在继续发展 MS-DOS 的同时，加紧推进其图形界面的 Windows 系统计划。

随着 20 世纪 90 年代 Internet 从军用转为民用，人们对个人计算机互联互通的需求日益强烈，而 Apple 的 Macintosh 以其丰富多彩的图形界面让黑白单调的 MS-DOS 字符界面相形见绌。因此，Microsoft 决心大力研发图形界面的 Windows 系统。1995 年 8 月，开发代号为"Chicago"的全新图形界面操作系统 Windows 95 隆重发布。Windows 95 以其更强大、更稳定和更实用的桌面图形界面吸引了大量用户，占据了 95% 的市场份额，终结了桌面操作系统之争，Microsoft 成为软件业的绝对霸主。如图 1-31 所示为 Microsoft 的 Windows 95 操作系统。

占据着垄断地位的 Microsoft 不仅推出了 Internet Explorer 浏览器和 Office 办公套件，还几乎垄断了桌面办公应用市场。处于个人计算机时代向互联网时代迈进的关键节点，Microsoft 拥有"天时、地利、人和"三大有利条件：用户利用 Windows 系统操作计算机，通过 Office 套件进行办公，并借助 Internet Explorer 浏览互联网。此时的 Microsoft 几乎没有对手，成为业界无可争议的霸主。然而，长期的垄断地位让 Microsoft 产生了傲慢自满之情，忽视了创新和开放的重要性。这种自视甚高、自命不凡的封闭模式，为 Microsoft 后来的发展埋下隐患。

图 1-31　Microsoft 的 Windows 95 操作系统

◆ 上帝之窗，泯然众人

2000 年 1 月，史蒂夫·鲍尔默（Steve Ballmer）从比尔·盖茨手中接过公司 CEO 时，尽管优势明显且仍有盈利，但 Microsoft 的发展颓势已渐现。凭借 Windows 这个上帝之窗，Microsoft 纵横驰骋 IT 疆域，一骑绝尘、舍我其谁。然而，光阴荏苒、斗转星移，辉煌灿烂的 PC 时代已悄然切换至万物互联的移动互联网时代。身体已迈入移动互联网时代，但思维仍留在 PC 时代，注定会让 Microsoft 错过最佳发展时机，陷入秋风秋雨愁煞人的境地。

移动互联网的兴起，标志着新一轮技术革命大幕的开启。然而，Microsoft 却继续固守 Windows 这个曾经带来无数成功的"上帝之窗"，相继错失了搜索引擎、社交平台、移动硬件和电子商务这四大创新浪潮。在互联网时代，机会稍纵即逝。当 Microsoft 还在 Windows 领域自得其乐时，Google、Facebook、Apple 和 Amazon 等公司迅猛崛起，成为新的行业巨头。Microsoft 这座曾经无坚不摧的软件帝国，在移动互联网快速发展的浪潮中逐渐显得岌岌可危。Windows 操作系统的统治地位也随着 Linux 在 Web 服务器市场的崛起而被动摇。

事实上，凭借比尔·盖茨的前瞻性技术眼光和敏锐的商业嗅觉，Microsoft 早在 1996 年就推出了嵌入式操作系统 Windows CE，并联合 HTC 开发出了搭载该系统的掌上电脑，一时风靡市场。与此同时，1998 年 8 月，斯坦福大学的学生拉里·佩奇（Larry Page）和谢尔盖·布林（Sergey Brin）在宿舍开发了 Google 在线搜索引擎，并迅速推广到全球。2005 年 8 月，Google 收购了成立仅 22 个月的高科技企业 Android，开创了开源移动操作系统的新时代。

1997 年，史蒂夫·乔布斯（Steve Jobs）重返 Apple 公司，并将公司战略调整到 iMac

计算机和 iOS 手机操作系统。2007 年，Apple 推出了首款智能手机 iPhone，2010 年又推出了平板电脑 iPad。2010 年 5 月，Apple 公司的市值超过了 Microsoft，成为全球市值最高的 IT 企业。然而，Microsoft 因为固守 Windows 且以封闭的心态发展智能手机操作系统 Windows CE，逐渐从软件霸主的位置上滑落，被 Apple、Google 等科技公司超越。曾经风光无限的 Microsoft 黯然退场，泯然众人矣。Microsoft 的 Windows CE 智能终端操作系统如图 1-32 所示。

图 1-32　Microsoft 的 Windows CE 智能终端操作系统

◆ 赋能使命，卓尔不凡

2014 年 2 月，萨提亚·纳德拉（Satya Nadella）从史蒂夫·鲍尔默手中接过了 Microsoft CEO 的权杖，开启了一场颠覆性的改革之旅。纳德拉提出了"赋能全球每个人，每个组织，成就不凡"（Empower every person and every organization on the planet to achieve more）的使命，使 Microsoft 步入一个全新的时代。公司开始以更加开放的姿态，积极拥抱多元化的开源世界，与昔日的竞争对手化解矛盾，共筑互惠互利的伙伴关系。通过这种战略转型，Microsoft 致力于为全球的组织和个人提供技术赋能，引领技术变革。

尽管错过了移动互联网的浪潮，Microsoft 决心紧抓云计算与人工智能时代的契机。纳德拉提出了"移动为先，云为先"（Mobile first, Cloud first）的战略，推动公司从"无所不知"的固定思维转向"无所不学"的成长型思维。这一理念的转变，使 Microsoft 从过去固守的 Windows 和 Office 产品中走了出来，转而投向更广阔的领域，积极拥抱云计算和人工智能。公司以更加开放的态度发展其多元化业务，如 Xbox 游戏主机、Bing 搜索引擎、Surface 设备、HoloLens 混合现实技术及 Visual Studio 开发工具。

通过打破原有产品的局限和封闭性，Microsoft 提升了其赋能能力，赢得了客户的持续认可和尊重。沉寂了十余年之后，Microsoft 重新崛起，重返 IT 领军行列。2017 年，Microsoft 成为全球 IT 市值第四的公司，仅次于 Apple、Amazon 和 Google。2018 年 11 月 30 日，Microsoft 成功超越 Apple，成为全球市值最高的上市公司。正是由于走出封闭、拥抱开源，Microsoft 才重新焕发生机，重现昔日荣光。

如今，Microsoft 正在以史无前例的开放胸怀，积极拥抱多元化的人工智能与开源世界。公司通过收购并整合 GitHub、开源 PowerShell、开源 Windows Terminal、开源 Visual Studio、开源.NET 框架，构建了嵌入 ChatGPT 的新版 Edge 浏览器及 Bing 搜索引擎，全方位支持 Windows、MacOS、iOS、Android 和 Linux 平台。这种赋能开放的战略，使 Microsoft 能够直面智能－云－端的未来，展现出非凡的前景与实力。

通过这场全方位的变革，Microsoft 不仅找到了新的发展方向，还再次确立了自己在全球科技界的领先地位。这段复兴之旅，为全球科技产业提供了宝贵的经验，展示了在技术迅猛发展的时代，唯有不断创新与开放才能迎接未来的挑战与机遇。

1.4.4 数字创新者：Apple

2018 年，Apple 公司成为首个市值突破 1 万亿美元的美国公司，稳居世界创新科技的前列。回顾其辉煌历程，Apple 的故事始于一个简陋的车库。正是在那里，Apple 自制了独树一帜的个人计算机，从此奠定了其在科技界的独特地位。

Apple 不断以颠覆性的产品引领科技时尚潮流，推出了一系列改变世界的产品，如 iPod、iPhone、iPad、MacBook Air 和 Apple Watch 等。这些产品不仅重新定义了各自的市场，也使 Apple 成为全球创新信息科技的领导者。然而，Apple 的成功并非一帆风顺。公司在其发展历程中经历了低谷与巅峰、失败与成功的交替。早期的市场困境、产品的失败及内部的动荡都曾一度让公司陷入困境。然而，正是这些挑战激发了 Apple 不断创新和突破的决心，使其在每一次挫折后都能涅槃重生，迎来新的辉煌。

◆ 车库崛起，自制个人计算机

1975 年 3 月 5 日，在美国加利福尼亚州门洛帕克（Menlo Park）的一个简陋车库里，一个名为家酿计算机俱乐部的团体集合了 32 名计算机软硬件爱好者。他们热情洋溢地讨论着如何让当时庞大而昂贵的计算机更便于普通人使用。这个俱乐部成为一个思想碰撞与分享的论坛，吸引了众多业余爱好者和充满实验热情的成员，大多数人成为个人计算机时代的开创者和领导者。

1975 年 6 月 29 日成为个人计算机历史上具有里程碑意义的时刻。这一天，史蒂夫·沃兹尼亚克自制了一台个人计算机，并创造了一个前所未有的奇迹："那是历史上第一次，只要在键盘上按下几个键，对应的字符就能够立刻显示在屏幕上。"沃兹尼亚克后来这样回忆道。

随后，1976 年 4 月 1 日，在史蒂夫·乔布斯的游说下，史蒂夫·沃兹尼亚克和罗纳德·韦恩（Ronald Wayne）共同创立了 Apple 公司。沃兹尼亚克于 1976 年 7 月在家酿计算机俱乐部首次展示了首台 Apple Ⅰ 原型机。Apple Ⅰ 是一种带有 CPU、RAM 和基本文本显示芯片的主板个人计算机。尽管其初次亮相时只能以每秒 60 个字的速度显示

字符，但它用电视机作为显示器，并以 666.66 美元的价格出售。虽然最终只生产了 200
台 Apple Ⅰ，但 Apple 公司却成功地吸引了市场的目光。带有 4K RAM 的单板 Apple Ⅰ
原型机如图 1-33 所示。

图 1-33　带有 4K RAM 的单板 Apple Ⅰ 原型机

对于 Apple 公司的 Logo——一只被咬了一口的苹果，人们有着不同的猜测。一种说
法是这是为了向计算机科学先驱艾伦·图灵致敬，据传他自杀时咬了浸泡过氰化物溶液的
苹果。另一种说法则认为这是向牛顿致敬，因为据传牛顿是在苹果砸到头后发现了万有引
力。第三种说法来自《圣经》，认为这象征夏娃因蛇的诱惑而咬下的禁果，寓意大胆创
新、满足人类好奇心的计算机。事实上，从 Apple 公司 Logo 设计的演变可以看出，这三
种解释都有道理，且都能自圆其说。图 1-34 展现了 Apple 公司 Logo 的变化。

1976年　　1977—1998年　1998年　1998—2000年　　2001—2007年　2008—2013年　2013年至今

图 1-34　Apple 公司 Logo 的变化

公司成立后不久，史蒂夫·乔布斯以其超凡的商业眼光邀请了千万富翁迈克·马库拉（Mike Markkula）向公司投资 25 万美元（见图 1-35）让他成为公司第三号员工，持有公司三分之一的股份。马库拉的加入，赋予了 Apple 公司正规的商业化运作。1977 年，Apple 公司成功推出了第一款商业个人计算机 Apple Ⅱ。1977 年 4 月 16 日，由家酿计算机俱乐部成员吉姆·沃伦（Jim Warren）和鲍勃·雷林（Bob Reiling）在旧金山举办的"首届西海岸计算机展览会（West Coast Computer Fair）"上，Apple Ⅱ 首次闪亮登场。

图 1-35　迈克·马库拉向 Apple 公司注资 25 万美金

◆ **标新立异，引领时代潮流**

Apple Ⅱ 的巨大成功不仅在于其先进的硬件设计，更重要的是随机搭载的 VisiCalc 电子表格程序。这款革命性的应用程序使得 Apple Ⅱ 成为家庭用户和小型办公室的首选，因为它在功能和兼容性上满足了办公室软件环境的需求。这一成功案例对 Apple 公司的管理层产生了深远的影响，他们意识到计算机硬件必须与高效、实用的软件捆绑，才能最大限度地满足用户需求。尽管 Apple Ⅱ 的售价高于市场上的同类产品，但用户愿意为一体化的家用办公体验支付更高的价格。

公司的成功不仅体现在硬件和软件的完美结合上，更源于其独特的企业文化和营销理念。Apple 公司的 CEO 史蒂夫·乔布斯以其特立独行、标新立异的个性，塑造了与众不同的品牌形象。"Think Different"不仅是 Apple 公司的品牌理念，更是乔布斯内心深处的梦想和执念，如图 1-36 所示。

在对施乐公司帕罗奥多研究中心的考察中，乔布斯被施乐的图形界面概念机 Alto 深深震撼。他坚定地决心模仿并超越施乐的个人计算机，这激励他为 Apple 公司下两代计算机（Lisa 与 Macintosh）制订了全新的设计研发思路：集中展示图形、友善的图标交互。Lisa 计算机，以乔布斯女儿的名字命名，虽然具备了图形用户界面和多任务操作系统的划时代功能，但因其售价高达 9995 美元且缺乏配套软件支持，市场反应冷淡。在上市三年后，Lisa 不得不停止销售，据传剩余存货被掩埋在犹他州的一个垃圾填埋场。

THINK DIFFERENT

图 1-36　Apple 公司的 Think Different 创意梦想

吸取了 Lisa 的经验教训，Apple 公司在 1984 年推出了 Macintosh 个人计算机，这是个人计算机历史上的一座里程碑。Macintosh 计算机采用了图形用户界面（GUI）和鼠标操作，彻底颠覆了人机交互方式。乔布斯坚持"好马配好鞍"的理念，追求硬件与软件的完美结合。Macintosh 的成功不仅为 Apple 公司带来了丰厚的利润，还将其推上了科技创新的巅峰，成为个人计算机时代的标志性产品。图 1-37 所示为史蒂夫·乔布斯及其推出的 Macintosh 计算机。

图 1-37　史蒂夫·乔布斯及其推出的 Macintosh 计算机

◆ **追求完美，构建 Apple 生态圈**

史蒂夫·乔布斯追求完美、固执己见的个性，使其与 Apple 公司董事会其他成员产生了巨大的分歧。在董事会成员迈克·马库拉的要求下，乔布斯被迫离开了自己创立的公司。乔布斯离开后，Apple 公司很快走入低谷，迎来了发展寒冬。尽管在 1990 年推出了颇受欢迎的笔记本电脑 PowerBook，并成为现代笔记本电脑设计的标准，但 Apple 公司依然徘徊在发展的十字路口，前景暗淡。

深知乔布斯对公司的重要性，Apple 公司最终在权衡利弊之后，决定请回这位具有非凡远见的创始人，并重新任命他为 CEO。1997 年，史蒂夫·乔布斯重返 Apple 公司，他的回归给公司注入了新的活力和方向。在乔布斯的领导下，公司再次秉承追求完美的设计理念，构建了独特的科技生态圈。"Think Different"的广告语道出了乔布斯的心声："那些疯狂到以为自己能够改变世界的人，才能真正改变世界"（The people who are crazy enough to think they can change the world are the ones who do）。此后，Apple 推出了具有革命性设计的一体化个人计算机——iMac，如图 1-38 所示。

图 1-38　令人惊艳的 iMac 个人计算机

iMac 采用了创新的整机设计和多彩的外观，彻底颠覆了个人计算机的传统形象。它将显示器、主机和音箱集成在一起，外形简洁美观，性能强劲，操作系统稳定，软件生态丰富，支持高清视频和音频，且易于使用。iMac 的推出不仅奠定了 Apple 在个人计算机市场的地位，更是掀开了工业设计的新篇章。

乔布斯的回归，让 Apple 公司重新走上了科技创新的高速道路。2001 年，Apple 推出了广受欢迎的数字音乐播放器 iPod，开创了数字音乐的新时代。2007 年，Apple 再次震撼全球，推出了一款采用全新触摸屏和 iOS 操作系统的智能手机 iPhone。这款史无前例的智能手机不仅成为行业的标杆，更引领了移动互联网的蓬勃发展。

2010 年，Apple 再次展现了其创新能力，推出了介于手机和个人计算机之间的平板电脑 iPad。这款设备不仅开启了平板电脑市场，还再次证明了 Apple 在科技设计和市场引领方面的卓越能力。

此时的 Apple 公司，已不仅是一家高科技企业，更像一位稳重而挑剔的完美主义者。Apple 不断推出惊艳全球的新产品，同时也在积极构建自身的生态圈，推动上下游企业与其共建和谐共生的产业链，快速推动信息技术的发展。尽管 2011 年乔布斯的去世一度让 Apple 公司陷入迷茫，但这艘科技巨轮很快调整航线，继续劈波斩浪。

2014 年，Apple 推出了 Apple Watch 智能手表，再次成为智能穿戴设备市场的领导者。2018 年，Apple 公司成为首个市值突破 1 万亿美元的美国公司，以实力再次惊艳全世界。从一个简陋的车库开始，Apple 走过了无数艰辛与挑战，最终成长为引领全球科技潮流的创新巨头。这段辉煌的历程，既是一个创业传奇，更是一部现代科技发展的史诗。

Apple 的故事，从未停止。一如史蒂夫·乔布斯所说，"创新区分为领导者和跟随者"。在不断追求卓越与创新的道路上，Apple 将继续引领科技、改变世界。

1.4.5　AI 原动力：NVIDIA

2023 年 5 月，凭借生成式 AI，尤其是与 ChatGPT、GPT-4 等应用和广泛推广带来的巨大机遇，NVIDIA（中文为"英伟达"）成功掀起了一股 AI 革命的浪潮，成为继苹果（Apple）、亚马逊（Amazon）、微软（Microsoft）、字母表公司（Alphabet）、元宇宙（Meta）和特斯拉（Tesla）之后，第七个迈入"万亿俱乐部"的美国上市公司。

2024 年 6 月 5 日，NVIDIA 市值突破 3 万亿美元，超越苹果（Apple）成为美股市值第二的公司，赶超微软（Microsoft）指日可待。甚至已有分析师指出，NVIDIA 有望成为人类历史上第一家市值 10 万亿美元的公司。NVIDIA 的成功不仅限于其财务表现，更体现在其技术创新和广泛影响力上。作为全球人工智能、高性能计算、游戏、创意设计、智能驾驶和机器人技术的关键驱动力，NVIDIA 以其超群绝伦的技术和市场领导地位，迅速崛起并成为各行各业的核心引擎，可谓超群绝伦、风头正劲。在这场由 AI 驱动的 "数智革命"中，NVIDIA 已成为不可撼动的 AI 算力霸主。

◆ 出身寒微，主营游戏显卡

与许多巨头企业相似，NVIDIA 的起步也极其卑微。据传，这家如今在科技领域无出其右的公司，竟然诞生于硅谷一家平价美式连锁餐厅 Denny's。1993 年，怀揣共同梦想的三位工程师——黄仁勋、克里斯·马拉乔斯基（Chris Malachowsky）和柯蒂斯·普雷艾姆（Curtis Priem），连续多日在 Denny's 餐厅里头脑风暴、畅想未来，每次一坐就是一上午。他们共同勾勒出游戏显示卡的未来蓝图，凝聚了创建新公司的伟大构想。图 1-39 所示为美式连锁餐厅 Denny's。

图 1-39　美式连锁餐厅 Denny's

黄仁勋在创立 NVIDIA 前，曾任职于 LSI Logic 和 AMD（Advanced Micro Devices）公司，拥有俄勒冈州立大学电气工程学士学位和斯坦福大学电气工程硕士学位，他的专长是计算机科学和芯片设计。凭借深厚的技术背景、敏锐的商业嗅觉，以及对妻子的创业承诺，黄仁勋内心的创业激情越发炽烈。

克里斯·马拉乔斯基曾在惠普（HP）和太阳微系统（Sun Microsystems）等公司担任工程和技术领导职务，拥有佛罗里达大学电子工程学士学位和圣克拉拉大学理学硕士学位，专攻集成电路设计和方法学，手握多项硬件设计专利，是行业内公认的权威。

柯蒂斯·普雷艾姆于 1982 年从伦斯勒理工学院获得电气工程学士学位，曾在 IBM 和太阳微系统公司担任图形芯片设计师。他参与设计了 IBM Professional Graphics Adapter，这是 PC 上的第一个图形处理器，还为太阳微系统公司开发了 GX 图形芯片。

经过在 Denny's 餐厅的不懈讨论后，这三位志同道合的年轻人决定创建一家专注于游戏显示卡的公司。1993 年 1 月，NVIDIA 公司正式成立，黄仁勋担任总裁兼 CEO，克里斯·马拉乔斯基负责芯片硬件设计，柯蒂斯·普雷艾姆负责芯片驱动软件的开发。

公司名称的选择也经过了深思熟虑。柯蒂斯·普雷艾姆无意中翻阅一本拉丁词典时，发现单词"Invidia"，意指"嫉妒羡慕"，而"Videre"意为"目不转睛"。他们想使用 INVIDIA 作为公司名称，但发现台湾一家汽车改装品牌已经注册了这个商标。于是，他们决定用 NVIDIA 来注册，寓意"下一个愿景"（Next Vision）。公司的 Logo 设计为 Green with Envy，象征着一只目不转睛地注视着外界五彩缤纷世界的大眼睛，表达了他们希望通过技术让人们看到更多事物的愿景，同时希望 NVIDIA 能够在行业中脱颖而出，成为最受人羡慕的图形处理器厂商。NVIDIA 公司 Logo 如图 1-40 所示。

图 1-40　NVIDIA 公司 Logo

NVIDIA 公司的初衷是为快速发展的 PC 游戏市场提供出色的图形显示芯片。当时市场上有 20 多家图形芯片公司，3 年后这个数字飙升至 70 家，竞争异常激烈。但 NVIDIA 既然选择了这条赛道，便不断风雨兼程，试图谋求图形显卡霸主地位。

1994 年，NVIDIA 与 SGS-Thomson Microelectronics 建立了第一个战略合作伙伴关系，为其制造单芯片图形用户界面加速器。1995 年，NVIDIA 推出了基于正交纹理映射的 2D/3D 图形技术产品 NV1，目标是让日本世嘉公司的首款 3D 游戏 *Virtual Fighter*（VR

战士）运行其上。但由于图形处理芯片行业的快速变化，NVIDIA 最终放弃了这份合约，在日本世嘉公司领导的帮助下避免了破产。黄仁勋后来回忆道："面对错误并以谦逊的态度寻求帮助，拯救了 NVIDIA。"

1996 年，NVIDIA 发布了首款支持 Direct 3D 的 Microsoft DirectX 驱动程序，Direct 3D 是一种用于渲染高性能 3D 图形的 API。1997 年，NVIDIA 推出全球首款 128 位 3D 处理器 RIVA 128，并迅速获得市场认可，在推出后的前 4 个月内销量达 100 万片。1998 年，NVIDIA 与台积电公司建立了战略合作伙伴关系，由台积电公司制造 NVIDIA 芯片，并推出了首款支持多纹理 3D 处理能力的 RIVA 128ZX 处理器。

◆ 专注芯片创新，战胜英特尔

1999 年，NVIDIA 公司迎来了其历史上具有决定性意义的一年。这一年，NVIDIA 发明了 GPU（Graphics Processing Unit，图形处理器），并由此踏上了彻底改变 IT 行业的道路。GeForce 256 是全球首款 GPU，NVIDIA 将其定义为"具有集成变换、照明、三角设置/裁剪和渲染引擎的单芯片处理器，每秒可处理至少 1000 万个多边形"。这项发明成为图形计算领域的一次革命性突破，奠定了 NVIDIA 在行业中的领导地位。NVIDIA 首款 GPU：GeForce 256 如图 1-41 所示。

图 1-41　NVIDIA 首款 GPU：GeForce 256

2000 年，NVIDIA 收购了显卡先驱 3DFX，巩固了其在图形处理领域的技术和市场优势。同年，NVIDIA 还为微软首款 Xbox 游戏机提供了图形处理器。这些战略举措不仅扩大了 NVIDIA 的市场影响力，还进一步证明了其技术实力。

2001 年，NVIDIA 进军集成显卡市场，推出了 nForce 平台，并发布了业内首款可编程 GPU：NVIDIA GeForce3，使开发者能够创建定制的视觉效果。2002 年，NVIDIA 被评为美国发展最快的公司，并推出了"游戏之道"（The Way It's Meant to Be Played）计划，旨在鼓励游戏开发者充分利用 GPU 的强大功能。至此，NVIDIA 的第 1 亿片处理器已经出货。

2003 年，NVIDIA 收购了 MEDIA Q 公司，进一步增强了其在图形处理领域的技术能力。2004 年，NVIDIA 推出了 SLI 技术，显著提升了单台 PC 的图形处理能力。次年，NVIDIA 为索尼 PlayStation 3 开发了图形处理器，再次展现了其市场适应能力和技术创新实力。

NVIDIA 之所以能够在短时间内实现如此迅猛的发展，与公司 CEO 黄仁勋的远见卓识和企业文化密切相关。黄仁勋在公司成立之初，就将 NVIDIA 定位为提供最佳游戏和应用图形处理技术的公司，并专注于图形处理芯片领域的创新与研发。NVIDIA 的研发团队被称为"夜鹰部队"（Night Stalkers），他们通过 24 小时的三班轮换制，确保技术研发不间断，从而加速了图形处理计算技术的进步，超越了其他竞争对手。

在 PC 时代，Intel 在 CPU 市场上占据主导地位，尽管 AMD 公司也占据一席之地，但 Intel 以其强大的市场份额几乎垄断了 PC 的 CPU 市场。然而，当 Intel 将其注意力集中于 CPU 时，NVIDIA 却另辟蹊径，专注于 GPU，并在这一领域取得了巨大的成功。目前，NVIDIA 不仅成为独立显卡领域的领导者，还成为了 CPU 霸主 Intel 的强大竞争者。

展望未来，NVIDIA 和 Intel 之间的竞争无疑会愈演愈烈。两家公司将在独立 GPU、数据中心 CPU、物联网、AI 加速器、网络硬件和汽车技术等多个领域展开竞争。"适者生存"不仅是自然界的法则，更是企业发展的终极准则。在这个日新月异的科技时代，只有不断创新和突破，才能在激烈的市场竞争中立于不败之地。

◆ 构建 GPU 生态，终成 AI 霸主

NVIDIA 在 1999 年发布了 GeForce 256 GPU，这一用于增强计算机的图像显示功能的发明开启了图形处理的新时代。然而，随着时间的推移，NVIDIA 并未止步于此。到 2006 年，NVIDIA 已成功出货其第 5 亿片图形处理器，这标志着公司在图形芯片领域的崭露头角和巨大成功。最初设计 GPU 的目的是将 CPU 从繁重的图形显示和渲染计算工作中解放出来，使其能够专注于其他计算任务，从而显著提升计算机系统的整体性能。

然而，GPU 不仅在图形渲染方面表现出色，它还在几何点、位置、颜色等信息处理中的四维向量和变换矩阵乘法操作中展现出的强大能力，为其他计算任务打开了新的大门。2006 年，斯坦福大学的研究人员发现，GPU 在浮点运算和并行计算方面表现尤为突出，可以用于加速数学运算。

这一惊人的发现迅速引起了 NVIDIA 公司 CEO 黄仁勋的注意。NVIDIA 随后推出了 CUDA（Compute Unified Device Architecture，统一计算设备架构），这是一种用于通用 GPU 计算的革命性架构。CUDA 使 GPU 的并行处理能力不仅限于 3D 图形渲染，而是拓展到更广泛的数据运算领域。通过 CUDA，科学家和研究人员能够借助相对廉价的设备资源实现高效的并行计算。尽管早期的投入巨大且未有立竿见影的效果，但这一举措无意中构建了一个基于 GPU 的生态系统，为 NVIDIA 在 AI 芯片市场奠定了扎实的基础。

2012 年，NVIDIA 的努力得到了回报。在美国 ImageNet 大规模视觉识别竞赛中，AI 模型 AlexNet 仅使用两片 NVIDIA 可编程 GPU 进行图像训练和分类，获得了大赛头奖。

AlexNet 神经网络的训练时间从传统 CPU 所需的数月缩短至几天，这一突破性成果使 AI 领域的科学家和研究人员开始广泛关注和购买 GPU。从此，NVIDIA 凭借其极速的可编程 GPU 和 CUDA 系统架构，建立了一个名副其实的超级 AI 生态系统，并在 AI 界声名鹊起，奠定了其在 AI 领域的霸主地位。

2015 年，NVIDIA 推出搭载 Tegra X1 的 NVIDIA DRIVE，正式进军深度学习领域。2016 年，NVIDIA 发布了 PascaL 架构的 GPU、DGX-1 和 DRIVE PX 2，为 AI 革命注入了强劲动力。2017 年，NVIDIA 推出了 Volta 架构的产品，进一步推动了现代 AI 的发展。2018 年，借助 Turing 架构，NVIDIA 重塑了计算机图形技术。图 1-42 所示为 NVIDIA 公司的 GeForce 4090 芯片。

图 1-42　NVIDIA 公司的 GeForce 4090 芯片

如同 NVIDIA CEO 黄仁勋所言："40 年来，我们创造了 PC、互联网、移动、云，现在又创造了 AI 时代。AI 带来了巨大机遇，是计算机行业的重生。在 AI 时代，任何企业和个人都需要熟悉人工智能，否则就有错失良机的风险。"如今，NVIDIA 无疑是当前 AI 时代的中坚力量，其全方位推动信息技术向自动化和智能化方向蓬勃发展。毫无疑问，NVIDIA 是 AI 时代当之无愧的 AI 生态中坚力量，以一己之力全方位推动信息技术向着自动化、智能化方向毅然前行。

1.5　风云人物

在人类信息文明的竞技场里，总会涌现出一批未雨绸缪、眼光独特、屡败屡战、终成伟业的风云人物。他们的不朽业绩与伟大贡献，为人类信息文明增添了一道道绚丽的风景。

1.5.1 IT 筹划师：图灵

艾伦·麦席森·图灵（Alan Mathison Turing，1912 年 6 月 23 日－1954 年 6 月 7 日）是英国杰出的数学家、逻辑学家和密码学家，对计算机科学和人工智能领域做出了卓越而深远的贡献，被尊称为"计算机科学之父"和"人工智能之父"。图灵在第二次世界大战期间通过破解德军的恩尼格玛密码，为盟军的胜利立下汗马功劳，奠定了他在密码学领域的重要地位。

为表彰图灵在计算机科学领域的开创性工作，美国计算机协会（Association for Computing Machinery, ACM）于 1966 年设立了图灵奖。这一奖项被誉为计算机科学界的诺贝尔奖，每年颁发给那些在计算机科学领域做出重要贡献的科学家。图灵奖不仅表彰了获奖者的杰出成就，也传承和弘扬了图灵的科学精神与创新理念，使他的遗产在不断发展的计算机科学中继续焕发光彩。图灵那些划时代的贡献，不仅深刻影响了当时的科技进步，更为当今及未来的科学探索指明了方向。美国 ACM 图灵奖杯如图 1-43 所示。

图 1-43 美国 ACM 图灵奖杯

◆ 家道中落，天资聪颖

1912 年 6 月 23 日，图灵出生于英国伦敦帕丁顿一个显赫书香门第。其家族从 1638 年就受封男爵爵位，该爵位一直在图灵家族中世袭。但图灵祖父并没有资格继承爵位和绝大多数家族财产。按照英国的相关规定，多数没有继承爵位的家族成员会成为神职人员或英属殖民地的公务员。其祖父曾获得剑桥大学数学荣誉学位，后来成为一名神职人员。其父毕业于牛津大学历史系，后效力于位于印度边远地区的基层公务署，其母亲毕业于巴黎大学文理学院。其外祖父是一位建筑工程师，在印度修建桥梁和铁路时获利丰厚。

由于家道中落且迫于生计，父母在图灵 1 岁时就返回印度工作，并将年幼的图灵和哥哥托付给英格兰南海岸的一对退役陆军上校夫妇照顾。寄人篱下的生活对于年幼的兄弟俩是难熬的，多少会留下难以磨灭的心灵伤痕。图灵哥哥后来回忆道："虽然我不是儿童心理学专家，但我相信让一个襁褓中的婴儿离开父母的怀抱，并在一个陌生的环境中成长肯定不会是一件好事。"

1925 年，13 岁的图灵被送到了寄宿学校，开始他一生卓尔不凡的学术生涯。其沉默寡言、内向爱思考的性格，使他开始偏爱长于逻辑推理的数学。15 岁时，为帮助母亲理解爱因斯坦的相对论，图灵撰写了一篇综述论文，并由此获得了英国国王爱德华六世数学金盾奖。1931 年，图灵进入剑桥大学国王学院学习数学。此时的图灵开始对匈牙利数学家约翰•冯•诺依曼所著的 *Mathematische Grundlagen der Quantenmechanik*（量子力学的数学基础）感兴趣。在拜读该书后，图灵开始对量子物理学核心的数学原理痴迷不已，并与研究计算机的冯•诺依曼开始有了研究交集。

在剑桥的岁月里，图灵的才华迅速显露，他对数学和逻辑的独特见解为他奠定了坚实的学术基础，逐步走向计算机科学和人工智能的前沿，最终成为这一领域的奠基人。图灵的学术生涯和研究兴趣不仅反映了他个人的天赋，也标志着计算机科学领域的黎明即将到来。

◆ 坚忍不拔，贡献卓越

1936 年，图灵在其论文 *On Computable Numbers, with an Application to the Entscheidungsproblem*（论可计算数及其在可判定性问题上的应用）中开创性地提出了一种通用计算逻辑模型——图灵机（Turing Machine）。这一模型通过纸带式机器模拟数学运算过程，奠定了现代计算理论的基础。图灵机的概念深刻影响了第一代计算机科学家，催生了能够实际执行计算功能的计算机的研发，因此图灵被誉为"计算机科学之父"，如图 1-44 所示为眼神深邃的图灵。

图 1-44　眼神深邃的图灵

1938 年，图灵获得美国普林斯顿大学博士学位后，返回英国并深度参与了英国军方对德国军队的密码破译工作。他发明了一种高效的解密算法，这一算法构成了英军破译德军密码的核心方法。通过这一成果，英军得以获取大量德军的战时情报，极大地加速了第二次世界大战的胜利进程。有估计表明，此项工作使第二次世界大战至少提前两年结束，拯救了至少 1400 万人的生命。第二次世界大战期间，英国首相温斯顿·丘吉尔曾表示，第二次世界大战的胜利我们最应感谢的人就是艾伦·图灵。

1950 年，图灵发表了论文 *Computing Machinery and Intelligence*（计算机械和智能），第一次提出了著名的图灵测试，用于判断机器是否能够表现出与人类相似的智能。图灵测试是人工智能领域的初步概念，甚至早于 1956 年才提出的"人工智能"这一术语。图灵测试的方法如下：测试者与被测对象隔开，通过诸如键盘等设备向被测对象进行随机提问。如果多次测试后，超过 30%的测试者无法确定被测对象是人还是机器，则这台机器就通过了图灵测试，被认为具有人工智能。图灵也因此被誉为"人工智能之父"。

图灵机是一种理论上的通用计算模型，图灵测试是一种判断机器是否具有智能的方法，图灵完备性（Turing Completeness）则是指一种计算系统或编程语言具备与图灵机等价的计算能力。如果某种编程语言能编写程序来完全模拟一台图灵机，那么它就是图灵完备的。图灵完备性是计算机科学中的一个重要概念，与计算的可行性和计算能力密切相关。通过图灵完备性，可以判断一种编程语言或计算模型是否具备足够的能力来解决特定的计算问题。

若一种编程语言是图灵完备的，其应具备以下特点：

（1）支持基本计算操作：包括算术运算和逻辑运算。

（2）具备条件语句：如 if 语句和 switch 语句，用于根据条件执行不同的操作。

（3）具备循环语句：如 for 循环和 while 循环，用于重复执行一段代码。

（4）具备递归能力：可以通过函数的递归调用来解决复杂的问题。

（5）具备数据存储和操作的能力：如变量和数据结构。

这些特点使得编程语言能够充分表达复杂的逻辑和算法，从而解决广泛的计算问题。图灵的贡献不仅奠定了计算机科学的理论基础，也深远影响了现代编程语言的发展和计算机技术的进步。

◆ 饱受凌辱，遗恨自尽

在图灵的学术生涯步入辉煌之际，灾难也悄然降临。1952 年，在一起失窃案的调查过程中，图灵被发现与一名 18 岁男孩有亲密关系，从而以"公然猥亵和性颠倒行为"（同性恋）罪名遭到起诉。事实上，图灵早在寄宿学校时期就意识到自己的同性恋倾向，并与一名同学关系密切。然而，根据英国 1885 年的《刑法修正案》，这种行为在当时被视为犯罪。

图灵因此被判定犯有"严重猥亵罪"。在审判结束后，他面临坐牢或接受荷尔蒙疗法的选择。为避免监禁，图灵选择了接受荷尔蒙疗法，这意味着他被注射了雌激素，从而导致女性化过程。荷尔蒙疗法实际上是一种化学阉割，对他的身心造成了极大的伤害。承受着极度的身心痛苦，图灵逐渐陷入绝望。1954 年 6 月 7 日，他被发现死于家中的床上，床边有一个被咬了一口的苹果。警方调查后认定，图灵是通过食用浸泡在氰化物中的苹果而中毒自尽。一代英才，就这样饮恨自尽，呜呼哀哉！图 1-45 所示为坐落于英国曼彻斯特大学里的手握苹果的图灵纪念雕像。

图 1-45　手握苹果的图灵纪念雕像（英国曼彻斯特大学）

2009 年，有超过 3 万人签名请愿，为图灵鸣冤叫屈，时任英国首相戈登·布朗因此向全体英国人民正式颁布了对图灵的道歉声明。2012 年，在图灵诞辰百年之际，包括英国物理学家史蒂芬·霍金在内的 10 位知名人士联名呼吁英国政府赦免图灵的"严重猥亵罪"。最终，在 2013 年，英国女王伊丽莎白二世正式宣布赦免图灵的这一罪行。

2021 年，正值图灵诞辰 109 周年之际，英格兰银行发布了新版 50 英镑纸币，上面印有图灵的头像，取代了此前纸币上的蒸汽机之父詹姆斯·瓦特的肖像。这不仅是对图灵卓越贡献的纪念，更是对新时代的宣示，表明社会已迈向更加包容和尊重每个人贡献的新时代。图灵的一生及其后来的平反昭示了社会的进步，同时也提醒我们不应忘记历史上因偏见而受到不公正待遇的天才。

1.5.2　IT 架构师：冯·诺依曼

约翰·冯·诺依曼（1903—1957）是一位杰出的美籍匈牙利裔科学家，他的学术成就横跨多个领域，是科学全才的典范。冯·诺依曼在若干学科中都留下了令人瞩目的贡献，包括数学（如集合论、数论和希尔伯特空间）、物理学（特别是量子理论）、经济学（博弈论）、生物学（细胞自动机）、计算机科学和人工智能等。

在计算机科学方面，冯·诺依曼提出的"冯·诺依曼体系结构"至今仍是现代计算机的主流架构，为计算技术的发展奠定了基石。此外，他在美国的原子弹研制计划——曼哈顿计划中，作为核心参与者之一，对爆炸科学和工程领域也做出了重大贡献。

冯·诺依曼不仅在理论上独树一帜，还是实践中的卓越推动者。他的学术工作融合了深邃的理论见解和实用的技术创新，全面展示了科学天才的非凡魅力。"在所有的天才故事中，冯·诺伊曼可能算是最为精彩的一个"。他的传奇人生不仅对各领域的发展产生了深远影响，也激励着后世科学家不断探索未知的世界。图 1-46 所示为目光深邃的冯·诺伊曼。

图 1-46　目光深邃的冯·诺伊曼

◆ 系出名门，天资聪颖

1903 年 12 月 28 日，匈牙利布达佩斯的一个富有犹太银行家家庭迎来了一个新成员——冯·诺伊曼。得益于优渥的家庭环境，冯·诺伊曼从小就接受了卓越的教育，并展现出非凡的天赋。据传，他在 6 岁时就能心算两个八位数的运算，并能用古希腊语与人交谈；8 岁时便精通微积分；12 岁时能够阅读并理解数学经典《函数论的方法和问题》。此外，冯·诺伊曼还拥有惊人的记忆力，传闻他不仅能够在情境中回忆起整本小说，还能背诵看过的电话簿。普林斯顿大学的一位历史学教授曾表示，冯·诺伊曼在拜占庭历史方面的专业知识甚至超过了他这个历史学教授，实在匪夷所思。

1921 年，在父亲的建议下，冯·诺伊曼进入德国柏林大学攻读化学工程，虽然他对化学并不感兴趣，但化工业被认为是一个容易就业的领域。两年后，他通过了著名的瑞士苏黎世联邦理工学院（ETH Zurich）的入学考试，正式开始攻读化学学位。然而，受数学浓厚兴趣的驱使，他同时也在布达佩斯的帕兹马尼·彼得大学（现为罗兰大学）攻读数学博士学位。他的博士论文集中研究了康托集合论的公理化问题，展示了他在数学领域的早期才华和深刻见解。冯·诺伊曼的学术旅程充满了智力的激情和对知识的无尽追求，他在多个学科中所取得的成就不可胜数，成为后世科学家景仰的伟大巨匠。

◆ 集大成者，舍我其谁

1926 年，获得博士学位的冯·诺伊曼来到德国哥廷根，继续深入数学研究。在此期间，他还系统地研究了博弈论和量子力学的数学基础，奠定了这些学科的基础。1929 年，冯·诺伊曼受聘于美国普林斯顿大学担任客座讲师。由于其卓越的学术贡献和广泛的影响力，他次年即晋升为教授。1933 年，随着希特勒及其纳粹党对德国的全面掌控，许多科学家，包括冯·诺伊曼在内，选择离开欧洲前往美国。冯·诺伊曼在接纳美国国籍后，被聘为普林斯顿高级研究院的终身教授。

面对战争威胁及纳粹德国在原子弹研制方面的领先地位，美国政府着手招徕欧洲顶尖科学家，并启动了代号为"曼哈顿计划"的原子弹研制项目。该项目规模庞大，急需大量优秀人才的加盟。从 20 世纪 30 年代后期开始，冯·诺伊曼在爆炸科学领域进行了大量研究，成为聚能装药（Shaped Charges）数学模型的权威。他的研究证明，爆炸冲击波从固体表面反射时产生的压力比此前预测的要高得多，这主要取决于其入射角。这一重要发现促使美国军方决定在几千米的高度引爆原子弹，而不是在地面撞击点。1945 年 7 月 16 日，冯·诺伊曼在美国新墨西哥州的沙漠中见证了历史上首次成功的原子弹试爆。随后，1945 年 8 月 6 日和 9 日，美军分别在广岛和长崎投掷原子弹，最终促使日本宣布无条件投降，第二次世界大战结束。

20 世纪 30 年代中期，英国数学家艾伦·图灵来到普林斯顿大学，研究与冯·诺伊曼类似的课题，如集合论、逻辑学和希尔伯特的判定问题。艾伦·图灵扩展了冯·诺伊曼和库尔特·哥德尔的工作，引入了序数逻辑和相对计算的概念，并改进了他自己设计的图灵机。冯·诺伊曼对图灵的才华十分敬佩，并邀请他到普林斯顿高级研究院担任博士后研究助理。但图灵怀抱报效祖国的梦想，选择回到战时的英国。

实际上，早在 20 世纪 30 年代末和第二次世界大战期间，冯·诺伊曼就开始深入思考计算机问题。通过参与曼哈顿计划的经验，并受宾夕法尼亚大学 ENIAC 计算机项目的启发，冯·诺伊曼意识到开发高性能计算机的必要性。1945 年，他基于参与改进型计算机 EDVAC（Electronic Discrete Variable Automatic Computer，电子离散变量自动计算机）的需求，提出了一种新的计算机体系结构：存储程序体系结构。这一体系结构后来被称为冯·诺伊曼体系结构，其主要思想包括：①计算机的主体结构可划分为五个基本部件：运算器、控制器、存储器、输入设备和输出设备；②在数制和存储方面，程序和数据以二进制形式存放在存储器中，位置由地址确定；③在运行机制上，控制器根据存储器中的指令决定工作流程，由程序计数器控制指令的执行，并交由运算器执行，最后将结果存放于存储器中。冯·诺依曼与其研制的计算机如图 1-47 所示。

图 1-47　冯·诺依曼与其研制的计算机

鉴于他的卓越贡献，美国总统艾森豪威尔于 1956 年授予冯·诺伊曼总统自由勋章（见图 1-48），冯·诺伊曼也因此被誉为"计算机之父"。他的理论和实践不仅开创了现代计算机的新时代，也为众多后继者的研究奠定了坚实的基础。

图 1-48　冯·诺伊曼被授予总统自由勋章

◆ 天妒英才，巨星陨落

冯·诺伊曼是一位无与伦比的科学全才，在数学、物理学、经济学、统计学、核能和数字计算等多个领域都取得了卓越的成就，并做出了关键性的贡献。他的多才多艺和深远影响使他成为 20 世纪最重要的科学家之一。冯·诺伊曼的广泛研究和创新精神不仅推动了各个学科的发展，还为后世科学家提供了宝贵的理论基础和研究方向。

然而，天妒英才。1955 年，冯·诺伊曼被诊断出患有癌症，尽管他顽强地与病魔斗争，但最终还是在 1957 年辞世。这位科学巨星的陨落，让整个科学界为之惋惜和哀悼。如果他能够拥有更长的寿命，他会为人类科学事业做出更多、更深远的贡献。

尽管冯·诺伊曼英年早逝，但他的科学遗产却历久弥新，尤其是他提出的冯·诺伊曼存储程序体系结构。该体系结构成为现代计算机设计的基石，犹如 IT 技术文明的灯塔，既点亮了计算机研制的星星之火，也照亮了 IT 技术发展的未来之路。冯·诺伊曼无疑是当之无愧的 IT 架构师，他的理论和实践不仅开创了一个新时代，还为无数后继者指明了方向。

冯·诺伊曼的名字将永远铭刻在科学史册上，他的贡献将继续激励未来的科学家探索未知，推动科技进步。他的传奇故事和卓越成就将永远激励着一代又一代的科学追梦人。

1.5.3　软件生态师：比尔·盖茨

"让每一张桌子上有一台计算机。"这是比尔·盖茨（Bill Gates）在其著作《未来之路》中提出的愿景，也是他在创立微软公司时的宏大梦想。此言不仅表现了盖茨对计算机普及的坚定信念，更反映了他对信息技术未来发展方向的深刻洞察和精准预见。这一理念激发了无数技术爱好者和专家的热忱，引领了一场计算机革命，最终使得计算机成为现代社会不可或缺的一部分。

从最初的梦想到今天的现实，盖茨的预见不仅仅是愿景的表达，更是对 IT 技术前景的深刻思考和科学布局的体现。微软公司的成功不仅仅在于其技术创新，也在于其创始人对行业发展规律的洞悉及其所带来的战略性变革。盖茨的这句话，点燃了计算机普及的星火，不但激励了一代又一代的信息技术人才，也铸就了今天的信息时代。

盖茨的愿景已经成为现实，全球千千万万张桌子上都摆放着计算机，这不仅改变了我们的工作方式，也深刻影响了我们的生活和思维方式。盖茨和微软所开启的这场信息革命，已经深刻嵌入现代社会的每一个角落。

◆ 系出名门，聪慧过人

1955 年 10 月 28 日，比尔·盖茨出生于美国华盛顿州西雅图市的一个富裕的中产之家。他的父亲是一名著名的律师，拥有自己的律师事务所；母亲既贤惠大方，又具备卓越的学识背景，是一位银行家的后裔，精通商业与人际关系。盖茨成长在这样一个优渥的家庭环境中，不仅享有物质上的保障，还沉浸在书香四溢的氛围中，为他充分发挥聪明才智，实现人生目标提供了坚实的基础。

盖茨从小就展现出对读书和思考的浓厚兴趣，并具备惊人的记忆力。在纪录片《比尔的大脑》(*Inside Bill's Brain*) 中，他曾回忆说，"我仍然记得中学同学肯特的电话号码是 525-7851。"成长于西雅图，这个濒临太平洋的繁华港口城市，不仅是一个蒸蒸日上的工业重镇，还因全球著名的波音公司总部设立于此，而闻名遐迩。1962 年，西雅图举办的以"21 世纪"为主题的世界博览会，更是让年少的盖茨沉浸其中。未来技术的种子由此在他心中根植，激发了他对科技的无限憧憬与探索的欲望。

西雅图的标志性建筑——太空针塔（见图 1-49），是盖茨童年记忆中的重要景象。正是在这样一个充满前景和创新精神的城市中，盖茨开始了他的求学历程。湖滨中学（Lakeside School），一所环境优美、学风严谨的贵族学校，成为他智力和梦想的摇篮。这所学校旨在开发学生的智力，培养创造性思维、健康体魄和伦理精神。每年招生仅约 300 人，学费高达 5000 美元，可谓是西雅图顶尖的教育机构。

1968 年，湖滨中学母亲俱乐部决定将每年的旧货销售收入（约 3000 美元）用来租赁一台 Teletype 30 型计算机，并与通用电气主机终端连接，供学生们使用。这无疑是上帝的恩赐，让 13 岁的盖茨得以首次接触计算机这一当时还相对罕见的东西。与同学保罗·艾伦（Paul Allen）一样，盖茨对计算机的痴迷迅速增长。他们利用课余时间，甚至在深夜或周末钻研计算机操作，很快就成为学校计算机技术的专家。

看到学校教务排课的繁重工作，盖茨利用计算机编写了一套高效的排课系统，受到教师们的欢迎和赞誉。1972 年，盖茨以 4200 美元的价格出售了该系统，初次尝到了智力创造财富的甜头。这次经历点燃了他心中创业的火焰，盖茨开始在心中勾勒着更宏大的未来梦想。

图 1-49　西雅图市的地标：太空针塔

湖滨中学的经历不仅磨砺了盖茨的计算机技能，也激发了他的商业头脑和创新精神。正是在这里，盖茨与保罗·艾伦建立了深厚的友谊和合作关系，二人后来共同创立了微软公司，从此开始了改变世界的科技旅程。

◆ **专注创业，一鸣惊人**

1973 年，比尔·盖茨以卓越的学术表现从湖滨中学毕业，并在 SAT 考试中取得了接近满分的 1590 分（满分 1600）的成绩，随后被哈佛大学录取。在哈佛大学期间，尽管盖茨酷爱编程，他也经常逃课。1975 年，比尔·盖茨和保罗·艾伦联手为微型计算机 MITS Altair 8800 开发了一款能在其 4KB 内存中运行的 BASIC 编译器，并以 3000 美元的价格出售给 MITS，而后续的版税收入则高达 18 万美元。这次小试牛刀的成功，不仅让盖茨看到了 IT 技术的广阔前景，更坚定了他利用软件创造财富的信念。

1975 年 4 月 4 日，盖茨毅然从哈佛大学退学，决定与他高中时期的好友保罗·艾伦共同创办一家软件公司，专注于为 MITS Altair 8800 研发和销售 BASIC 编译器。1976 年 11 月 26 日，两人为他们的软件公司注册了"Microsoft（微软）"商标。起初，他们曾考虑将公司命名为"Allen & Gates Inc.（艾伦和盖茨公司）"，但在洞悉到微型计算机市场的光明前景后，决定将公司名称改为"Micro-Soft"（微型软件），以更好地契合微型计算机的硬件，共同开创个人计算机技术市场的美好未来。

由于 MITS 总部位于美国新墨西哥州阿尔伯克基市，为了与 MITS 更紧密地合作，盖茨决定将 Microsoft 公司总部也设在该市。1977 年 1 月，Microsoft 公司正式搬迁至阿尔伯克基市，专注于 BASIC 编译器的运维。通过 BASIC 语言的发展历程——从 Microsoft BASIC 到 Microsoft QuickBasic 再到 Visual Basic，可以看出盖茨对其首个开发成果的重视与珍视。然而，创业之初的盖茨依然保持着他的顽性，曾因酒后飙车被警察拘留并罚款，并险些被收回驾照。

尽管 Microsoft 公司在创立后迅速发展，MITS 公司却经营不善，逐渐衰落。阿尔伯克基市地处偏远的美国西南沙漠地带，气候干燥，风沙较多，难以吸引优秀的程序员。面对这一挑战，盖茨决定将 Microsoft 公司搬迁至他熟悉且气候宜人的家乡西雅图。1979 年 1 月 1 日，Microsoft 总部迁往华盛顿州西雅图市东郊风景如画的雷德蒙德（Redmond），如图 1-50 所示。或许是因"乔迁之喜"，在盖茨的领导下，Microsoft 随后快速扩张，实现了极速发展。

图 1-50　Microsoft 雷德蒙德（Redmond）总部

盖茨对计算机产业的高瞻远瞩和敏锐洞察力令人钦佩。当他看到 IBM 公司准备推出个人计算机 IBM-PC 时，便察觉到个人计算机产业的浪潮即将到来，并意识到自己之前的梦想——让每个家庭桌面上都有一台计算机——将迅速成为现实。盖茨深知，要在数字时代成为弄潮儿，必须先拥有每台计算机所需的操作系统。他看准了这一商机，并决意为 IBM-PC 量身定制一款操作系统，以搭上蓝色巨人的发展快车。

盖茨说服他的母亲利用其广泛的商业人脉，帮助 Microsoft 公司与 IBM 公司建立商业合作关系：IBM 负责生产计算机硬件，Microsoft 负责研发系统软件。1980 年 8 月 28 日，盖茨与 IBM 签订合同，为 IBM-PC 开发操作系统。事实上，当时的 Microsoft 并没有现成的操作系统。但盖茨看到市面上有一款较为优秀的 QDOS 操作系统，便以 5 万美元购下其全部版权，稍加改进后更名为"MS-DOS"（Microsoft 的磁盘操作系统），并授权给 IBM 公司。借助 IBM-PC 及兼容机的巨大成功，MS-DOS 自然成为当时个人计算机的标准操作系统。搭乘蓝色巨人便车的盖茨因此一跃成为 IT 领域的亿万富翁，实现了他改变世界的梦想。

◆ 纵横捭阖，渐入佳境

比尔·盖茨的成功不仅得益于 MS-DOS 与 IBM-PC 的绝佳匹配，更缘于他对商业技术的前瞻性洞察和敏锐直觉。1995—2007 年，盖茨连续 13 年在《福布斯》全球富翁榜上蝉联首富，同时连续 20 年位居《福布斯》美国富翁榜首，这不仅展现了他的企业家智慧，更证明了他的卓越远见。

尽管 MS-DOS 为盖茨赚到了创业后的第一桶金，但随着 1984 年史蒂夫·乔布斯领导的 Apple 公司推出具有图形用户界面的 Macintosh，Microsoft 面临了前所未有的挑战。与单调的黑白字符界面的 MS-DOS 相比，Macintosh 的色彩鲜艳且直观的图形界面显得十分有冲击力。

面对乔布斯技术上的强势挑战，盖茨敏锐地意识到图形界面的重大意义，并看到了这一趋势的巨大潜力。他从 Apple 的技术迭代与 Macintosh 的图形界面中洞悉到，未来的个人计算机操作系统将必然朝向更加友好便捷的图形界面发展。于是，他决定在 MS-DOS 的基础上开发一款拥有图形用户界面的操作系统——Windows。

1985—1995 年，尽管 Microsoft 在不断迭代的 MS-DOS 支撑下继续盈利，但其逐渐显露出力不从心的迹象。然而，盖茨始终坚信图形界面软件的光明前景并持续投入研发 Windows 系统。在经历了长达十年的持续努力之后，Microsoft 终于在 1995 年推出了全球范围内深受欢迎的 Windows 95 操作系统。从今天的角度来看，Windows 95 的发布真正开启了图形界面的新时代，并由此奠定了 Microsoft 在软件生态系统中的霸主地位，更铸就了盖茨连续 20 年稳居美国首富宝座的传奇。

自此以后，Microsoft 继续在盖茨的领导下不断创新，研发和提供广泛使用的 Windows 操作系统和 Office 系列软件，并进军云计算、物联网、大数据、人工智能等多个 IT 领域。公司还陆续收购或推出了有影响力的产品和服务，如 Hotmail 邮箱、Skype 即时通信、Edge 浏览器及 Bing 搜索引擎。尤其值得一提的是，盖茨倾力支持研发的 ChatGPT 于 2022 年 11 月亮相后，迅速赢得了全球用户的青睐，再次将盖茨推向数字智能时代的聚光灯下。

毫无疑问，比尔·盖茨对 IT 技术的敏锐洞察力使 Microsoft 不断壮大，他对技术不断迭代与创新的执着追求更是为全球 IT 行业树立了典范。比尔·盖茨不仅引领了一个时代，更凭借他的远见卓识和不懈努力，改写了全球技术产业的发展轨迹。

1.5.4　数字创新师：史蒂夫·乔布斯

正如《乔布斯传》首页所言："只有那些疯狂到相信自己能改变世界的人，才能真的改变世界！"（The people who are crazy enough to think they can change the world are the ones who do.）史蒂夫·乔布斯无疑是这种精神的最佳诠释者。

2005 年，乔布斯在斯坦福大学的毕业典礼上发表了那场广为流传的演讲，他鼓励年轻一代 "Stay hungry, stay foolish."（求知若渴，虚心若愚。）这不仅是他的座右铭，更是他一生追求创新的真实写照。他还强调："Innovation distinguishes between a leader and a follower."（领袖和跟风者的区别就在于创新。）这句话道出了他对创新的深刻理解和不懈追求。

回顾乔布斯的辉煌一生，不难发现，他不仅是一个技术天才，更是一个具有非凡远见的领导者。他的疯狂不仅表现在对技术的狂热追求，更在于他对未来的坚定信念和勇敢实践。乔布斯不仅仅是一个企业家，更是一个信息时代的革命者。他通过不断地创新和突破，彻底改变了我们与技术互动的方式，重新定义了个人计算、音乐、手机和数字内容产业。

◆ 孤独弃婴，叛逆图强

人生的许多抉择或许可以自主决定，但唯独出生这一刻，任何人都无法选择其命运。史蒂夫·乔布斯的出生充满坎坷和戏剧性——1954 年，威斯康星大学的女研究生乔安妮·席贝尔（Joanne Schieble）恋上了她的穆斯林助教，叙利亚裔的阿卜杜勒法塔赫·钱德里（Abdulfattah Jandali），这段甜蜜的爱情使两个年轻人形影不离。然而，爱情的果实并未得到宗教和家庭的祝福，当乔安妮发现自己怀孕时，父母的干预和宗教的压力令她无法与爱人共度余生。

乔安妮决定远离威斯康星大学，来到旧金山待产并为即将出生的孩子寻求一个合适的收养家庭。她唯一的要求是，收养这个孩子的夫妇必须要有大学学历。一对律师夫妇最初同意了这个条件。然而，1955 年 2 月 24 日，当乔安妮生下一个男孩时，那对夫妇却改变主意选择领养一个女孩。在医生的调解下，一对蓝领夫妇接手了这项重任。起初乔安妮不同意，因为她希望孩子能够在中产家庭接受良好的教育。经过数周的僵持，她最终妥协，但附加条件是，这对夫妇必须签署承诺，将来送孩子上大学。于是，这个男孩被养父母命名为史蒂夫·乔布斯（Steve Jobs）。

尽管养父母对乔布斯宠爱有加，给了他一个快乐无忧的童年，但"被父母遗弃的小孩"这样的传言仍然在他的内心埋下自卑和敏感的种子。弃婴的身份无疑让他感到孤独，并经历了许多常人难以想象的苦难和不公。这些经历铸就乔布斯非凡的意志，使他注定要与众不同，并最终震撼世界。

天生叛逆的乔布斯在高中毕业后，决定攻读美国学费最昂贵的学校之一——位于俄勒冈州波特兰市的私立文理学院里德学院（Reed College）。里德学院以其"Turn on, Tune in, Drop out."（打开心扉、自问心源、脱离尘世）的自由精神闻名，这种理念深深吸引了乔布斯，并深刻影响了他的人生理想与信念。在大学期间，乔布斯过着异乎寻常的生活：吸食毒品、尝试素食、远赴印度修行禅定，追寻心灵的净化与启迪。

在一次朋友聚会中，乔布斯偶然读到一篇描述黑客通过模拟 AT&T（美国电话电报公司）接通线路的特定音频免费拨打长途电话的文章。这激发了他的灵感，他和好友史蒂夫·沃兹尼亚克决定亲手制造这一工具。几番尝试后，他们成功了。他们甚至用这个长途电话盗打器给罗马教皇打电话，冒充美国国务卿亨利·基辛格。虽然对方识破了他们的把戏，但这次恶作剧让他们意识到，他们有能力通过创新和探索制造出改变世界的电子产品。他们以 150 美元的价格售出了近 100 个这种设备，赚得了 1 万美元，这不仅为他们带来了经济上的收益，更燃起了他们对电子信息产品的无限热情和信心。就这样，乔布斯以其天生的叛逆和无尽的创造力，迈出了他改变世界的第一步。

◆ **激情创业，独树一帜**

史蒂夫·乔布斯对电子工程技术的热爱，使他频繁参加"家酿计算机俱乐部（The Homebrew Computer Club）"的聚会。这个俱乐部是一个思想碰撞与技术交流的平台，成员们在这里热烈讨论如何让当时庞大而昂贵的计算机更易于普通人使用。从今天的视角来看，这些聚会无疑是一场场充满创新火花的头脑风暴，是技术先驱们酝酿改变世界的"秘密基地"。

家酿计算机俱乐部的创始人之一史蒂夫·沃兹尼亚克（Steve Wozniak）是个天才的电子技术专家。在制造出免费长途电话盗打盒子后，他又开始构思如何将巨大的计算机进行小型化改造。1975 年 6 月 29 日，沃兹尼亚克成功制造出一台能在屏幕上显示字符的个人计算机。这项发明不仅让沃兹尼亚克兴奋不已，也让乔布斯看到了个人计算机的广阔商机。在乔布斯的说服下，沃兹尼亚克与另一位谨慎的商人罗纳德·韦恩（Ronald Wayne）共同筹划成立一家创业公司。

1976 年 4 月 1 日，美国传统的愚人节，乔布斯、沃兹尼亚克与韦恩宣布注册成立 Apple 公司。或许是想给人意料不到的惊喜，抑或为失败后留有自我安慰的机会，这个日期显得格外特立独行。1976 年 7 月，沃兹尼亚克在家酿计算机俱乐部推出了首台个人电脑原型机——Apple Ⅰ，如图 1-51 所示。

图 1-51　Apple Ⅰ 个人计算机

1977 年 1 月 3 日，Apple 计算机公司正式成立。然而，创始人之一的罗纳德·韦恩没有参加公司成立典礼，并于 12 天后以 800 美元的价格将其在公司的股份卖给乔布斯和沃兹尼亚克。

乔布斯担任 Apple 公司 CEO 后，推出了包括 Apple Ⅰ 和 Apple Ⅱ 在内的一系列畅销产品，掀起了个人计算机史上的巨大浪潮。Apple 的个人计算机开始走入寻常百姓家，使计算机技术变得触手可及。随着这些创新产品的推出，Apple 公司的股价屡次创新高，乔布斯也成为当时美国最年轻的亿万富翁。乔布斯的传奇故事不仅是个人奋斗的典范，更是现代科技发展史上的辉煌篇章。

◆ 特立独行，追求完美

桀骜不驯、特立独行的史蒂夫·乔布斯对公司产品的要求近乎苛刻。这种对完美的执着在他看来是创新的必要条件，但在追求短期利润和快速回报的公司董事会其他成员眼中，却成为发展的障碍。最终，董事会决定召开会议，直接将乔布斯解雇，并将他逐出公司。

离开 Apple 公司的乔布斯并没有停下脚步，他创建了另一家后来同样声名显赫的公司——Pixar 动画工作室。然而，No Jobs, No Apple（没有乔布斯，哪有苹果公司）。乔布斯的离开对 Apple 公司造成了重创，公司逐渐陷入发展危机。随着 IBM PC 及其兼容机的快速推广，价格高昂的 Apple 计算机开始滞销，缺乏创新的 Apple 公司陷入低谷，长期徘徊不前。

为了公司的前途，Apple 决定重新请回乔布斯。1997 年，乔布斯正式重返他亲手创立的 Apple 公司，并开始大刀阔斧地进行公司产品的极简化美学改造。江山易改，本性难移。不特立独行、不追求完美，就不是史蒂夫·乔布斯。在他的主导下，Apple 公司陆续推出了一系列里程碑式的产品，如 iMac、iPod、iPhone、iPad、iOS 等，掀起了一次次全球性的数字科技革命。图 1-52 所示为 Apple 公司的 iPad Pro。

图 1-52　Apple 公司的 iPad Pro

2011 年 10 月 5 日，史蒂夫·乔布斯因病去世，享年 56 岁。尽管斯人已逝，但乔布斯对信息技术极速、极简发展的贡献有目共睹，他的精神仍在不断激励着渴望创新并改变世界的人们。史蒂夫·乔布斯曾荣获 1985 年由里根总统授予的国家级技术勋章，是《时代》周刊 1997 年的封面人物，《财富》杂志 2007 年度最伟大商人及 2009 年度这十年美国最佳 CEO，同年再次当选《时代》周刊年度风云人物。

史蒂夫·乔布斯的传奇不仅仅是个人奋斗的故事，更是现代科技发展史上不可或缺的一部分。他的创新精神和对完美的追求，深刻地影响了整个行业，甚至改变了世界。

1.5.5　开源实践师：林纳斯·托瓦兹

以一己之力，独创 Linux 和 Git，论编程英雄，非林纳斯·托瓦兹莫属。"Talk is cheap, show me the code"（代码胜于雄辩）。这是托瓦兹的名言，也是其一直坚守的编程人生信念。托瓦兹通过他的实际行动和开源代码，彻底改变了计算机操作系统和软件开发的方式，成为了编程界不可忽视的传奇。

托瓦兹的成就并非一蹴而就，但他的坚持和理念值得每一个程序员效仿。他坚信，与其空谈理想，不如将精力放在真正的代码中，去实现那些看似不可能的技术创新。正是这种专注和实干的精神，使他成为编程领域的标杆人物。托瓦兹用事实证明，代码的力量可以超越语言，推动整个社会的进步与变革。

◆ 酷爱编程，追求乐学至上

1969 年 12 月 28 日，林纳斯·托瓦兹生于芬兰赫尔辛基市的一个中产家庭。从小性格内向，不喜欢与人面对面交流。在心理学家眼里，此类性格的人通常极为专注、自负，也极具创新意识与创造力。约在 10 岁时，托瓦兹开始接触程序设计，最初学习的编程语言是 BASIC。

BASIC（Beginners' All-purpose Symbolic Instruction Code，初学者通用符号指令代码）是一种面向初学者设计的编程语言。它由达特茅斯学院的院长约翰·凯梅尼（John Kemeny）和数学系教师托马斯·卡茨（Thomas Kurtz）于 1964 年共同研发而成。1975 年，比尔·盖茨（Bill Gates）将 BASIC 移植到个人计算机上，使其得以广泛传播。作为一种解释性编程语言，BASIC 的源代码无须编译和链接就可以直接执行，这种特性使其非常适合初学者学习计算机编程。

在其祖父的计算机上，托瓦兹开始学习并使用 BASIC 语言进行简单的程序编写。后据其妹妹 Sara 的回忆，托瓦兹曾向她展示过一段 BASIC 代码的运行效果：

```
1.    10 print "EAST OR WEST, SARA IS THE BEST"
2.    20 goto
```

可能因为其内向自闭的性格，相对于其他事情，托瓦兹更喜欢在计算机上独自编程。试想输入一段代码，BASIC 语言立即就能解释、执行并输出结果。这种能立竿见影的操控性与成就感，会让年少内向的托瓦兹欣喜若狂、甘之如饴。托瓦兹的霸气、传奇的编程江湖人生由此开启。

◆ 自由共享，黑客文化传承

20 世纪 80 年代，正值托瓦兹成长的时期，也是个人计算机和开源思维蓬勃发展的时代。个人计算机的普及，使普通人得以接触到之前只能在大型计算机上实现的计算能力。而开放源代码运动，承载着黑客精神中自由与分享的理念，使得更多编程爱好者得以阅读、学习和创新源代码，从而推动了编程技术的发展和软件生态体系的构建。

尽管当时的个人 IT 产业由 IBM-PC 和 MS-DOS 主导：硬件方面，基于 Intel CPU 芯片的 IBM-PC 及其兼容机占据市场；系统软件方面，微软的 DOS（Disk Operating System，磁盘操作系统）成为主流。然而，DOS 作为商业软件，是闭源的，这意味着个人计算生态系统的底层平台完全由微软公司控制。缺乏竞争可能导致技术垄断和停滞。黑客精神领袖理查德·斯托曼（Richard Stallman）和黑客文化代言人埃里克·斯蒂芬·雷蒙（Eric Steven Raymond）正是针对商业软件的闭源性质和缺乏创新，推动了开放源代码运动，鼓励更多人参与、复制、分享和创造软件源代码，推动 IT 技术的自由与共享式大发展。

年轻的托瓦兹深受传统黑客所秉持的自由、分享理念及开放源代码运动的影响，开始努力学习编程技术并参与到开放源代码运动中，力图用软件创造更便利的生活。不同于其他的高级编程语言，C 语言是一种中级语言，更接近低层的机器系统，方便编程者直接操纵低层硬件。托瓦兹偏爱 C 语言，喜欢用 C 语言去实现自己的想法，构建自己的软件系统。其陆续开发了 Linux 和 Git 两个项目，深刻影响了软件技术生态圈。

◆ 亲力亲为，开源运动巨擘

1991 年，在芬兰大学求学的托瓦兹对 MS-DOS 和 Minix 系统心存不满，但又无法负担昂贵的 UNIX 系统的费用时，他决定亲自动手，用 C 语言开发一个类 UNIX 操作系统。起初，他意欲将这个系统命名为 Freax，结合了"Free（自由）"和"Freak（怪异）"两个词汇及 Minix。但他的朋友将文件上传至 FTP 服务器时，创建了一个名为"Linux"的文件夹供人下载。无奈之下，林纳斯决定正式命名该系统为 Linux，意为"Linus 的 Minix 系统"。图 1-53 所示为 Linux 系统的标志性企鹅 Logo。

图 1-53　Linux 系统的标志性企鹅 Logo

受传统黑客自由分享理念及开源运动的影响，托瓦兹于 1991 年 10 月 5 日将 Linux 操作系统引入自由软件基金（FSF）的 GNU 计划，并通过 GPL（通用公共许可证）发布。GPL 授权允许用户销售、复制、修改 Linux 代码，但前提是修改后的代码也必须免费公开，从而传递自由软件精神。

正因如此，Linux 吸引了全球的编程爱好者与开发者，成为开源软件领域的一个重要里程碑。今天，Linux 不仅是一款通用的开源操作系统，更代表了一种现代数字生活方式。它不仅支撑着众多智能终端和嵌入式设备，而且是绝大多数 Web 服务器的内核，更是全球前 500 名超级计算机的基础平台。

2005 年，Linux 内核开发时所使用的 BitKeeper 软件版本控制系统停止了免费服务。面对这一困境，托瓦兹当机立断，决定亲自开发一款免费的分布式版本控制系统——Git。自发布以来，Git 技术日趋成熟完善，大型公司纷纷采用 Git 管理其代码库。2008 年 2 月，GitHub 公司基于 Git 技术构建了协作式源代码托管平台 GitHub。如今，GitHub 已经成为全球最大的源代码集散地，几乎所有优秀代码项目都在此托管。Git 也成为编程者最广泛应用的源代码管理工具。

凭借其在计算机科学和开源软件领域的卓越贡献，托瓦兹获得了诸多奖项和荣誉。2004 年，他被《时代》杂志评为全球最具影响力人物之一。2012 年，荣获相当于技术领域诺贝尔奖的千禧技术奖。2014 年，他被授予计算机先驱奖。为纪念林纳斯·托瓦兹及其在 GNU/Linux 方面的贡献，亚利桑那大学将 1996 年 1 月 16 日发现的一颗小行星被命名为 9793 Torvalds；其在 1994 年 10 月 12 日启动的 Spacewatch 项目发现的小行星被命名为 9885 Linux。

林纳斯·托瓦兹的故事不仅展示了个人技术变革的力量，更强调了开源理念对全球技术社区的深远影响。他的工作和思想激励了无数程序员追求创新和共享，为构建一个更加开放和自由的技术世界奠定了坚实基础。

1.5.6　AI 梦想家：黄仁勋

英伟达（NVIDIA）创始人兼 CEO 黄仁勋始终坚持的一条信念是："要跑，而不是走。要么为食物而奔跑，要么成为别人的食物"（Run. Don't walk. Either you are running for food, or running from being food.）。这句话精练地表达了他对竞争和生存的深刻理解。2023 年 5 月 27 日，黄仁勋受邀在台湾大学 2023 届毕业典礼上发表演讲，这句深刻的箴言也成为他演讲的主题。

在演讲中，黄仁勋充满激情地向即将踏入社会的毕业生们传递了他的奋斗哲学。他强调，无论是在科技行业还是在其他领域，保持高度竞争力和不断追求进步都是成功的关键。他用自己的创业经历和心路历程激励学生们，呼吁他们要以速度和敏捷性来迎接未来的挑战，始终保持处在竞争的前沿。

◆ 心中有梦，坚守创业承诺

黄仁勋于 1963 年出生于中国台湾地区。9 岁时，他和弟弟在父母的安排下前往美国求学。由于父母繁忙的商务事务，他们未能陪伴兄弟俩一同前往。年幼的黄仁勋被舅舅送到一所位于乡村的寄宿学校，而这所学校多数学生都有特殊问题。缺乏父母陪伴，黄仁勋的小学时代充满孤独与无奈，但这两年的寄宿生活磨砺了他的独立性、适应能力、责任感与坚强的意志。两年后，黄仁勋的父母来到美国，一家人终于团聚。

中学时期的黄仁勋不仅成绩优异，还展现了卓越的乒乓球天赋。15 岁时，他在美国乒乓球公开赛的青年组双打比赛中获得第三名。受父母影响，他敏锐的商业嗅觉和对理工技术的偏爱逐渐显现。高中毕业后，黄仁勋考入俄勒冈州立大学，主修电子工程。在这四年里，他不仅在学业上取得了成功，还收获了爱情。在向妻子 Lori 求婚时，黄仁勋许诺在 30 岁时一定会创立属于自己的公司。

1983 年，黄仁勋从俄勒冈州立大学毕业后，加入 AMD 公司，成为一名芯片设计师。他敏锐的商业眼光使他迅速胜任管理和运营工作。两年后，黄仁勋加入主要从事图形处理芯片的 LSI 公司，从设计部门转到销售部门，最终成为集成芯片部门的总经理。这一职业转变让他学会了如何将产品设计与市场需求紧密结合。

虽然硅谷高新技术公司丰厚的待遇让黄仁勋一家过上了惬意的中产阶级生活，但他心中始终怀揣着创业的梦想。曾经许诺给妻子的婚前誓言一直在他耳边回响。受中国传统"君子一言驷马难追"诚信观念的影响，1992 年黄仁勋在获得斯坦福大学电子工程硕士学位后，开始筹划兑现对妻子的承诺。

1993 年 1 月，黄仁勋与两位志同道合的工程师克里斯·马拉乔斯基（Chris Malachowsky）和柯蒂斯·普雷艾姆（Curtis Priem）共同创立了 NVIDIA 公司。凭借他在技术和销售管理方面的双重背景，黄仁勋被推举担任 NVIDIA 的总裁兼 CEO，并开启了一段充满挑战和梦想的创业之旅。

黄仁勋的创业故事不仅体现了他个人的激情和决心，也展现了一个在陌生国度里，通过坚持不懈地努力与奋斗，最终实现卓越成就的励志人生。这段经历鼓舞了无数怀揣梦想的人，启迪他们勇敢追求自己的理想。

◆ 艰难创业，持续深耕 CPU

NVIDIA 公司在创业初期，选择将游戏显卡作为其主打业务。据传，黄仁勋与两位联合创始人克里斯·马拉乔斯基和柯蒂斯·普雷艾姆在硅谷的 Denny's 快餐店会面时，就开始探讨如何开拓一个"价值 0 亿美元"的市场——也就是一个尚不存在的市场。他们敏锐地意识到改善 PC 游戏画面的巨大市场潜力。尽管在 1993 年，游戏显卡市场尚未形成，但他们已经洞察到图形处理芯片的潜在需求，于是决定全力研发游戏显卡。

1995 年，NVIDIA 经过两年的努力，推出了其首款显卡 NV1。这款显卡采用正方成像技术，但上市后反应冷淡，几乎无人问津，导致公司陷入破产的边缘。黄仁勋的 NVIDIA 公司在 NV1 失败后不久，获得了日本世嘉公司的订单。遗憾的是，尽管在 NV1 的基础上进行了改进，NV2 芯片依然存在问题。日本世嘉公司在支付了 700 万美元订金后，最终放弃了合作，NV2 也随之告败。

不过，这两次惨痛的失败不仅没有击垮黄仁勋，反而让他更加坚定了在图形处理芯片领域继续奋进的决心。恰逢此时，微软公司发布了具有跨时代意义的 Windows 95 操作系统，正式开启了计算机图形化时代。黄仁勋敏锐地看到未来的无限商机，他知道计算机图形化时代的竞争将聚焦于图形显示芯片，显示像素和处理速度的提升将使这一领域的竞争白热化。凭借深厚的技术积累和市场洞察力，黄仁勋带领 NVIDIA 开始逐步迈向成功。

当时，3DFX 公司已推出轰动一时的 Voodoo 显卡，英特尔公司也顺势推出了支持 3D 加速卡的 AGP 接口。黄仁勋坚定信念，继续发力图形显示芯片。1997 年，NVIDIA 发布了市场上唯一真正具备 3D 加速能力的显卡 NV3，这款显卡支持 Direct 3D 和 AGP 接口。NV3 在市场上反响热烈，上市仅 4 个月便达到了百万片的惊人销量。

这些成功的市场业绩，进一步坚定了黄仁勋在图形显示芯片领域持续深耕的决心。随着 Riva TNT、Riva TNT2 及采用全新架构的 GeForce 256 显卡的陆续推出，NVIDIA 迅速成为图形显卡市场的领导者，占据了视觉计算领域的大部分市场份额。1999 年，NVIDIA 发布了一款真正意义上的 GPU（Graphics Processing Unit，图形处理器）：GeForce 256。这一划时代的产品标志着 GPU 时代的正式到来，GPU 成为计算机中独立于 CPU 的一个重要计算单元。

黄仁勋的领导和 NVIDIA 的技术创新，不仅推动了整个计算机图形处理领域的进步，也赋予了 NVIDIA 在全球科技行业举足轻重的地位。

◆ 未雨绸缪，全然拥抱 AI

客观而言，GPU 的出现重新定义了计算机图形技术，彻底改变了并行加速计算，显著推动了 PC 游戏市场的发展。黄仁勋因其卓越的领导和创新能力，成为当时硅谷最年轻的亿万富翁。除此之外，他还改写了 PC 时代的"摩尔定律"。按照摩尔定律，集成电路上晶体管的数量约每隔 18 个月便会增加一倍，性能也将随之提升一倍。而 NVIDIA 的 GPU 产品每隔 6 个月便会更新换代一次，且性能翻倍，因此这一速度被称为"黄氏定律"。

黄仁勋总能在合适的赛道上精耕细作，且未雨绸缪，做好前瞻性布局。2012 年，AlexNet 在 ImageNet 大规模视觉识别竞赛中崭露头角，凭借 NVIDIA 公司的两片 GTX 580 3GB GPU 进行并行训练，取得了优异成绩。这一成果使得深度学习和 NVIDIA 的 GPU 芯片成为当时关注的焦点。黄仁勋看到了深度学习的巨大潜力，开始大力发展用于加速计算的 AI 芯片。2016 年，AlphaGo 战胜围棋职业选手李世石，再次使 AI 得到了空前关注。黄仁勋带领 NVIDIA 公司在 AI 芯片领域持续发力，也初见成效。

2016 年，NVIDIA 推出了内置 150 亿个晶体管的 Tesla P100。2017 年，推出了加入 Tensor 单元的 Tesla V100。2018 年，发布了最新的图灵（Turing）架构，增加了光线追踪技术（RayTracing）。2019 年，推出了支持光线追踪技术的 GeForce RTX 游戏显卡和 Quadro RTX 专业显卡。

2022 年 11 月 30 日，OpenAI 发布了 ChatGPT，掀起了全球新一轮的生成式 AI 发展热潮。黄仁勋一直以独特和深邃的目光引领公司，他领导 NVIDIA 持续深耕 AI 芯片，并于 2023 年 5 月推出了备受瞩目的 GH200 Grace Hopper 超级芯片，以及集成 256 枚 GH200 Grace Hopper 芯片的 DGX GH200 超级计算机。ChatGPT 引发的生成式 AI 浪潮推动 AI 芯片霸主 NVIDIA 公司的股价持续攀升，使其成为第七家迈入"万亿俱乐部"的美国上市公司，同时也是首个半导体公司。

领导 NVIDIA 公司屡创佳绩，不断攀登 AI 芯片高峰的黄仁勋，以其远见卓识和卓越执行力，推动了 AI 芯片行业的发展，颠覆了传统计算，加速了 AI 的发展进程。为表彰他在半导体行业的卓越贡献，美国半导体工业协会（SIA）于 2021 年 11 月 18 日授予黄仁勋芯片行业的最高荣誉——罗伯特·诺伊斯奖（Robert N. Noyce Award）。黄仁勋是继台积电公司创始人张忠谋（Morris Chang）和 AMD 公司首席执行官苏姿丰（Lisa Su）之后，第三位获得该奖项的华裔。

黄仁勋的远见和成就不仅重新定义了行业标准，更激励了无数志在创新的科技人。NVIDIA 的崛起与辉煌，无不饱含着黄仁勋对科技的热爱和决心，昭示着一个新时代的开始。

◆ **黄氏定律：摩尔定律的延续**

在半导体行业的发展过程中，摩尔定律因其简洁而深远的影响广为人知。然而，随着晶体管尺寸不断缩小，在成本和功耗的限制下，摩尔定律正接近其物理极限。面对摩尔定律的逐渐失效，黄仁勋指出，未来计算能力的提升将更多依赖于软件、系统架构的创新和专用计算芯片，而不仅仅是硬件的物理缩放。

NVIDIA 公司在图形处理单元（GPU）的开发和应用上实现了巨大的成功，特别是在深度学习和 AI 领域，GPU 的并行计算能力已成为推动这些技术迅猛发展的关键因素之一。2020 年 12 月 15 日，在 NVIDIA GTC 2020 中国线上大会上，NVIDIA 首席科学家 Bill Dally 发表了主题演讲，重点介绍了其团队在 AI 研究方面的进展。他特别强调了以 NVIDIA 创始人兼 CEO 黄仁勋命名的"黄氏定律"（Huang's Law）：GPU 将推动 AI 性能每年翻一倍，成为芯片行业新的指导法则。

NVIDIA 公司的 GPU 架构历经多次演变，自 2008 年的 Tesla 架构发展到 2024 年的 Blackwell 架构，一直遵循黄氏定律。图 1-54 展示了 NVIDIA 公司的 GPU 芯片是如何持续遵循这一定律的。

在摩尔定律逐渐失效的背景下，黄氏定律通过软件优化、系统架构创新及专用硬件（如 GPU）的发展，持续推动计算能力的增长。经过 30 年的发展，NVIDIA 公司借助 CUDA 技术，将 GPU 从一个"游戏硬件"概念转变为改变世界的"数字石油"。NVIDIA 公司及其 GPU 技术在当代计算领域的重要性和影响力不言而喻。

黄仁勋的远见卓识不仅颠覆了传统的计算模式，也开创了一个依靠硬件和软件协同创新的新时代，奠定了 NVIDIA 公司在全球科技领域的重要地位。随着黄氏定律持续发挥作用，NVIDIA 公司将继续在引领计算能力提升的同时，推动整个行业的创新和变革。

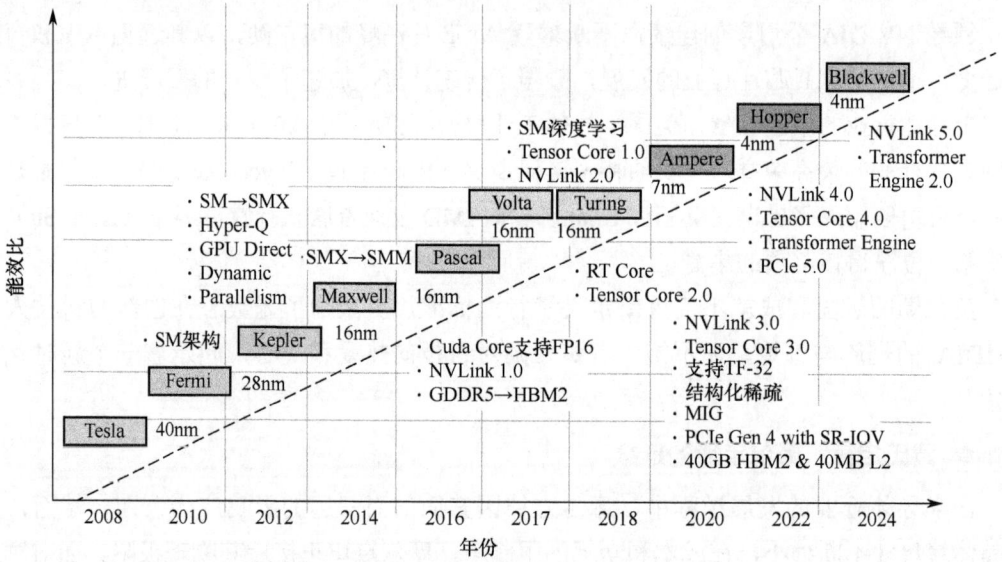

图 1-54　NVIDIA 公司的 GPU 芯片一直遵循黄氏定律

第2章 网络技术：网络空间的黏合剂

在美国国家历史博物馆里，铭刻着这样一句名言："Modern civilization began with technology"（现代文明始于科技）。网络技术正是在冷战背景下对计算资源共享和情报信息互通的迫切需求中孕育而生的。其发展路径清晰明了，由最初的陆地电缆和光缆，逐步拓展到海底电缆与光缆，再到利用空中卫星技术，呈现从局部联网到全域联网的演进逻辑。互联网技术作为网络空间的黏合剂，成功地将各类信息系统紧密联结在一起。这不仅彻底革新了通信和商业的运作模式，还深刻影响了人类社会的技术创新和社会变革，带领人类跨入现代数字信息文明的崭新时代。

2.1 国际互联网：网络空间的支撑平台

2.1.1 DARPA：美国科技引擎

被誉为"五角大楼之脑"的美国国防高级研究计划局（Defense Advanced Research Projects Agency，DARPA），作为全球顶尖的神秘研究机构，是美国"疯狂科学家"的汇聚之地。这个机构不仅承载了诸多先进科技的光辉与梦想，更笼罩着层层神秘的面纱。DARPA 的研究领域涵盖了人类科技进步的最前沿，从计算机技术、人造卫星，到互联网、全球定位系统（GPS）、人工智能（AI）、虚拟现实（VR），以及智能可穿戴设备等，都有它的身影。那么，是什么让 DARPA 成为美国科技发展的核心引擎的？

DARPA 具备独特的使命和愿景，其着眼于长远和具有颠覆性的科技创新，以确保美国在全球技术竞争中的领先地位。DARPA 的组织架构灵活、决策迅速，使其能够及时捕捉科技发展的前沿动态并迅速投入研发。此外，DARPA 以开放合作的方式，与学术界、工业界和其他政府机构紧密协作，广泛汇聚最顶尖的科研人才和资源。正是这些独特的优势，使 DARPA 在不断推动全球科技进步的同时，始终站在科技创新的最前沿，为美国乃至全球的技术革命提供源源不断的动力。疯狂科学家大本营 DARPA 如图 2-1 所示。

◆ 冷战硝烟，点燃 DARPA

第二次世界大战结束后，全球格局逐渐演变为美苏双方全方位、多领域、长期的战略对抗。为了获得压倒对方的竞争优势，双方将目光投向科技，展开了一场无止境的科技拉锯战。尽管冷战使世界政治格局造成了分裂，但从科技造福人类的角度来看，这一时期燃起的双方争相研发先进技术的狂潮，许多科技成果至今仍在造福人类，极大地推动了人类信息文明的发展。

图 2-1　疯狂科学家大本营 DARPA

　　1957 年 8 月 21 日，苏联成功向太平洋发射了全球首枚多级远程弹道导弹。同年 10 月 4 日，苏联又发射了第一颗人造地球卫星"斯普特尼克一号"（Sputnik-I）。这些成就表明苏联已经具备了将核弹头发射到地球任意一点的战略目标的能力。苏联在太空技术上的暂时领先让美国感到极度焦虑。为了遏制对手，在军事高新技术领域形成相对优势，同时创造美国领先的军事技术优势，时任美国总统德怀特·艾森豪威尔（Dwight David Eisenhower）于 1958 年 2 月 7 日授权成立了美国国防高级研究计划局（DARPA）。

　　DARPA 创建的宗旨是确保美国在军事技术上的领先优势，这从其历次更名中可见一斑。机构最初命名为高级研究计划局（ARPA），其后历经多次更名（1972 年 3 月：ARPA→DARPA，1993 年 2 月：DARPA→ARPA），并最终在 1996 年 3 月定名为 DARPA。自成立以来，DARPA 的研究者始终崇尚近乎科幻、富有创意的原创精神，该机构也因此被视为美国科技创新的引擎。

　　DARPA 的使命是"to make pivotal investments in breakthrough technologies for national security"（对国家安全的突破性技术进行关键投资）。DARPA 通过超前的眼光和创意的不断研发，努力推动具有颠覆性影响的新技术。其研究涵盖了互联网、全球定位系统（GPS）、隐形战机、无人机、高超音速飞机、基因工程、人工智能等多个前沿科技领域，取得了重要的突破性创新。这些科技突破不仅为美国保持军事技术的领先地位奠定了坚实基础，还使 DARPA 成为全球前沿、探索性及颠覆性创新研究的标杆，为人类信息文明的进步做出了重要贡献。

　　◆ 大胆创意，科技引擎

　　在美苏争霸的冷战背景下，美国成立了由国防部领导的 DARPA，这一机构专注于高风险、高回报、对各军种联合作战有巨大促进作用的前沿技术领域。正如有人所言："美国最棒的创意工场不是贝尔实验室，不是硅谷，也不是麻省理工学院的媒体实验室，而是由五角大楼领导的绝密军事机构 DARPA。" DARPA 并不直接进行研究或运营任何研究实验室，而是通过与行业、大学、非营利组织及联邦实验室签订合同，执行其科技研发计划。

成立之初，DARPA 的关注点集中在冷战期间的重要前沿军事技术，如太空探索、弹道导弹及核试验监测。当时，美国的所有军用通信网络主要是脆弱的电话网，如果遭受苏联的核打击，这些网络将不堪一击。因此，为了在核袭击后依然确保军事系统的互联与信息传输，计算机网络被提上 DARPA 的议事日程。意料之外的是，计算机网络的发展成为 DARPA 资助最成功的项目之一。

1961 年，杰克·鲁伊纳（Jack Ruina）继任 DARPA 主任，其将预算提升至 2.5 亿美元，并聘请麻省理工学院教授约瑟夫·利克利德（Joseph Licklider）担任信息处理技术办公室（IPTO）的首任主管。利克利德是一位有远见的计算机科学和信息技术先驱，他预言并构想了"银河网络"这一概念。在他的领导下，IPTO 资助了一系列前沿性的信息科技项目，极大地推动了现代计算机和互联网技术的发展。

在信息技术领域，DARPA 曾拨款 25 万美元资助麻省理工学院的 MAC（Mathematics and Computation, Multiple Access Computer, Machine Aided Cognitions, Man and Computer）项目。MAC 项目以其在操作系统、人工智能和计算理论的开创性研究而名声大噪。与麻省理工学院、贝尔实验室及通用电气公司合作开发的 Multics 系统，直接催生了现代计算机操作系统 UNIX，为信息技术发展提供了坚实的系统平台。

此外，利克利德教授在构思、资助和创建 ARPANET 方面发挥了至关重要的作用。ARPANET 是未来国际互联网的基础。1960 年，利克利德在受到克里斯托弗·斯特拉奇（Christopher Strachey）和约翰·麦卡锡（John McCarthy）描述的分时共享网络的启发后，发表了关于"人机共生"（Man-Computer Symbiosis）的开创性论文，预示了人机交互式计算网络的未来需求，并开始推广交互式计算作为批处理的替代方案。DARPA 资助了分时网络及其应用程序的早期开发工作，特别是斯坦福研究所道格拉斯·恩格尔巴特（Douglas Engelbart）的在线系统研究，其成果之一便是计算机鼠标的发明。

1973 年，美国国会通过的《曼斯菲尔德修正案》将 DARPA 的研究拨款限制在直接军事应用项目上。这一修正案大大减少了 DARPA 对许多大学计算机项目的资助，从而迫使大量美国计算机科学家离开大学，转向初创公司和私人研究实验室。这种"人才外流"被认为是推动并催生了当代计算机技术和互联网产业发展的关键因素。

经过 60 余年的发展，DARPA 已成为美国先进科技创新的引领者。国际互联网、全球定位系统（GPS）、F-117 隐形飞机、"全球鹰"和"捕食者"无人机、未来作战指挥所、机动机器人、微波毫米波集成电路、微电子机械系统（MEMS）、X-37 空天飞机等项目，都是 DARPA 资助的原创性、超前性、变革性的科技研发项目。这些项目不仅提升了美国在军事技术方面的领先地位，许多还逐步从军用转为民用，最终造福人类信息文明。

2.1.2 ARPANET：国际互联网前身

如今，当人们徜徉于互联互通、包罗万象的信息互联网时，无不惊叹于其无穷的可能性。那么，您是否曾想过，这项改变世界的技术源于冷战时期的核战理论；又是否知道，其起源于美国国防高级研究计划局（DARPA）资助的计算机数据分组交换网络——ARPANET。这个早期的网络不只是国际互联网（Internet）的摇篮，更催生了今日如谷歌、亚马逊、阿里巴巴、腾讯、YouTube 和 Facebook 等网络巨头公司，开启了人类信息文明的新时代。

ARPANET 的每一项技术突破，无论是网络协议、电子邮件、超文本、万维网，还是浏览器，都成为创新灵感的源泉，推动了世界信息技术的进步。与其说互联网仅仅是技术的进步，不如说它是一次人类社会模式的彻底变革。这一切，均得益于那些早期投入的勇敢探索，为我们奠定了坚实的基础，开辟了一条面向未来的光明大道。图 2-2 所示为 1969 年初建时由 4 个节点构建的 ARPANET。

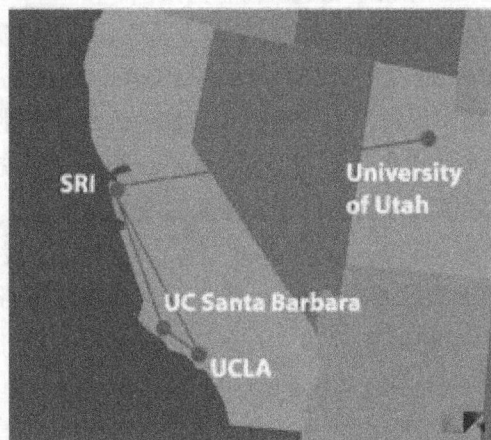

图 2-2　1969 年初建时由 4 个节点构建的 ARPANET

◆ 美苏争霸，力图构建银河网络

美苏冷战时期，为了在战略竞争中获得优势，双方投入巨资研发高科技。当苏联成功发射远程弹道导弹和人造卫星后，美国陷入了核战略恐慌，并努力通过加大科技投入来应对苏联的先发优势。正是在这种背景下，美国国防高级研究计划局（DARPA）应运而生。

在战略规划方面，美苏两国都提出了组建计算机网络的构想。1962 年，苏联科学家维克多·格卢什克夫（Viktor Glushkov）提出了 OGAS 项目，旨在为苏联的计划经济建立全国统一的数据获取、计算建模和指令调度系统。而美国则为了在核打击下保持战斗指挥能力，决定研究一种分散的军事指挥系统，以替代当时的集中式电话系统，确保在若干个节点被摧毁后，其他节点仍能通信，继续发挥指挥作用。

1962 年，当约瑟夫·利克利德离开麻省理工学院加入 DARPA，并成为信息处理技术办公室的首任主管后，他实施了一系列富有创意的信息技术研究资助项目。据估计，在他任职期间，美国整个计算机科学领域的研究有约 70%由 DARPA 资助，并鼓励研究者大胆想象、自主创新。ARPANET 便是其中最为成功的成果之一。

利克利德对于计算机网络技术有着超前的预测与构想。1962 年 8 月，他在备忘录中首次提出"银河网络"的概念，设想一套全球互联的计算机网络，使每个人都能快速访问来自任何地方的数据和程序。这个概念本质上类似于今日的互联网。在担任 DARPA 的 IPTO 主管期间，他邀请了伊凡·苏泽兰（Ivan Sutherland）、鲍勃·泰勒（Bob Taylor）和劳伦斯·罗伯茨（Lawrence G. Roberts）等专家加入研究团队。这些专家先后出任 DARPA 的 IPTO 信息技术执行官，并筹集资金推动计算机远程联网的研究。

1966 年，劳伦斯·罗伯茨开始筹建"ARPANET"计划，并发表了一篇关于分组交换网络概念的论文。1968 年，他提交了报告《资源共享的计算机网络》，提出了使美国高校和研究机构的计算机通过 ARPANET 互联并共享资源的构想。

1969 年 12 月，采用分组交换技术的 ARPANET 正式开始联网实验。罗伯茨选择 BBN（Bolt Beranek & Newman）公司开发的接口消息处理器（IMP）作为网络的数据分组交换机，用于连接美国西海岸的 4 个节点进行实验。加利福尼亚大学洛杉矶分校（UCLA）的伦纳德·克兰罗克（Leonard Kleinrock）教授，由于其在麻省理工学院的工作关系，第一个节点设立在 UCLA。斯坦福研究院（SRI），因道格拉斯·恩格尔巴特等人的计算机网络研究，成为第二个节点。此外，加利福尼亚大学圣巴巴拉分校和犹他大学因其在计算机绘图方面的研究，分别成为第三个和第四个节点。至此，ARPANET 从萌芽阶段逐步成长壮大，奠定了现代互联网发展的基础。

◆ 持续发力，打造全球互联网雏形

ARPANET 的成功联网实验不仅展现了全国乃至全球联网的潜力，还吸引了更多的学术机构和研究组织的加入。1970 年 6 月，麻省理工学院、哈佛大学、BBN 咨询公司及加利福尼亚圣达莫尼卡的系统开发公司（System Development Corporation in Santa Monica）纷纷进入这一行列。1972 年 1 月，斯坦福大学、麻省理工学院林肯实验室、卡内基梅隆大学和凯斯西储大学也加入其中。随后几个月内，美国国家航空航天局（NASA）、Mitre 公司、巴勒斯公司（Burroughs Corporation）、兰德公司（RAND Corporation）及伊利诺伊大学（University of Illinois）也相继成为 ARPANET 的一部分。ARPANET 网络随之展现出迅猛的发展势头。

由于 ARPANET 最初的研发目的是传输军事命令和控制信息，因此在设计中尤为注重其稳定性、可靠性、时效性和准确性。为实现这些目标，ARPANET 采取了以下 3 项关键设计策略。首先，它选择了分布式网络拓扑结构，确保即使某个节点被破坏，其他节点仍能继续运行，不受影响。其次，采用面向连接的分组交换（分组—存储转发—路由选择）机制进行数据传输，确保数据能够可靠地抵达目标。最后，ARPANET 被划分为通信子网和资源子网，利用 TCP/IP 协议实现联网主机间的分布式通信及高效的分组路由功能。

1972 年 10 月，首届国际计算机通信会议（International Conference on Computer Communication, ICCC）在华盛顿的希尔顿酒店召开，吸引了大约 800 位计算机网络研究领域的权威人物。会议期间，通过 ARPANET 连接的 40 个不同节点的计算机进行了公开演示。计算机网络先驱鲍勃·卡恩（Bob Kahn）曾形象地描述，"如果有人在会议期间向希尔顿酒店投下一颗炸弹，那么美国整个网络研究领域将毁于一旦。"此次公开展示给与会者留下了深刻印象，激发了他们对网络应用的浓厚兴趣，并推动了其对计算机网络技术的进一步探索。

1972 年首次公开展示的 ARPANET 网络初步实现了"银河网络"的原始愿景：一个未来的网络世界，所有计算机互联，每个人都能随时访问（a futuristic vision where computers would be networked together and would be accessible to everyone）。至此，最初由美国西海岸 4 所大学和研究机构——加利福尼亚大学洛杉矶分校（UCLA）、斯坦福研究院（Stanford Research Institute）、加利福尼亚大学圣巴巴拉分校（UCSB）、犹他大学（University of Utah）——的 4 台计算机通过电路交互方式互联互通的 ARPANET，已经逐渐演化为美国计算机网络的主干网，成为现代互联网的先驱，并被誉为国际互联网（Internet）的摇篮。随着越来越多节点的加入，互联网从最初的萌芽状态发展为全球化信息网络的雏形。

2.1.3　Internet：国际互联网

国际互联网（Internet）不仅是一个庞大的计算机网络系统，还彻底变革了全球通信的基础架构，创新并催生了无数现实应用，构建了广袤的网络空间，深刻改变了人类的生活方式，影响了全球人才、思想和财富的流动。

根据美国科罗拉多大学博尔德分校的统计数据，国际互联网是一个异常复杂和庞大的系统，通过超过 750 000 英里（约 1 200 000 千米）的海底光纤电缆和通信电缆将全球各地的计算机紧密连接在一起。这一通信网络不仅惊人的庞大，更是世界上最快的通信方式之一。例如，通过互联网，数据可以在 250 毫秒内从英国伦敦传输到澳大利亚悉尼，实现即时的全球联系。

互联网的构建和维护是一项展现人类独创性的伟大工程，是科技进步与全球合作的杰出成果。这样一个庞大且复杂的系统需要协调无数的技术创新和跨地域的合作，才能确保其高效运行和持续扩展。国际互联网无疑是现代人类文明的重要支撑，见证和推动了信息时代的到来。国际互联网 Internet 示意图如图 2-3 所示。

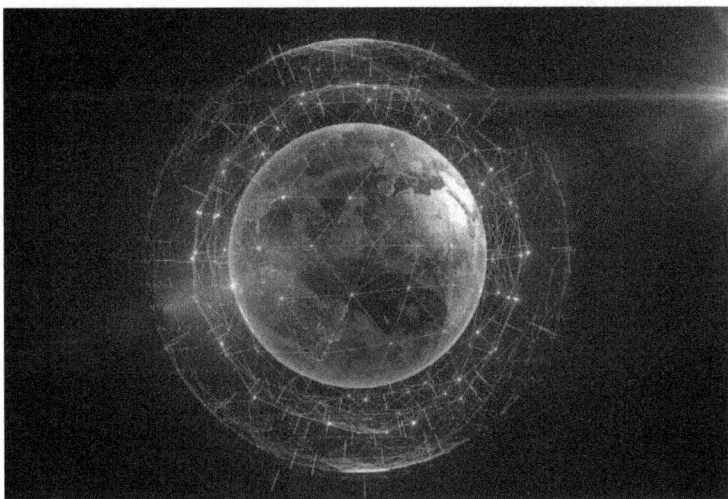

图 2-3　国际互联网 Internet 示意图

◆ **初出茅庐，锋芒毕露**

沟通与联系一直是人类社交的重要组成部分，也是推动社会进步的关键因素。1972年，在 ARPANET 成功演示的同一年，BBN 公司的雷·汤姆林森（Ray Tomlinson）发明了电子邮件，旨在促进 ARPANET 中不同主机上的用户相互通信与联系。他引入了一个简单却极富创意的符号"@"（读作"at"），用于分割用户名和目标地址，从而奠定了电子邮件系统的基础。这一发明迅速风靡全球，成为网络应用中的"杀手级"应用。2010年，现代艺术博物馆将这个@符号纳入其建筑和设计收藏，称其为"计算机时代的决定性符号"。2012 年，日内瓦互联网协会将雷·汤姆林森纳入新设立的互联网名人堂，表彰他"彻底改变了人们的沟通方式"。

电子邮件的出现，极大地促进了 ARPANET 的普及，不仅吸引了更多的计算机专家投入网络技术的研究，还彻底改变了人们的日常交流方式。据报道，1996 年，美国的电子邮件发送量首次超过了传统邮政邮件的发送量。根据 Radicati 集团 2016 年的报告，全球共有约 43.5 亿个注册电子邮件账户，每天发送的电子邮件数量超过 20 亿封。虽然其中不乏大量垃圾邮件、钓鱼邮件和勒索邮件，但电子邮件的普及无疑标志着通信方式的革命性变革。

ARPANET 的成功演示显示了计算机网络发展的潜力，促使不同类型网络的研发热潮席卷全球。与此同时，在大西洋彼岸，英国和法国的计算机科学家也在积极构建他们自己的分组交换网络。尽管多样性和多元化是科学技术发展的常态，但标准化能够以简驭繁，凝聚共识，进一步推动整体进步。

为便于各类异构网络的连接，美国国防高级研究计划局（DARPA）的罗伯特·卡恩（Robert Kahn）和温特·瑟夫（Vinton Cerf）于 1973 年设计了传输控制协议/互联网协议（TCP/IP）。这一协议在经过反复实验验证后，于 1974 年在 IEEE 期刊上发表了一篇题为"A Protocol for Packet Network Intercommunication"（关于分组交换的网络通信协议）的论文，正式提出了 TCP/IP 协议，为实现计算机网络之间的互联奠定了基础。

TCP/IP 协议的原理相对简单：TCP 负责保证数据传输的可靠性，而 IP 负责为联网设备分配唯一的地址。这一协议从提出到成为国际互联网的通用协议，经历了种种艰难险阻。20 世纪 80 年代初，国际标准化组织 ISO 提出七层 OSI（开放系统互联）参考模型，与 TCP/IP 形成了竞争。为推广 TCP/IP 协议，温特·瑟夫提出在每个网络内部可以使用自己的通信协议，而在与其他网络通信时使用 TCP/IP 协议。经过长期的努力，罗伯特·卡恩和温特·瑟夫不仅完善了 TCP/IP 协议架构，还最终说服了美国国防部淘汰原来的 NCP 协议，采用 TCP/IP 协议作为标准。

在 DARPA 的支持下，加利福尼亚大学伯克利分校将 TCP/IP 协议集成到 UNIX 操作系统内核，并发布在 UNIX BSD 系统版本中。由于 UNIX BSD 系统在计算机社区的广泛使用，TCP/IP 协议自然而然地成为互联网的事实标准。基于 TCP/IP 协议的互联网发展终促成现代互联网（Internet）的诞生。因其卓越贡献，罗伯特·卡恩与温特·瑟夫在 2004 年荣获了计算机界的最高荣誉——图灵奖。

这种技术和思想的融合与突破，不仅成为现代互联网的基础，还开启了一个全新的信息时代，使尤数创新应用得以涌现，深刻改变了人类社会的方方面面。

◆ 众人拾柴火焰高

尽管 ARPANET 在 20 世纪 70 年代末至 80 年代初取得了显著成功，但其使用范围仅限于获得 DARPA 资助的几所美国大学，其他高校无缘受益。为扩大网络系统的使用范围，促进资源共享、学术交流与信息发布，美国国家科学基金会（NSF）着手推动全美大学组建计算机网络，建立了覆盖全国的 NSFNET。NSFNET 随后与 ARPANET 连接，成为其重要组成部分，促进了全美范围内的学术交流。

20 世纪 70 年代末，Apple 公司推出了 Apple 机；1981 年，IBM 公司推出了个人计算机 IBM-PC。这些产品使得原本仅限于大学和科研机构的昂贵计算机逐渐进入普通家庭，推动了信息技术的普及。到 20 世纪 80 年代中期，NSF 决定向公众开放 NSFNET，使得大众可以通过网络共享资源。当人们发现计算机网络可以实现互联互通时，越来越多的人开始接入 Internet，将其作为一种交流和沟通的工具。

那段时间，人们上网主要仍局限于电子邮件、文件传输和远程登录等常规应用。1987 年 9 月 20 日，中国的第一封电子邮件由钱天白教授发出，内容为"越过长城，通向世界"，标志着中国正式迈入 Internet 时代。1990 年 11 月 28 日，钱天白教授代表中国在国际互联网络信息中心（InterNIC）注册了中国的顶级域名"CN"，标志着中国正式接入 Internet。

随着网络用户数量的激增，网络社区发生了质的飞跃。3Com 公司创始人鲍勃·梅特卡夫（Bob Metcalfe）提出了著名的梅特卡夫法则：随着网络用户数量的增长，网络的价值呈指数级增长。1991 年，位于日内瓦的欧洲核子研究中心（CERN）的英国科学家蒂姆·伯纳斯·李（Tim Berners Lee）和比利时同事罗伯特·卡里奥（Robert Cailliau）开发了一个庞大的文档链接结构，并引入了万维网（World Wide Web）的概念。这一超文本链接结构让人们可以更方便地在网络上探索深入且结构化的文本和图像信息，瞬间将Internet 变成一个庞大的资源库。

当时在伊利诺伊大学的学生 Marc Andreessen 敏锐地察觉到网络资源的无限商机，开发了首款帮助人们浏览 Web 网页的浏览器 Mosaic，并与 Jim Clark 共同创建了网景（Netscape）公司，推出了一度占据市场主导地位的 Netscape Navigator 浏览器。网景公司为大众打开了通向五彩缤纷的国际互联网的大门，造就了 20 世纪 90 年代后期网络科技的繁荣。

浏览器市场的潜力激发了软件巨头 Microsoft 的兴趣。1995 年 12 月 7 日，Microsoft公司总裁比尔·盖茨发表演讲，宣布调集顶尖程序员团队开发 Internet Explorer，以挑战Netscape Navigator 的市场地位。这天被业内称为"珍珠港日"（Pearl Harbor Day）。随后，Microsoft 将 Internet Explorer 作为 Windows 系统的免费组件供用户使用。不到三年，Internet Explorer 便成功占领了浏览器市场。

图 2-4 展示了国际互联网快速增长的主机数量。互联网的迅速扩展，使其迅速发展为一个平行于物理世界的虚拟空间，成为继陆、海、空、天之后的第五维疆域。为规避外交纠纷和避免热战的破坏性，全球大国在网络空间展开了各种剧烈的虚拟博弈，计算机病毒作为一种高效的数字武器，开启了全领域、多维度、智能化的博弈与演进之路。

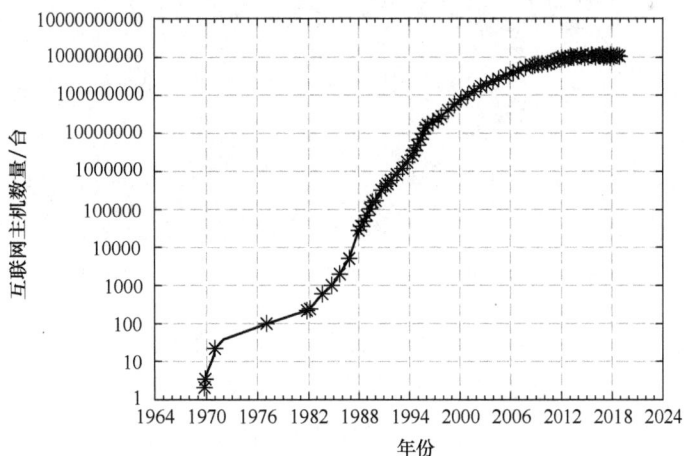

图 2-4　国际互联网 Internet 快速增长的主机数

这些历史事件不仅昭示了互联网技术的伟大演进，也预示了未来网络空间中无穷无尽的可能性与挑战。在这片新兴的数字疆域，人类将继续面对技术革新带来的机遇与挑战。

2.2 暗网：隐匿的互联网平行世界

互联网通常被分为三层：明网、深网和暗网，如图 2-5 所示。明网（Surface Web）是指能够被普通搜索引擎（如 Google、百度）检索到的网络，约占整个互联网的 4%。大多数用户日常浏览的内容都局限于明网。深网（Deep Web）则是指那些内容无法被普通搜索引擎检索到的部分，约占整个互联网的 96%。深网中的内容通常需要账号、密码或访问权限才能访问，如公司的数据库、私人邮件等。深网中还存在一个隐秘的互联网平行世界，即暗网（Dark Web），一个需要通过特定软件和协议才能访问的网络。

图 2-5　互联网的三个组成部分：明网、深网、暗网

和许多其他技术一样，暗网技术是一柄双刃剑。虽然最初的匿名网络技术是为了保护个人隐私和内容安全，但它也被不法分子用来从事数字犯罪和非法交易，成为非法活动的避风港。目前关于暗网的资料往往充满误导性和煽动性，容易激起人们的情绪波动，导致多数人对其一知半解，甚至完全误解。科学严谨地梳理暗网的演化脉络，对于消除误解并通过遵守法律和道德准则合理利用这一技术具有重要意义。

◆ 匿名网络，隐私保护

始于 19 世纪中叶并持续长达半个世纪的美国西进运动，是一次规模宏大的美国人民自东向西的迁徙事件。它对美国的国土扩张、经济发展和文化变迁产生了深远的影响。

在这一运动中，约瑟夫·格利登（Joseph Glidden）于 1867 年发明了带刺铁丝网并获得专利。这种带刺铁丝网帮助牧场主将自己的牛羊群与其他牧民的牛羊隔离开，不仅能防止自家的牛羊走失，还能防止野兽猎捕牛羊。从某种意义上说，带刺铁丝网不仅重塑了美国西部的地貌，也驯服了这一片曾经的蛮荒之地。自发明以来，带刺铁丝网在战争和日常生活中被广泛使用，用于保护军事设施、监禁囚犯、建立领土边界及阻挡入侵者。

在互联网技术发展的初期，网络空间犹如美国西部的蛮荒之地：缺乏加密和认证机制，个人隐私与敏感信息无从保护。为保护隐私信息，互联网技术的先驱们开始借助密码学技术——犹如带刺铁丝网一样——来探索匿名网络和隐私保护。1981 年，密码学家大卫·乔姆（David Chaum）设计了匿名电子邮件系统，并描绘了匿名电子货币交易系统的蓝图。他被誉为比特币背后重要的密码学理论和算法的奠基者，是全球首个数字货币 eCash 的缔造者，也是著名的"赛博朋克"运动的精神领袖，更是密码学多方计算技术的专家，是全球公认的隐私保护技术的先驱。

为了远离政府的监控并推崇个人隐私保护，技术黑客们试图创建独立的暗网。2000 年，瑞安·拉奇（Ryan Lackey）和肖恩·黑斯廷斯（Sean Hastings）选择在西兰公国（Principality of Sealand）建立"数据避难所（Data Havens）"，并将其命名为公司 HavenCo。这是一座位于英国海岸附近的海上堡垒，西兰公国自称为独立国家，尽管未被广泛承认。HavenCo 的目标是利用西兰的特殊地位，提供一个存储敏感信息的地方，远离各国政府的监管和窥视。然而，由于种种原因，包括技术、法律和运营挑战，HavenCo 最终未能实现其最初的愿景，并在几年后停止运营。这一项目在当时引起了广泛关注，成为关于数据隐私和网络主权讨论的一个有趣案例。

2000 年 3 月，为了让网络用户能够匿名访问暗网，爱尔兰大学生伊恩·克拉克（Ian Clarke）在其毕业设计中开发了 Freenet 网络浏览器，使用户能够在完全匿名的情况下浏览各种敏感或非法内容，而完全无法追踪用户的网络足迹。

同样，为了帮助执法部门和卧底人员在网络上隐匿行踪，美国海军研究实验室（US Naval Research Laboratory）设计并开发了一款能够隐藏网络地址和用户身份的 TOR（The Onion Router，洋葱路由器）浏览器。2002 年 9 月，该实验室向公众发布了 TOR 浏览器，并通过资助一个名为 TOR 项目的非营利组织来持续维护这个开源项目。TOR 项目的使命是：通过创建和部署自由、开源的匿名和隐私技术，支持其不受限制的可用性和使用，并促进公众对其科学的理解，推进人权和自由的发展。TOR 项目的开源，使得普通网络用户得以访问暗网及其隐藏的各种内容。

从带刺铁丝网到匿名网络，技术的演进预示了我们对空间——无论是物理还是虚拟——的征服与改造。无论是为了安全、隐私还是自由，这些技术的开发和应用背后都反映了人类对更安全、更自由生活的追求。然而，我们也必须认识到，技术是一把双刃剑，需要法律和道德的规范，才能使其在造福人类的同时，避免带来负面影响。

◆ **数字犯罪避风港**

自美国海军研究实验室发布 TOR 项目以来，该技术广受隐私保护倡导者的欢迎。许多人希望利用暗网来保护自己的个人隐私及进行其他隐秘的通信。暗网通过加密技术隐藏了网络内容、用户身份信息和主机 IP 地址，使其免受政府或国际安全机构的监控。然而，正因为这种隐蔽性，暗网也逐渐成为网络犯罪的避风港。犯罪分子利用暗网的隐私保护功能规避监管，从事如贩毒、非法贩卖枪支和贩卖盗刷信用卡等非法活动。

2009 年，随着比特币等数字加密货币的兴起，暗网中的非法交易变得更加便利。暗网用户通过比特币进行在线资金兑换，不需要共享信用卡号或其他识别信息，从而实现了身份和交易内容的隐匿。2011 年 2 月，罗斯·乌布利希（Ross Ulbricht）创立了暗网首个知名黑市"丝绸之路（Silk Road）"。该平台用于销售非法商品，如毒品和军火。2013 年 10 月，美国联邦调查局（FBI）逮捕了乌布利希，并关闭了该网站。2015 年，乌布利希因销售非法商品等罪名被美国法院判处无期徒刑，其间他利用暗网和加密货币在全球范围内出售了价值约 2 亿美元的毒品。

2013 年 5 月，美国国家安全局（NSA）承包商爱德华·斯诺登（Edward Snowden）出于对政府监控的担忧和对正义的追求，通过 TOR 及暗网将 NSA 的 PRISM 监听项目的秘密文档披露给《卫报》和《华盛顿邮报》。尽管斯诺登随后遭到美国政府的通缉，但他的爆料行为极大地引发了全球对 TOR 的关注，导致 TOR 网络用户数量剧增。

随着暗网逐渐成为数字犯罪的避风港，引发了关于暗网是否应该存在的持续辩论。反对者认为，在线匿名的性质鼓励犯罪并阻碍执法，而支持者则视暗网为对抗压迫性政府和保护社区隐私的最后避难所。无论暗网能否继续存在，当我们通过 TOR 浏览暗网时，仍需警惕网络攻击的风险，如 DDoS 攻击、僵尸网络和其他恶意软件或计算机病毒。由于计算机病毒可能会泄露用户的个人信息，因此在浏览暗网时，务必要谨慎行事并遵守国家法律法规。

我们必须认识到，暗网技术是一把双刃剑；它可以是保护个人隐私的工具，也可能成为犯罪分子的避风港。我们需要在利用技术保护个人隐私和防止其被滥用之间找到平衡，以确保网络空间的安全和自由。

2.3 移动互联网：掌上智能互联网

作为 PC 互联网发展的自然延续，移动互联网（Mobile Internet）将移动通信和互联网技术无缝融合，继承了移动通信随时（Anytime）、随地（Anywhere）、随身（Anybody）的特性，以及互联网技术开放（Open）、分享（Share）、互动（Interaction）的优势。以宽带 IP 为技术核心，移动互联网提供了话音、传真、数据、图像和多媒体等高品质电信服务，形成了新一代开放的电信网络。

移动互联网的崛起，不仅改变了我们的通信方式，还彻底重塑了信息获取、社交互动和商业交易的方式。通过智能手机和平板电脑等移动设备，用户可以随时随地访问互联网，享受高效、便捷的服务。这种无缝连接和即时访问的能力，使得移动互联网成为现代生活不可或缺的一部分。在未来，随着 5G 技术的普及和物联网（IoT）的发展，移动互联网将进一步扩展其影响力，带来更加智能化和个性化的服务。无论是智能家居、智慧城市，还是自动驾驶和远程医疗，移动互联网的应用前景都充满了无限可能。移动互联网生态系统示意图如图 2-6 所示。

图 2-6　移动互联网生态系统示意图

◆ 通信科技，成就移动互联

在移动通信领域，人们习惯使用"G"（Generation，"代"的意思）来表示通信技术发展所处的阶段。从烽火狼烟的 0G，到"大哥大"AMPS（Advanced Mobile Phone System，高级移动电话系统）的 1G，到 GSM（Global System for Mobile Communications，全球移动通信系统）的 2G，到 TD-SCDMA（Time Division-Synchronous Code Division Multiple Access，时分同步码分多址）的 3G，到 TD-LTE（Time Division Long Term Evolution，分时长期演进）的 4G，以及目前热门的 5G，只是采用了不同的移动通信技术，表现为在传输速率、传输质量、业务类型等方面的差别，都属于移动通信技术演化发展中的一个阶段。

1973 年，美国摩托罗拉公司的工程师马丁·库珀（Martin Cooper）和约翰·米切尔（John Mitchell）发明了世界首款真正意义上的手机（移动电话）。1974 年，美国联邦通信委员会（FCC）批准了部分无线电频谱，用于移动蜂窝网络的试验。1976 年，马丁·库珀将无线电应用于移动电话。同年，国际无线电大会批准了 800/900 MHz 频段用于移动电话的频率分配方案。1978 年，美国贝尔试验室研制成功了全球第一个移动蜂窝电话系统：高级移动电话系统（Advanced Mobile Phone System，AMPS）。1979 年，日本电报电话公司（Nippon Telegraph and Telephone，NTT）在东京大都会地区推出了世界首个 1G 商用自动化蜂窝通信系统。

1G 模拟移动通信在商业取得巨大成功，但存在频谱利用率低、业务种类有限、保密性差等缺陷。2G 采用数字技术取代 1G 的模拟技术，通话质量和系统稳定性大幅提升，更加安全可靠，设备能耗也大幅下降。1982 年，欧洲邮电管理委员会成立了"移动专家组"，后被改为"全球移动通信系统"（Global System for Mobile Communications），专门负责通信标准的研究。GSM 的宗旨是：建立一个新的泛欧标准，开发泛欧公共陆地移动通信系统。除 GSM 之外，还有 TDMA（Time Division Multiple Access，时分多址）、CDMA（Code Division Multiple Access，码分多址）等不同制式的 2G 移动通信系统。

2G 以数字技术取代了 1G 的模拟技术，解决了 1G 技术的缺陷，通信保密性得到极大提升，系统容量明显增加，便利性进一步增强，开启了数字移动网络时代。随着互联网的迅猛发展，人们对移动上网需求强烈。于是，GPRS（General Packet Radio Service，通用分组无线业务）开始出现。在 GPRS 技术推出之后，电信运营商还推出了速率更快的 EDGE（Enhanced Data-rates for GSM Evolution，GSM 演进的增强速率）技术。总之，数据业务的崛起，是 2G 移动通信的主攻方向。

随着人们对移动网络应用需求的不断提升，新一代 3G 移动通信技术产生了。移动高速上网成为现实，移动通信进入高速 IP 数据网络时代。音频、视频、多媒体文件等数据通过 3G 移动互联网高速、稳定地传输。1998 年 10 月 1 日，日本推出世界上第一个商用 3G 网络。CDMA（Code Division Multiple Access，码分多址）是 3G 移动通信系统的技术基础，全球主流的 3G 标准主要有 3 个：CDMA2000、WCDMA（Wide CDMA）、TD-SCDMA（Time Division-Synchronous Code Division Multiple Access），其中 WCDMA 是使用范围最广泛的网络制式，其价格低、业务丰富、全球漫游。2009 年 1 月 7 日，我国颁发了 3 张 3G 牌照：中国移动的 TD-SCDMA、中国联通的 WCDMA 和中国电信的 WCDMA2000。

2007 年，Apple 公司推出了支持 3G 网络的 iPhone 智能手机和 iPad 平板电脑。智能移动终端的应用推动了 3G 用户的爆发性增长，也为 4G 移动网络的诞生营造了日趋成熟的应用氛围与场景。4G 采用无线蜂窝电话通信协议，集 3G 与 WLAN 于一体，能够传输高质量的视频图像，且速度快、传输质量高，信号覆盖广泛，支持更多类型的手机和平板电子产品，是目前正在被广泛使用的移动通信网。2013 年 12 月 4 日，我国发放了 4G 牌照：中国电信和中国联通的 TD-LTE（Time Division Long Term Evolution，分时长期演进）和 FD-LTE（Frequency Division Long Term Evolution，分频长期演进），中国移动的 TD-LTE，标志着我国进入 4G 时代。

随着 AR、VR、人工智能、区块链、物联网等技术的诞生与普及，高速率、低时延、低功耗、高可靠的新一代 5G 移动通信网络技术应运而生。2018 年 2 月 23 日，沃达丰和华为宣布，两公司在西班牙合作采用非独立的 3GPP 5G 新无线标准和 Sub6 GHz 频段完成了全球首个 5G 通话测试。2018 年 12 月 1 日，韩国推出全球第一个 5G 商用服务。2019 年 6 月 6 日，我国工信部正式向中国电信、中国移动、中国联通、中国广电发放 5G 商用牌照，中国正式进入 5G 时代。国际电信联盟（International Telecommunication Union，ITU）将 5G 应用场景分为移动互联网和物联网两大类，支持海量数据传输，实现万物互联，促进工业互联网等领域发展。

◆ **移动寒武纪，构建互联生态**

随着移动互联网的迅猛发展和迅速普及，两大主导操作系统——Android 和 iOS——在激烈的市场竞争中脱颖而出，成为业界的两大巨头。

Android 系统由 Google 公司于 2007 年 11 月 5 日发布，构建在 Linux 内核之上，是一款开源的手机操作系统。Android 系统的架构主要由三部分组成：系统内核、中间件和应用软件。最初，Android 只支持手机，但随着技术的发展，它已扩展至平板电脑及其他各种智能终端设备，成为第一个专为移动智能设备设计的开放式生态系统。

iOS 系统则由 Apple 公司于 2007 年 1 月 9 日发布。最初，这一操作系统仅用于 iPhone 智能手机，但随后推广至 iPod、iPad 等设备上。iOS 是 Apple 公司闭源生态系统的核心，提供了高度集成和统一的用户体验。

4G 移动网络的实时性与高速性，加速了移动互联网的繁荣。以 Android 和 iOS 为基础，移动互联网在 2010 年前后进入快速发展的"寒武纪"时期，各类移动应用软件纷纷涌现。腾讯公司推出的微信，凭借其便捷性和基础功能，逐渐成为中国移动互联生态系统的核心，并构建了一个基于微信的庞大生态圈。在推出著名的 Foxmail 邮件系统后，张小龙以微信的成功再度封神。

外国媒体曾如此评价中国移动互联网："中国正见证下一代科技巨头的崛起，这些企业崛起于移动时代，专注于在线服务的迭代更新，由人工智能和共享服务推动。"当 PC 互联网时代向移动互联网时代转型时，PC 互联网时代的"BAT"（Baidu 百度、Alibaba 阿里巴巴、Tencent 腾讯）三巨头的统治地位逐渐被瓦解，"TMD"联盟（Toutiao 今日头条、Meituan 美团、Didi 滴滴）逐渐崛起，如图 2-7 所示。

以推荐算法起家的今日头条，通过智能手机精确匹配内容给用户，推动了信息传播方式的变革；美团和滴滴则借助智能手机、4G 网络和内置 GPS 导航，在消费和交通领域取得巨大成功。随着移动智能设备的发展，综合电商、网上银行、本地生活、支付结算、地图导航、浏览器、效率办公、智能家居等移动端应用软件大规模爆发，中国正式进入移动互联网时代。

展望未来，5G 移动互联网技术的推广将建立一个从端到端的全新生态系统，打造一个全移动和全连接的网络社会。通过 5G 的高速率、低时延和大容量，新的智能移动信息革命正在酝酿，人类将进入万物互联的全息物联网时代。这一技术变革不仅会改变我们的生活方式，也将推动社会的全面进步。

图 2-7　移动互联网新贵——"TMD"联盟

2.4　物联网：万物互联网

万物互联互通一直是人类追求的梦想。试想，如果宇宙中的每个物体都能够无缝互联，人类的学习、工作与生活将获得前所未有的便捷性和操控感。

随着智能手机等智能硬件的迅猛发展和快速普及，通过将这些能够收发信息的智能设备联网，构建一个能够智能化识别、定位、跟踪、监控和管理的万物互联网络，已经不再是遥不可及的梦想。

人类迈入万物互联的全息物联网时代，各类智能可穿戴设备、智能家居、智慧医疗、车联网、灾害预警系统等应用纷纷进入日常生活。科幻小说中的情节——如远程开启门锁、操控空调、关闭洗衣机、启动扫地机器人——正从幻想变为现实。这种技术革命不仅提升了生活质量，也极大地改变了我们的生活方式。智能化的设备和系统使我们能够更高效地管理时间和资源，为我们提供了前所未有的便利和安全保障。万物互联的时代，正以不可阻挡的势头，改变着我们的世界。图 2-8 所示为万物互联的物联网场景。

◆ **万物互联，舍我其谁**

科技源自生活的点滴创新。1990 年，美国卡内基梅隆大学的程序员首创性地将楼下的可口可乐自动售卖机连接到了互联网。这一举措使得他们能够远程监测售卖机内的可乐库存及温度状况，从而避免了"不必要"的下楼。这台"网络可乐贩卖机"（Networking Coke Machine），成为已知最早的物联网设备。

图 2-8　万物互联的物联网场景

1991 年，英国剑桥大学的一台名为"特洛伊"的咖啡壶也成为人类物联网历史的一部分。研究人员利用便携式摄像头以每秒 3 帧的速率捕捉咖啡壶的图像并将其传输到计算机，使他们能随时查看咖啡的煮制状况。这是世界上第一个网络摄像头的雏形。

1999 年，麻省理工学院的凯文·阿什顿（Kevin Ashton）教授首次提出了"物联网"（Internet of Things）的概念。他设想在互联网的基础上，利用射频识别（RFID）技术和无线数据通信技术，创建一个能够实现全球物品信息实时共享的网络体系。他将这一系统称为"实物互联网"（Internet of Things），因为其覆盖了通过互联网和 RFID 等技术进行的实物信息交换。阿什顿因此被誉为"物联网之父"。

2003 年，美国《技术评论》杂志将传感网技术列为未来改变人类生活的十大技术之首。此后，主流媒体如英国的《卫报》、美国的《科学美国人》和《波士顿环球报》纷纷采用"物联网"这一术语来取代"传感网"。转折点在 2005 年 11 月 17 日突尼斯举行的信息社会世界峰会上，国际电信联盟（ITU）发布的《ITU 互联网报告 2005：物联网》正式定义了"物联网"这一概念：通过 RFID、红外感应器、GPS、激光扫描器等信息传感设备，将任何物品连接到互联网，实现信息交换和通信，从而达到智能化识别、定位、跟踪、监控和管理的目的。该报告指出，一个"无处不在的物联网通信时代"即将到来。这种全新的网络形式将对我们的生活方式将产生深远的影响，带来前所未有的智能体验。

◆ **智慧地球，未来可期**

通俗地说，物联网（Internet of Things，IoT）可以简单理解为"互联网+智能硬件"。它是一个通过信息传感设备连接各种物体（包括人）到互联网的系统，从而实现智能化识别、运作与管理的网络。按其架构，物联网通常分为三层：感知层、传输层和应用层。

感知层是物联网体系的基础。这一层负责对现实世界进行感知、识别和信息采集。感知层的主要功能是通过各种传感设备（如 RFID、传感器等）获取大量精准数据，以支持后续的信息处理和决策行为。

传输层是保障物联网实现无缝连接和全方位覆盖的重要网络集群。它的任务是将感知层采集的数据高速、低损耗且安全可靠地传送到应用层，同时具备强大的抗干扰和防入侵能力。

应用层实现了物联网技术与实际应用的结合。应用层集成了涉及日常生活、工作和学习的各类物联网应用，最终实现了物联网技术的全面落地。

随着智能硬件技术和数据处理技术的迅速发展，物联网步入了 ABCD 时代，即人工智能（Artificial Intelligence，A）、区块链（Blockchain，B）、云计算（Cloud Computing，C）和大数据（Big Data，D）。这些技术推动物联网应用进入落地阶段。

2009 年，IBM 提出"智慧地球"战略，这标志着物联网进入快速发展期。2013 年，谷歌发布了谷歌眼镜，这是物联网和可穿戴技术的革命性突破。2014 年，亚马逊发布了 Echo 智能扬声器，开启了智能音箱和智能家居的新时代。2015—2018 年，阿里巴巴、百度、腾讯等公司纷纷成立了物联网事业部，加速了物联网技术的商业化进程。2019 年，沃达丰发布的《2019 年物联网报告》显示，超过三分之一的公司已经在使用物联网技术。2020 年，随着 5G 通信技术的逐渐普及，物联网迈向了万物互联的智能时代。

可以预见，未来搭载物联网传感器的智能可穿戴设备、智能家居、智慧医疗、车联网等应用将更加普及，开启一个万物互联互通的全新数字时代。物联网不仅将给生活的方方面面带来革命性的变革，还将显著提升我们的生活质量和工作效率。

2.5 星联网：全域互联网

在当今的城市和乡村，人们借助智能手机和移动互联网，已经能够轻松实现随时随地访问网络的梦想。然而，在缺乏地面网络覆盖的区域，如邮轮、科考站、航空航班及偏远乡村，实现高速网络接入的梦想依然依赖于卫星互联网（也称为星联网）。例如，在乌克兰与俄罗斯冲突、以色列与哈马斯冲突期间，潜在的通信中断问题需要借助 Starlink 等卫星互联网服务来解决。

近年来，随着卫星通信技术的迅速发展和商业航天成本的不断下降，具有全球覆盖优势的低轨卫星通信网络重新焕发出活力。星联网不仅能够提高互联网的普及率，缩小数字鸿沟，还能增强市场竞争力，推动太空产业的发展。因此，星联网不仅是实现全球互联网覆盖的关键技术，也是未来全球经济增长的重要引擎之一。如图 2-9 所示为星联网典型示意图。

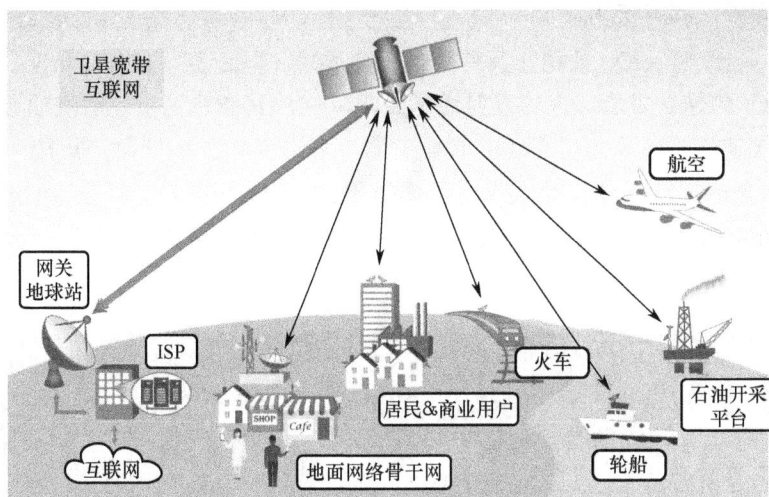

图 2-9　星联网典型示意图

◆ **星联网原理**

低轨道卫星运行于距离地面 400～2000 千米高的低地球轨道（Low Earth Orbit, LEO），相较于高轨道（地球静止轨道，Geostationary Orbit，GEO）卫星，具有多项显著优势：距离更近导致传输时延更短、链路损耗更低；发射更灵活，适用场景丰富且整体制造成本较低。这些优势使低轨卫星成为构建实时信息处理系统的理想选择，其分布构成的系统被称为卫星星座。

低轨道卫星移动通信系统通常包括卫星星座、网关地球站、系统控制中心、网络控制中心和用户单元等部分。在若干轨道平面上布设多颗卫星，并通过通信链路将这些卫星连接起来，形成一个蜂窝状的全球服务网络。每个服务小区内至少由一颗卫星覆盖，满足不同区域用户随时接入的需求。

卫星绕地球运行需要占用轨道和频段资源，这些资源是有限且不可再生的战略性资产。国际电信联盟提出了"先登先占、先占永得"的规则，这意味着在轨道和频段资源的竞争中，先发国家能够占据显著优势。这一规则驱动了低轨星联网竞争的白热化。

目前，全球范围内提出的低轨道卫星网络方案众多，包括铱星（Iridium）系统、全球星（Globalstar）系统、白羊座（Aries）系统、LEO-Set 系统、柯斯卡（Coscon）系统及太勒德斯（Teledesic）系统等。这些方案竞相构建覆盖全球的高效通信网络，旨在填补地面互联网无法覆盖的空白，提供随时随地的高速网络连接。

低轨卫星星座不仅增强了全球通信能力，还为科学研究、灾害应急、环境监测等提供了全新的工具和视角。随着技术不断进步和商业航天成本的降低，低轨卫星网络正以前所未有的速度变为现实，这不仅将改变我们的通信方式，更将开启全球互联的新纪元。

◆ 星耀苍穹，逐梦宇宙

近年来，美国 SpaceX 公司在其首席执行官埃隆·马斯克（Elon Musk）的领导下，航天技术实现了跨越式发展，火箭发射成本大幅降低。其低轨卫星互联网项目——Starlink（星链）正在加速推进，真正实现了"星耀苍穹，逐梦宇宙"的梦想。埃隆·马斯克，以其技术梦想和全球视野，令无数技术人员敬佩不已。他将现实、科幻、理想、情怀、梦想和未来有机地融合在一起，Starlink 计划是其技术梦想的重要体现之一，如图 2-10 所示。

图 2-10　星联网之引航者——Starlink

Starlink 计划由 SpaceX 公司于 2014 年提出，旨在建设一个全球覆盖、大容量、低时延的天基通信系统。在全球范围内提供高速的全域互联网服务。Starlink 计划不仅可提升美军导航定位系统的精度和抗干扰能力，还可用于对洲际弹道导弹弹头的直接碰撞式拦截，促进军事通信网络与商业通信网络的无缝切换。截至目前，Starlink 已成为全球最大的卫星星座，运营着数量最多的低轨道宽带卫星网络。SpaceX 计划将总计发射 4.2 万颗 Starlink 卫星，以构建全球范围的高速互联网络，弥补传统宽带通信在特定区域的不足。

2018 年，美国联邦通信委员会（Federal Communications Commission, FCC）批准 SpaceX 最多部署 4425 颗第一代 Starlink 卫星。2022 年 12 月 1 日，FCC 再次发布公告，部分批准 SpaceX 部署和运营 29 988 颗第二代 Starlink 卫星的申请，并允许其在近地轨道的 525 千米、530 千米和 535 千米高度上运营 7500 颗卫星。到 2023 年 11 月，SpaceX 通过"猎鹰九号（Falcon 9）"火箭进行了 18 次复用发射，将 5000 颗 Starlink 卫星送入近地轨道。随着"星舰（Starship）"运载火箭的逐步投入使用，Starlink 卫星的部署速度有望实现倍增。图 2-11 所示为堆栈式叠加的 Starlink 卫星群。

随着 Starlink 在轨卫星数量的增加，挑战也随之而来。首先，太空轨道作为有限且不可再生的战略资源，Starlink 卫星的增多使低轨道变得更加拥挤，卫星碰撞的风险显著增加，可能威胁其他国家和平利用太空的权益。其次，4.2 万颗 Starlink 卫星将占据大量空间频谱资源，由于国际电信联盟设立的"先到先得"原则，这将在客观上压缩其他国家进行太空探索的空间。最后，密集的 Starlink 卫星群改变了夜空的模样，会对天文学家的观测造成障碍，并可能带来光污染和太空垃圾等环境问题。

图 2-11　堆栈式叠加的 Starlink 卫星群

虽然 Starlink 计划为全球互联网覆盖带来了前所未有的机遇，但与此同时也需要对其衍生的问题进行谨慎管理，确保在享受技术进步带来的便利时，维护太空的长久和平与可持续发展。

◆ 气势如虹，势不可挡

美国 SpaceX 公司的 Starlink 星座计划客观上推动了中国版 Starlink 计划的迅速发展和崛起。2020 年被誉为我国卫星互联网的元年。据国际电信联盟官网的信息，2020 年 11 月，中国提交了两个巨型卫星星座的轨道和无线频段使用申请，总共涵盖分两阶段发射的 7 组共 1.3 万颗宽带通信卫星。中国版 Starlink 计划已经势不可挡，展现出强劲的气势。中国航天科技集团的"鸿雁星座"、中国航天科工集团的"虹云工程"、中国电子科技集团的"天地一体化星座"，以及北京国电高科科技有限公司的"天启星座"，都是中国版 Starlink 计划的领航者。

2018 年 12 月 29 日，"鸿雁星座"的首颗试验卫星"重庆号"在酒泉卫星发射中心由长征二号丁运载火箭（搭载远征三号上面级）成功发射升空。"重庆号"卫星质量约 40 千克，设计寿命为 2 年，运行在距离地球 1100 千米高的轨道上。其主要任务是通过地面系统与终端设备，逐步开展卫星移动通信、物联网、热点信息广播和导航增强等功能的试验验证，为后续"鸿雁星座"的全面建设和商业运营提供技术支持。

"鸿雁星座"系统由空间段、地面段和用户段组成。空间段包括 GNSS 系统和"鸿雁"卫星星座，地面系统则由监测站、中心处理站和信息传输与分发网络构成。用户段由联合接收导航卫星及"鸿雁"卫星的用户接收机组成，采用四大 GNSS 系统双频监测，通过全球稀疏地面监测站，播发 GPPP 增强信息和双频增强信号，实现精度、完好性、可用性和定位实时性的显著提升。基于"鸿雁星座"的全球导航增强系统如图 2-12 所示。

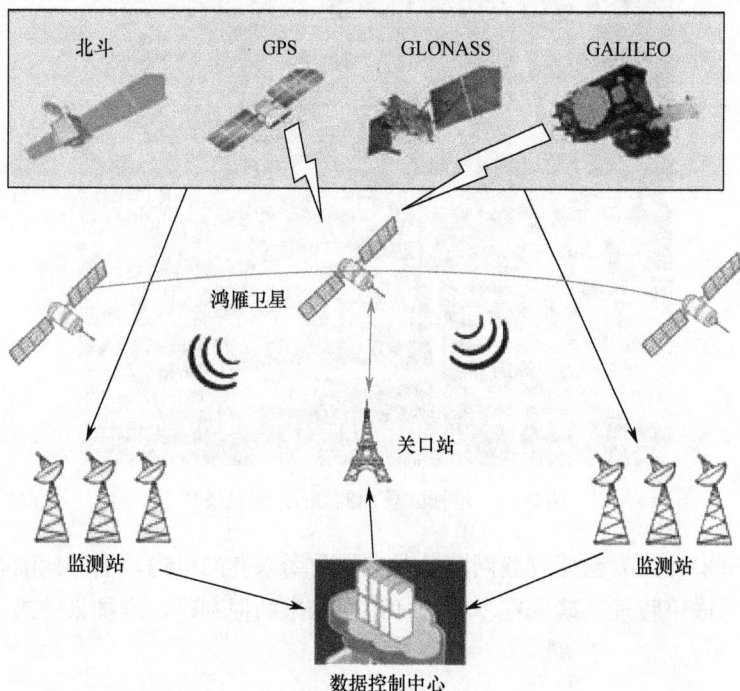

图 2-12　基于"鸿雁星座"的全球导航增强系统

"鸿雁星座"是低轨卫星宽带互联网的典范，而"天启星座"则树立了低轨卫星窄带物联网的标杆。"天启星座"由 38 颗卫星和若干地面站组成，已于 2024 年完成部署并投入运营。该系统将为物联网相关行业用户提供全球覆盖、准实时的低轨卫星物联网数据服务，致力于构建天地一体化的低轨卫星物联网生态系统。

2025 年 5 月 14 日，中国在酒泉卫星发射中心利用长征二号丁运载火箭，成功发射了全球首个整轨互联的太空计算星座。这一里程碑事件标志着"三体计算星座"与"星算"计划的首批卫星正式进入在轨组网阶段，彰显了中国在太空计算领域的技术突破。此次发射由国星宇航公司主导，之江实验室参与合作，首期部署的 12 颗计算卫星奠定了天基算力网络建设的基础。根据规划，该星座最终规模将扩展至 2800 颗卫星，通过千星协同运行，总计算能力预计达到 1000 POPS（每秒百亿亿次浮点运算），为未来太空计算提供强大支持。

可以预见，随着"十五五"规划的提出——建设高速泛在、天地一体、集成互联、安全高效的信息基础设施，提升数据感知、传输、存储和运算能力，全域覆盖的卫星互联网和卫星物联网建设已被上升为国家战略，成为我国空天地海一体化信息系统的重要组成部分。随时随地万物互联的全域数字信息时代正加速到来。

第 3 章　高新技术：网络空间的创新引擎

人类从非洲草原走出，凭借独特的群体智力，通过科学与技术的不断创新，逐渐成为地球的主导者，并创造了辉煌灿烂的人类文明。在这段文明构建与迭代的过程中，科学技术始终是核心驱动力。指南针拉开了大航海时代的帷幕，印刷术促进了文明的传承与扩展，蒸汽机推动人类进入机械化时代，计算机与互联网则引领我们迈入信息化时代。随着 AlphaGo 的问世，人类跨入了数智化时代，而 ChatGPT、Midjourney、GPT-4 等多模态大模型的诞生，预示着通用人工智能（AGI）时代即将到来。

高新技术发展的直接动力，源于人类对生产生活中数据处理自动化、便捷化和智能化的现实需求。在数智化时代，以人工智能、区块链、云计算等为代表的高新技术，犹如网络空间的创新引擎，正全速驱动人类社会演进。璀璨的人类智能文明已触手可及，未来也将因为这些技术的不断突破而更令人瞩目。

3.1　人工智能技术

过去 10 年间，人工智能（AI）技术的迅猛发展引领了科技创新的浪潮。Gartner 发布的"新兴技术成熟度曲线"屡次强调了 AI 相关技术的重要性。AI 不仅在学术研究中取得了突破性的进展，更在商业应用与社会实践中展现出巨大的潜力和价值。

AI 技术的快速崛起可以归因于数据、算力和算法的飞速迭代。互联网与大数据技术提供了数据生成、传输、存储和处理的能力，形成了支撑 AI 的海量优质数据基础。基于 GPU 的硬件处理器件为 AI 提供了强大的计算能力，而基于神经网络架构的深度学习模型则为 AI 的发展奠定了算法基础。

近年来，世界各大国在 AI 领域纷纷发力，以美国 OpenAI 公司推出的 ChatGPT 为代表，展示了 AI 技术在网络空间的惊人进化。可以预见，随着技术的快速演化与发展，AI 将成为网络空间最具颠覆性的创新引擎，推动人类社会向智能化文明加速迈进。NVIDIA 公司 CEO 黄仁勋曾表示：AI 将彻底改变各行各业，我们正处于一个 AI 的"iPhone 时刻"，即将迎来前所未有的变革时代。AI 技术正以其惊人的发展速度和革新力量，再次证明科学与技术是人类社会进步的核心动力。

3.1.1 AI 起源与演化

技术奇点（Technological Singularity）理论由数学家兼科幻作家弗农·温奇（Vernor Vinge）提出，并由未来学家雷·库兹韦尔（Ray Kurzweil）进一步发展，该理论指出 AI 和其他形式的技术将随着时间推移呈现指数级发展。尽管这一理论是一个深刻的思想实验，但它激发了人们对 AI 未来潜在路径的广泛讨论和研究。在 AI 技术奇点到来之前，有必要简要梳理 AI 跌宕起伏的发展历程，以便理解未来可能出现的技术巨变。如图 3-1 所示为技术奇点理论曲线。

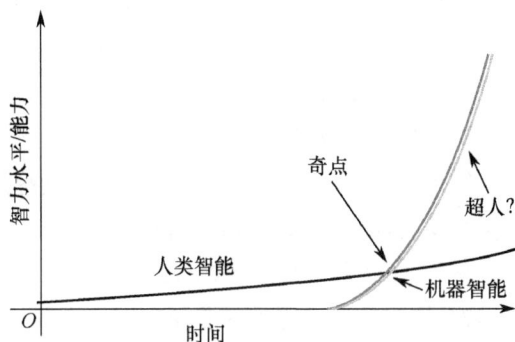

图 3-1 技术奇点理论曲线

站在 AI 技术的时间轴上回顾其发展轨迹，可以总结其脉络为：一个地点、两次寒流、三个阶段、四种模型、五位名人。

◆ 一个地点

达特茅斯学院（Dartmouth College），位于美国新罕布什尔州的汉诺威，成立于 1769 年，是美国 9 所殖民地时期的大学之一。在 1956 年举行具有里程碑意义的人工智能会议之前，达特茅斯学院已有近两个世纪的历史，并在教育和学术研究领域享有盛誉。20 世纪中叶，达特茅斯学院见证了科学和工程学科的显著增长。第二次世界大战后，美国政府对科学研究的投资不断增加，许多高等教育机构加强了科学技术领域的研究，为 AI 的诞生奠定了基础。

20 世纪 50 年代初期，计算机科学仍是一个新兴领域。达特茅斯学院的数学系教授约翰·麦卡锡（John McCarthy）对该领域表现出浓厚兴趣，特别是在计算机程序设计和 AI 的概念方面。麦卡锡联合其他几位有同样兴趣的学者，提出举办一个专注于 AI 研究的夏季研讨会。这一提议得到了洛克菲勒基金会的资助，使得 1956 年的达特茅斯会议成为现实。

1956 年夏季，达特茅斯学术研讨会在达特茅斯学院举行。这次研讨会由约翰·麦卡锡（John McCarthy）、马文·明斯基（Marvin Minsky）、纳撒尼尔·罗切斯特（Nathaniel Rochester）和克劳德·香农（Claude Shannon）四位先驱组织。尽管这次会议没有立即产生具体的科研成果，但它确立了"人工智能"作为一个独立研究领域的地位，并激发了后续广泛的研究和发展。达特茅斯会议及其举办地达特茅斯学院，被认为是 AI 的诞生地。这次会议后，AI 研究逐渐获得了更多的关注和资金，推动了整个计算机领域的发展。

达特茅斯会议开启了 AI 研究的历程，其后的多次技术革新和社会变迁，则进一步奠定了 AI 的广泛应用及其光明未来的基础。理解这些历史节点将有助于我们更好地把握未来可能的 AI 技术巨变，并为应对即将到来的技术奇点做好准备。

◆ **两次寒流**

1956 年达特茅斯夏季会议后，AI 作为一颗冉冉上升的科技新星，开始在人类文明的星空中闪耀。20 世纪 60 年代，AI 研究取得了显著进展，涌现出如模拟人类对话的 ELIZA 程序和早期专家系统 DENDRAL 等标志性成果。美国国防高级研究计划局（DARPA）每年至少为 AI 研究提供 300 万美元的经费，助推了这一领域的蓬勃发展。当时，人们对 AI 技术的未来发展十分乐观。然而，随后的一系列挫折和挑战使得 AI 研究和发展遭遇了严重阻碍，资金支持骤减，公众和政府的信心下降，媒体对 AI 的关注度也急剧减少。这两个低谷期被称为"AI 冬天"（AI Winter）。

第一次 AI 冬天始于 1974 年，源于研究上的瓶颈和技术上的挑战。早期人们对 AI 技术发展期待过高，但实际成果却未能令人满意，导致人们的研究热情逐渐消退。例如，机器翻译项目的失败令公众对自然语言处理的能力产生怀疑。此外，受限于当时计算机硬件技术，依赖大量数据和复杂算法的人工神经网络——感知器，由于性能欠佳而遭到强烈质疑。这些因素导致投资者和政府对 AI 的预期迅速下降，相关科研项目的资金投入大幅减少。AI 研究遇到瓶颈，冬天悄然来临。

第二次 AI 冬天始于 1987 年，与专家系统的兴衰密切相关。20 世纪 80 年代初，专家系统被视为 AI 技术的一大突破，它们被设计用来模拟人类专家的决策能力。由于其商用潜力巨大，专家系统迅速获得广泛应用，企业订单增加，AI 研究开始复苏。然而，专家系统高度依赖特定领域的知识，通用性不足且维护成本高昂。与此同时，IBM 和 Apple 推出了性能优越的个人计算机，这些不采用 AI 技术的个人计算机在性能上超越了当时价格昂贵的 LISP 机，使市场对大型、昂贵的专家系统的需求骤减。AI 硬件市场急剧萎缩，科研经费再次被削减，AI 研究再次陷入寒冬。

经过这两次寒流，AI 经历了起伏跌宕。尽管这两个低谷期带来了短暂的停滞，但每次冬天过后，AI 领域都获得了重要的反思和技术积淀，为下一波创新浪潮奠定了坚实的基础。

◆ **三个阶段**

AI 在经历了两次"AI 冬天"之后，总是能够迎来技术的突破与领域的复兴，这一切都推动着 AI 技术不断接近奇点。

纵观 AI 的发展历程，可以划分为三个主要阶段：萌芽期、探索期和高速发展期，如图 3-2 所示。每个阶段都有其独特的技术特点和标志性成就。

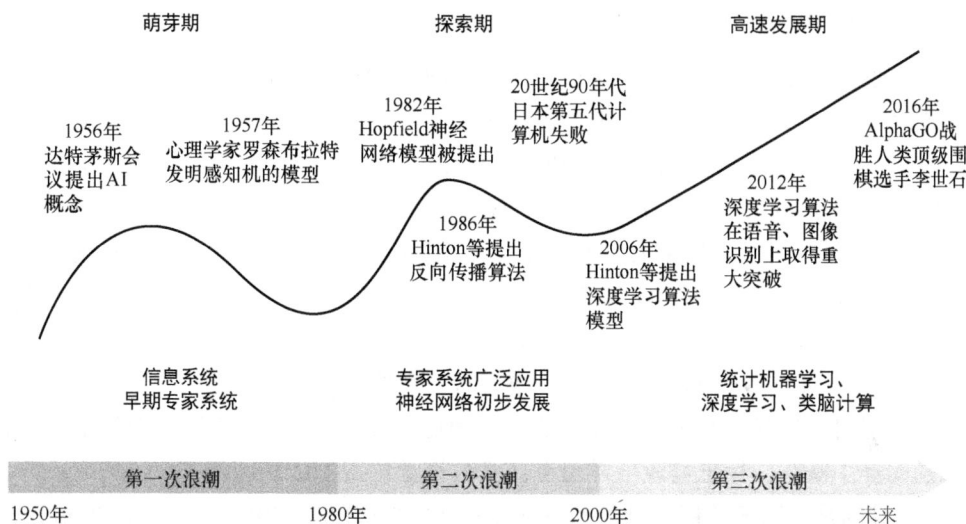

图 3-2　人工智能的发展历程

◇ AI 萌芽期（1956—1973 年）

AI 的萌芽期始于 1956 年，当年，约翰·麦卡锡（John McCarthy）等人在达特茅斯夏季研讨会上首次提出"人工智能"这一概念。这个时期主要集中在概念的提出和初步研究上，艾伦·图灵（Alan Turing）的图灵测试概念成为衡量机器智能的早期标准。与此同时，针对 AI 研究的编程语言（如 LISP 和 Prolog）相继诞生，标志性项目［如西蒙和纽厄尔开发的逻辑理论家（Logic Theorist）和通用问题求解器（General Problem Solver）］也相继出现。

萌芽期的 AI 研究主要依靠符号逻辑和知识表示，通过硬编码的规则和逻辑模拟智能行为。尽管成果有限，但此阶段的研究激发了公众对机器可以模拟人类智能的想象力，对科幻文学和电影产生了深远的影响。此外，AI 概念的提出还促进了计算机科学、认知科学和心理学等相关领域的学术研究，奠定了其未来发展的基础。

◇ AI 探索期（1974—1996 年）

探索期以基于规则的专家系统的兴起为标志。专家系统旨在模拟特定领域人类专家的决策能力，如 DENDRAL 和 MYCIN 等系统在医学诊断和化学分析中取得了成功。这个时期的 AI 研究仍然高度重视知识表示和推理，同时随着互联网的兴起和计算能力的提升，机器学习的概念也开始被探索，包括决策树、贝叶斯网络和早期的神经网络算法，试图从数据中学习。

虽然专家系统在某些特定领域得到了一定的应用，如医疗、化学和金融，但也暴露出其通用性不足和维护成本高昂等问题。尽管如此，但这一时期的研究展示了 AI 在解决实际问题中的巨大潜力，AI 逐渐成为计算机科学教育的重要部分，并在全球各大高校和研究机构中得到进一步发展。

◇ **AI 高速发展期（1997 年至今）**

高速发展期始于 1997 年 5 月 11 日，那时，IBM 的计算机系统"深蓝（Deep Blue）"战胜了国际象棋世界冠军卡斯帕罗夫，再次引发了公众对 AI 的广泛讨论。随着互联网的普及、深度学习模型的提出和计算能力的大幅提升，现代 AI 迎来了高速发展的新时期。

2006 年，深度学习的概念被 Geoffrey Hinton 等人重新提出，多层神经网络的复兴为 AI 技术注入了新的活力。21 世纪 10 年代，大数据和 GPU 计算能力的飞跃性提升，使得深度学习技术得以广泛应用。AI 在图像识别、语音识别和自然语言处理等领域取得了突破性进展。

2011 年，IBM 的 Watson 赢得了美国电视智力竞赛节目"危险边缘"的冠军，展示了机器在自然语言处理和语义理解方面的能力。2012 年，谷歌的深度学习算法在 ImageNet 图像识别比赛中获胜，标志着深度学习在计算机视觉领域的成功应用。

将 AI 推向全新高度的催化剂包括 AlphaGo 和 ChatGPT。2016 年 3 月，DeepMind 的 AlphaGo 在围棋比赛中战胜了顶尖棋手李世石，展示了 AI 在复杂策略游戏中的巨大潜力。2022 年 11 月，OpenAI 推出的大语言模型 ChatGPT 则广泛应用于自然语言和图像处理，通过迁移学习处理各种应用场景，凸显了高度复杂和大量参数的大模型在提高 AI 性能方面的优势。

当前，AI 正在变革医疗、交通、金融、教育和制造业等多个行业，提高效率、降低成本并创造新的商业模式。与此同时，数据隐私、算法偏见和自动化导致的失业等问题也引发了对 AI 伦理和法规的广泛讨论。2023 年 11 月，OpenAI 公司首席执行官萨姆·奥尔特曼（Sam Altman）的辞职与迅速回归，据称与该公司 GPT 系列产品的伦理与法律问题相关。这标志着现代 AI 技术在不断迭代发展的过程中，仍然面临着诸多挑战和反思。

通过三个阶段的纵览，可以清晰地看到，AI 在不断克服技术和社会挑战的过程中，持续推动着科技前沿的发展，为未来带来无限可能。

◆ **四种模型**

AI 已成为集成逻辑推理、模式识别、自主学习与感知等多项复杂技术的跨学科领域。其发展的每一个阶段，都涌现出不同的模型框架，用以解决日益复杂的问题。在 AI 技术领域，四种具有代表性的模型类型分别是基于规则的推理模型、统计导向模型、深度学习模型及生成式大模型。

◇ **基于规则的推理模型（Rule-based Reasoning Models）**

基于规则的推理模型是 AI 发展早期的重要方法之一，始于 20 世纪 50—60 年代。这种模型的典范当属专家系统，其核心在于模拟人类的逻辑推理能力。此类系统通过一组明确的逻辑规则进行操作，这些规则由人类专家编制，捕捉特定领域的专业知识。例如，在医疗诊断系统中，一条规则可能是："如果病人有发烧和咳嗽，则可能患有流感。"基于规则的推理模型可以利用这些规则对信息进行推理，从而得出结论或做出决策。然而，这类模型的局限性在于它们的灵活性较差，只能执行预先编程的任务，无法学习新规则或适应未知情况。

✧ 统计导向模型（Statistical Models）

20 世纪 80—90 年代，随着统计学理论的发展和计算能力的提升，统计模型逐渐成为主流。这类模型依赖于对大量数据的统计分析，以发现数据中存在的变量相关性和模式，就像侦探通过数据线索破案一样。它们通过概率分布和统计推断来建模和预测未知数据，揭示不同变量之间的关系。例如，统计模型可以通过分析多年的天气数据来预测某日是否会下雨。常见的统计模型包括线性回归、逻辑回归和贝叶斯网络等，这些模型为处理不确定性和估计概率提供了坚实的理论基础，是机器学习的重要组成部分。

✧ 深度学习模型（Deep Learning Models）

深度学习模型是近年来 AI 领域中最具突破性的发展。它们基于多层次的人工神经网络结构，尤其得益于大数据的涌现和计算能力，特别是 GPU 计算能力的显著提升。深度学习通过模拟人脑处理信息的方式，从海量数据中自动学习复杂特征表示。这类模型在处理高维和非结构化数据（如图像、音频和文本）时表现尤为出色。卷积神经网络（CNNs）和循环神经网络（RNNs）是深度学习的两大主要架构，分别在图像识别和语言处理领域取得了辉煌成果。深度学习模型通过大量数据和卓越的计算能力来进行自我改进，在复杂性和性能上通常远超传统机器学习方法。

✧ 生成式大模型（Generative Large Models）

生成式模型代表了深度学习技术的又一次飞跃，能够在理解数据的基础上生成新数据。这类模型通过学习大量数据的分布，生成与原始数据极为相似的新数据。近年来，随着大型模型如 GPT 和 BERT 的出现，生成式模型达到了前所未有的高度。生成对抗网络（GANs）和变分自编码器（VAEs）是生成式模型的两大代表。它们通过学习数据的潜在分布，能够生成逼真的图像、音频和文本数据。这些模型在数据增强、艺术创作和模拟训练等领域展示出巨大的潜力，也对 AI 的伦理和安全性提出了新的挑战。

通过这四种核心模型的纵览，可以看到，AI 领域的每一次技术跃进，都旨在解决更复杂的问题和挑战，不断推动着科技前沿的发展，并为未来带来更广阔的应用前景。

◆ 五位名人

在人工智能的历史长河中，有一批杰出科学家通过他们的创新研究和开创性贡献，为技术的重大突破和快速发展奠定了基础。以下五位名人，因其对人工智能领域的卓越贡献而备受推崇。

✧ 艾伦·图灵（Alan Turing）

艾伦·图灵，这位英国数学家、逻辑学家、密码破译学家和理论生物学家，被誉为"计算机科学之父"。他的贡献犹如灯塔，指引着计算机科学和人工智能技术的发展。1936年，艾伦·图灵提出了图灵机，这是一种能模拟任何计算过程的抽象模型，成为现代计算机理论的基础。图灵测试的引入，更为评估机器智能提供了标准，尽管艾伦·图灵未曾直接使用"人工智能"这一术语，但他的工作实际上为机器智能设立了基本的概念。通过研究机器是否能够思考、机器意识的可能性及智能的本质等问题，对 AI 哲学产生了深远影响。

✧ 约翰·麦卡锡 (John McCarthy)

约翰·麦卡锡以其开创性的工作被誉为"人工智能之父"。他于 1956 年组织了首次达特茅斯会议（Dartmouth Conference），首次提出并使用"人工智能"这一术语。麦卡锡开发了 LISP 编程语言，这是早期 AI 研究的重要工具，对符号处理和递归算法的研究产生了深远影响。在斯坦福大学，他创立了世界上最早的人工智能实验室（SAIL），在机器人学、计算机视觉、人机交互和自然语言处理等多个领域展开了广泛研究。麦卡锡提出的递归函数、状态空间搜索、知识表示及逻辑编程等概念，至今仍是 AI 研究的重要组成部分。他的成就获得了 1971 年图灵奖的认可。

✧ 马文·明斯基（Marvin Minsky）

马文·明斯基是一位美国的认知科学家和计算机科学家，他在 AI 领域同样功勋卓著。作为 1956 年达特茅斯会议的共同组织者之一，他在麻省理工学院创建了人工智能实验室，并提出了框架理论，探讨如何使 AI 系统理解复杂情境和动态环境问题。他研究了心智和情感在认知过程中的作用，试图模拟这些人类特性。他的著作 *The Society of Mind*（人工智能的社会）和 *The Emotion Machine*（情感机器）已成为 AI 领域的经典之作，极大地影响了后来的研究者。明斯基因其在 AI 领域的卓越贡献，于 1969 年获得图灵奖。

✧ 杰弗里·辛顿（Geoffrey E. Hinton）

杰弗里·辛顿是深度学习和神经网络的先驱之一，广泛被视为机器学习领域的重要人物。他是推广反向传播（Back Propagation）算法的关键人物之一，此算法是训练多层神经网络的核心方法，对现代深度学习的发展至关重要。2012 年，他的团队在 ImageNet 大规模视觉识别挑战赛（ILSVRC）中凭借深度学习模型"AlexNet"获胜，标志着深度学习在计算机视觉领域的突破。辛顿也在 Google 和 DeepMind 中推动了深度学习技术的发展。因其对深度学习的重要贡献，辛顿与约书亚·本吉奥（Yoshua Bengio）、杨立昆（Yann LeCun）于 2018 年共同荣膺图灵奖，并与约翰·霍普菲尔德（John J. Hopfield）共同荣获了 2024 年诺贝尔物理学奖。

✧ **杨立昆（Yann LeCun）**

杨立昆在深度学习和卷积神经网络（CNNs）领域的杰出贡献，使他成为 AI 领域的先驱。作为纽约大学数据科学中心的创始人之一，杨立昆培养了众多学生，这些学生在学术界和工业界都取得了显著成就。杨立昆在贝尔实验室和 Facebook 担任首席人工智能科学家，领导着 Facebook AI Research（FAIR），推动了深度学习技术的实际应用。他对 AI 伦理和社会影响的观点是强调负责任地发展和应用 AI 技术。因其卓越的贡献，杨立昆与杰弗里·辛顿和约书亚·本吉奥共同荣获了 2018 年图灵奖，与他们并称为"深度学习三巨头"。

通过这些名人的卓越工作与贡献，AI 从理论概念转化为现实技术，推动了这一领域的革命性进步。他们的努力和智慧，将继续激励未来的研究者，推动 AI 技术不断向前发展。

3.1.2　AI 生态

AI 生态系统（Artificial Intelligence Ecosystem）借鉴了自然生态系统的概念，形成了在特定技术、社会和经济环境内，AI 技术及其相关组件构成的复杂而动态的网络。在这一生态系统中，技术、数据、算法、硬件、应用场景、政策法规、伦理道德及人才等诸多要素相互作用、相互依存，共同维持系统的稳态平衡，并推动 AI 技术的持续进步和广泛应用。

在 AI 生态系统中，机器学习、深度学习、自然语言处理和计算机视觉等 AI 技术和方法的不断创新，是推动其发展的核心动力。AI 生态系统的核心要素可以概括为数据、算力和算法。

数据是 AI 生态系统的"营养物质"，是 AI 生态系统的基础，为 AI 模型的训练和优化提供了必要的资源。高质量、多样化的数据资源，是提升 AI 性能的关键因素。数据的丰富性和精准性直接影响着模型的表现。

算法是解决问题的逻辑结构，是 AI 系统的核心驱动因素之一。通过对数据的处理和分析，算法生成了具体的模型。模型的创新与优化，直接反映了 AI 生态系统技术的进步。

算力是 AI 发展的物理基础，指的是专用计算硬件（如 GPU、TPU 等），为 AI 模型的训练和部署提供了强大的计算能力。这些硬件设备是支撑 AI 技术迅猛发展的重要基础设施，提供了必要的物理支持，保证了模型的高效运行。

● **CUDA 生态系统：加速计算的新时代**

摩尔定律，这一半导体行业的经典法则，预测集成电路上可容纳的晶体管数量大约每两年翻一番，从而带动计算能力的飞速提升。然而，在成本上升和功耗增加的双重挑战下，摩尔定律的持续性已面临极限。在这一背景下，黄氏定律（以 NVIDIA 创始人兼

CEO 黄仁勋命名）被视为摩尔定律的自然延伸。黄氏定律强调通过 AI 和加速计算技术来满足日益增长的计算需求和管理不断上升的能耗问题，为新时代的硬件需求提供了坚实的基础。

随着 ChatGPT 和 AIGC（人工智能生成内容）等技术的兴起，它们正在重塑各行各业的商业模式，标志着 AI 和数据智能时代的到来。作为全球 AI 领域的先驱，NVIDIA 凭借其 GPU 芯片在全球加速计算市场占据超过 80%的份额，成为 AI 芯片领域的领军企业。正如黄仁勋在 2024 年 DTC 大会上所强调的：创新不仅限于芯片本身，更涵盖了整个技术堆栈。NVIDIA 的最新技术 Blackwell 不仅是芯片的名称，更代表了一个全面的平台概念。NVIDIA 因此从一个传统的芯片供应商转型为类似微软和苹果这样的平台提供商，允许合作伙伴在其平台上构建和拓展各自的软件生态。

NVIDIA 通过围绕 CUDA（Compute Unified Device Architecture）构建其技术和生态护城河，整合了 GPU、DPU、CPU 等多种硬件资源，建立了统一的硬件架构基础。这种从云到端的一致性，确保了不同硬件平台都能支持统一的 CUDA 软件平台。CUDA 软件平台的高度可编程性，使得开发者能够不断创新和完善 CUDA 软件堆栈，形成了一个正向循环的生态系统。此外，NVIDIA 在各个细分垂直领域提供全套解决方案，进一步增强了其独特的生态和技术门槛。NVIDIA 公司软硬件一体化生态系统如图 3-3 所示。

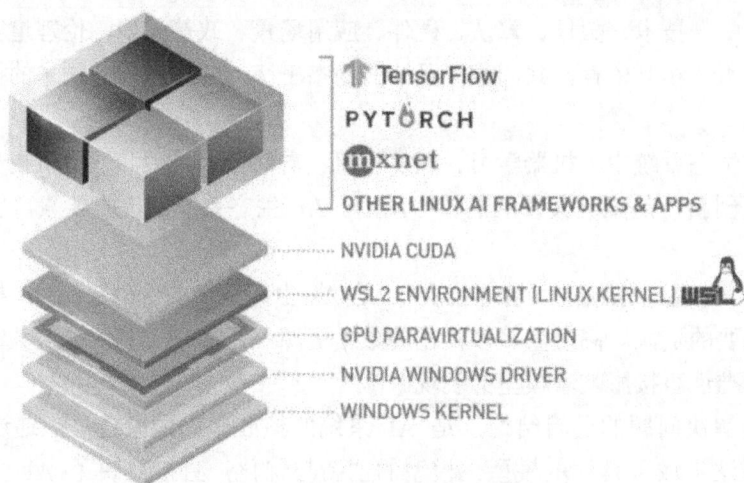

图 3-3　NVIDIA 公司软硬件一体化生态系统

CUDA 是一个并行计算平台和编程模型，自 2006 年推出以来，已成为高性能计算（HPC）和 AI 领域的重要组成部分。CUDA 允许开发者通过 C、C++等高级编程语言直接利用 GPU 的强大计算能力。

➢ **CUDA 的关键组成部分**

（1）CUDA 核心库。包括基本的数学计算库（如 cuBLAS、cuFFT 等），为开发高性能应用提供了基石。

（2）CUDA 编译器（nvcc）。能够将用 CUDA 扩展的 C/C++代码编译成可在 NVIDIA GPU 上运行的代码。

（3）CUDA 运行时和驱动 API。提供了管理设备（如内存管理、设备控制）所需的接口。

（4）CUDA 工具。包括性能分析（如 NVIDIA Nsight Systems、Nsight Compute）和调试工具，帮助开发者优化和调试他们的 CUDA 应用。

> **CUDA 生态系统的优势**

（1）广泛的适用性。CUDA 支持多种编程语言和操作系统，使其适用于广泛的应用和开发环境。

（2）高性能计算能力。通过 GPU 加速，CUDA 能够为需要大量计算的应用提供显著的性能提升。

（3）成熟的开发工具。NVIDIA 提供了一套成熟的开发、调试和性能分析工具，帮助开发者提高开发效率和应用性能。

（4）广泛的支持和社区。CUDA 拥有广泛的用户基础和活跃的开发社区，提供了丰富的学习资源、论坛支持和第三方库。

通过 CUDA 核心构建的全面生态系统，NVIDIA 不仅在硬件层面上实现了创新，更在软件、系统、算法和库等各个层面上实现了深度整合和优化。这种全面的生态系统构建，为 NVIDIA 在应对计算需求快速增长和能耗管理方面提供了坚实的基础，从而在 AI 和加速计算的新时代中继续保持领先地位。

这种软硬件一体的生态系统，不仅推动了 NVIDIA 的技术进步，更为全球的高性能计算和 AI 产业提供了重要的支持，使每一个领域的创新和发展都能获得强大动力。

● **AGI 生态系统：通向通用 AI 的竞速旅程**

AI 的终极目标是创造出具备通用人工智能（Artificial General Intelligence，AGI）的系统，即能够像人类一样理解、学习、适应并执行各种智能任务的机器。尽管现有的 AI 技术，如深度学习和机器学习，已经在特定领域取得了显著进展，但 AGI 仍然是一个长期的目标。构建 AGI 生态系统是一个复杂而多维的挑战，需要技术创新、伦理政策制定及社会适应性的共同努力。通过持续的研究和跨学科合作，尽管实现 AGI 仍然是一个长期目标，但可以逐步向这一目标迈进，同时确保 AGI 的发展能够造福人类社会。

> **Google 与 OpenAI 的"瑜亮情结"**

在构建 AGI 生态系统的过程中，Google 和 OpenAI 的大模型之争不仅涉及技术和市场的竞争，更是一场关于 AI 未来发展方向的较量。两家公司均不惜巨资投入，Google 推出了 Gemini，而 OpenAI 则发布了 ChatGPT，试图在这场"军备竞赛"中脱颖而出，占据 AGI 生态系统的霸主地位。

早在 2011 年，Google 就开启了一个由杰弗里·辛顿（Geoffrey E. Hinton）、安德鲁·恩格（Andrew Ng）和杰夫·迪恩（Jeff Dean）等人领导的深度学习研究项目——谷歌大脑。该项目试图通过大规模人工神经网络，探索和发展深度学习技术。谷歌大脑的一个早期成功案例是利用深度学习网络自动识别 YouTube 视频中的猫脸。这个实验不仅展示了深度学习技术在图像识别领域的潜力，也引起了广泛关注，推动了深度学习和 AI 领域的快速发展。

谷歌大脑项目随后扩展到包括语音识别、自然语言处理等其他 AI 领域。这些技术进步为后来的 Google Assistant、Google Photos 的智能分类和搜索，以及 Google Gemini 奠定了技术基础。谷歌大脑的成功也激励了其他公司和研究机构加大对深度学习和 AI 的研究和投资，促进了整个行业的发展。

2017 年，Google 研究人员发表的论文 *Attention is All You Need* 引入了 Transformer 模型。这一模型的创新自注意力机制在处理序列数据时大幅提升了效率和准确性，使得模型能够考虑到句子中每个单词在全局语境中的含义，对提高机器翻译质量和理解自然语言至关重要。Transformer 模型的出现和随后的发展彻底改变了自然语言处理（NLP）领域的格局。

2018 年，成立三年的 OpenAI 发布了第一个 GPT（Generative Pre-trained Transformer）模型，这是基于 Transformer 架构的生成式预训练模型。通过大规模数据集进行预训练，GPT 能够生成连贯、有意义的文本，在当时被视为一大突破。GPT 的成功证明了"预训练+微调"的方法在自然语言处理中是有效的，这一方法迅速成为行业标准。

同年，Google 发布了 BERT（Bidirectional Encoder Representations from Transformers），一个基于 Transformer 的双向模型。BERT 通过同时考虑每个单词的左侧和右侧上下文，更好地理解语言，极大地提高了 NLP 任务的效果。BERT 的成功进一步证明了 Transformer 架构的强大和灵活性，推动了一系列后续模型的发展，如 GPT-2、GPT-3、RoBERTa 和 T5 等。

这些模型的成功不仅推进了自然语言处理技术的发展，也为众多应用提供了强大的技术支持，包括文本生成、机器翻译、内容理解和对话系统等。Transformer 架构的影响力已经扩展到自然语言处理之外的领域，如计算机视觉和多模态学习，展示了其处理各种序列数据的通用性和有效性。

> ➤ AGI 竞赛如火如荼

从 GPT-3 的发布到 Google 的 Gemini，这段时间的进展展示了 AI 领域的飞速发展和技术创新。每一步进展都在推动着 AI 技术的边界，扩展其应用范围，并为未来的技术革新奠定基础。

2020 年，OpenAI 发布了具有 1750 亿参数的 GPT-3，这是一个巨大的飞跃。GPT-3 的自然语言理解和生成能力达到了新的高度，引发了人们对通用人工智能（AGI）的广泛讨论。

2021 年 10 月，Google 推出了拥有 1370 亿参数的 FLAN，标志着 Google 在模型规模和架构上的新突破。2022 年 1 月，Google 推出了 LaMDA，一个同样拥有 1370 亿参数的模型，展示了接近人类水平的对话性能，同时在安全性和事实性方面得到了改进。

2022 年，OpenAI 发布了 InstructGPT，采用 Instruction Finetune 和强化学习（RLHF）方法，使其在自然对话方面表现出色。2022 年 12 月，OpenAI 的 ChatGPT 迅速成为 AI 领域的焦点，以其强大的对话能力和广泛的应用潜力引发了全球关注。

2023 年 3 月，OpenAI 的 GPT-4 发布，进一步扩展了大型语言模型的能力，其展示了在多种真实场景中接近或达到人类水平的性能。2023 年 11 月，OpenAI 的 GPT-4 Turbo 发布，包含更新的训练数据和多模态能力，进一步增强了模型的应用范围和实用性。

2023 年 12 月，作为对 OpenAI 的竞争响应，Google 发布了 Gemini——一个原生多模态模型，能够理解、操作和结合多种类型的信息，展示了 Google 在多模态 AI 领域的实力和创新。

OpenAI 的 ChatGPT 和 Google 的 Gemini 之间的竞争，体现了 AI 领域两个领先机构在大型语言模型和多模态 AI 技术上的较量。这场竞争不仅关乎技术的先进性，也关系到 AI 未来应用、商业模式及其社会影响力。这些进展展示了 AI 技术的快速发展，同时预示着未来 AI 将在更多领域发挥关键作用，为人类社会带来深远影响。

3.2 区块链技术

区块链技术是一种变革性的分布式账本技术（Distributed Ledger Technology，DLT），其以独特的优势在数据完整性、透明性和去中心化方面独树一帜。通过利用加密学原理和共识机制，区块链创新性地建立了一个数据不可篡改、去中心化存储和高度透明的可信网络。其核心在于确保所有参与者对账本内容的一致共识，从而消除了单点故障和篡改风险。

区块链技术不仅推动了数字经济的发展，还强化了互联网的信任机制，正在不断引领新一轮科技革命和产业变革。其应用已然超越最初的加密货币范畴，成为多个行业中不可忽视的创新引擎和变革力量。

3.2.1 区块链起源

2008 年 11 月 1 日，化名为中本聪（Satoshi Nakamoto）的人提出了区块链技术。最初设计用于支持比特币（Bitcoin）这一数字货币，现已发展成为具有广泛应用前景的尖端技术。区块链是一种分布式数据库，或称为去中心化的数字账本，通过在网络中的多个节点分布式存储数据，以确保数据的安全性、透明性和不可篡改性。

区块链技术被视为对密码学原理和共识机制的创新性应用。以下是区块链技术的几个关键方面。

1. 分布式账本技术（DLT）

与传统的中心化数据库相比，区块链是一种特殊形式的分布式账本技术（DLT），采用去中心化的网络结构。通过在网络中的每个参与节点上复制并分布存储数据，区块链确保了数据的一致性和持久性。每个节点拥有账本的完整副本，任何在账本上的更新都需要网络中大多数节点的验证和同意。这种结构提升了系统的容错能力和抗攻击性，提高了数据的安全性和防篡改性。即便部分节点遭到攻击或发生故障，整个系统仍能保持正常运行和数据完整性。

2. 加密学原理

区块链技术使用了一系列加密学原理来确保数据的安全性和完整性。区块链实质上是一个按时间顺序排列的数据块链，每个区块包含一定数量的交易记录。区块内的数据通过加密散列函数（如 SHA-256）生成一个固定长度的散列值，这个散列值具有唯一性和难以逆向推导的特性。每个新生成的区块不仅包含当前区块数据的散列值，还包含前一个区块的散列值，这种链式结构确保了整个区块链数据的不可篡改性。此外，区块链使用非对称加密技术来实现安全的交易签名，确保交易发起者身份的真实性和不可否认性。

3. 共识机制

在去中心化环境中实现数据的一致性，区块链依靠共识机制。这是区块链网络中实现节点间一致性的关键技术，是一种在分布式系统中实现多方一致决定的算法。最著名的共识机制包括工作量证明（Proof of Work，PoW）和权益证明（Proof of Stake，PoS）。PoW 要求节点通过解决复杂的数学问题证明其投入的计算工作，并以此获得创建新区块的权利。比特币采用 PoW 机制，保证了网络的安全和数据的不可篡改性，但也带来了高能耗的问题。相较之下，PoS 机制根据节点持有的货币数量和持有时间选择创建区块的节点，降低了能源消耗并提高了网络的可扩展性。

4. 智能合约

智能合约的概念最早由 Nick Szabo 在 20 世纪 90 年代提出，旨在通过数字化合约条款来促进、验证或执行合同的谈判或履行。智能合约是自动执行的程序，其逻辑被编写在区块链上，当满足预设条件时自动执行合约条款。智能合约的不可篡改性和自动执行特性，为自动化执行合同、减少中介成本提供了可能。智能合约的应用广泛，涵盖金融服务、供应链管理、版权管理等领域。

总之，区块链技术以其独特的去中心化特性、数据不可篡改性、透明性和智能合约优势，正推动全球多个行业向更加开放、透明和高效的方向发展。随着技术不断成熟和应用场景的不断拓展，区块链有望成为数字经济发展的重要基础设施之一，正在逐步重塑传统行业的运作方式，推动新一轮技术革命和产业变革。

3.2.2　神秘缔造者：中本聪

中本聪，这个充满神秘色彩的名字，无论代表的是一个人还是一个团队，自始至终都包裹在无数谜团之中。作为区块链技术的奠基人、比特币的发明者及创世区块的缔造者，中本聪的身份引发了无数讨论，而这一神秘性也确立了其传奇地位。

2008 年 11 月 1 日，中本聪发布了题为"比特币：一种点对点的电子现金系统"的论文，这篇论文首次系统地介绍了比特币的构想，并揭开了以比特币及其背后的区块链技术为核心的新时代的序幕。2009 年 1 月 3 日，中本聪挖掘了比特币网络的第一个区块，即创世区块，标志着比特币网络的正式启动。紧接着在同年 1 月 9 日，中本聪发布了比特币软件的 0.1 版本，拉开了比特币及区块链技术时代的序幕。

作为比特币的创始人及首位"矿工"，中本聪的真实身份一直是区块链领域的谜团之一。围绕中本聪的传说，塑造了一个兼具经济学、数学、密码学和顶尖计算机技能的多面天才形象。尽管诸多猜测与传说不断，中本聪的真面目至今依然未知。据公开资料，中本聪在 P2P 基金会论坛上的个人信息声称其为 1975 年 4 月 5 日出生的日本男性，但我们对这位数字货币领域的先锋所知甚少。唯一可确认的是，据估计他持有近 100 万枚比特币，这无疑让他成为一个传奇。

中本聪在个人隐私保护与身份匿名方面展现了极高的技巧和深谋远虑。2008 年 8 月 18 日，他注册了 bitcoin.org 域名，并同时注册了 bitcoin.net 以预防潜在的干扰。在选择域名注册商时，他特意选择了一家提供匿名注册服务的公司，以确保个人信息不被公开或被政府机构查询。此外，利用 TOR 浏览器进行通信，使用 PGP 加密和 TOR 网络来保障通信安全和隐私，并通过多种策略来迷惑追踪者，进一步提升了其身份追查的难度。

尽管全球众多研究者和情报人员都试图揭开中本聪的真实身份，但这一身份至今仍未被揭示。中本聪精心设计的匿名策略和高超的隐秘手段，使其成为数字货币历史上一个持久的谜团，展示了他在数字隐私保护方面的非凡技艺。无论中本聪的身份如何，他对现代金融体系和技术革新的贡献是毋庸置疑的。

中本聪开启了加密货币和区块链技术的新纪元，对现代金融体系和互联网技术产生了深远的影响。尽管中本聪的真实身份依然是一个谜，但他留下的技术遗产及对去中心化理念的推动，持续在全球范围内激发着技术革新和金融领域的改革。通过提出区块链技术并展示其去中心化、不可篡改和透明性的特点，中本聪为数据安全、金融交易、供应链管理和智能合约等多个领域提供了创新解决方案。这些技术的应用前景不仅限于金融领域，还扩展至医疗健康、版权保护、身份验证等关键社会领域，预示着一场跨行业的技术革命。

然而，比特币和区块链技术的出现，虽在金融和技术领域带来了革命性的变化，也为一些网络犯罪活动，如勒索病毒（Ransomware）和挖矿病毒（Cryptojacking）提供了便利条件。勒索病毒通过加密用户文件并要求支付赎金（通常以比特币形式支付）来解锁文件。比特币的匿名性和全球可接受性使得勒索病毒的攻击者更难被追踪和起诉。这种匿名性鼓励了更多的网络犯罪，因为攻击者认为他们可以逃避法律制裁。

挖矿病毒利用受害者的计算资源（如 CPU 或 GPU）进行加密货币的挖掘。这种恶意软件通常在用户不知情的情况下运行，可能导致其设备性能下降、过热甚至损坏。与勒索病毒相似，加密货币的匿名性和全球性也为此类攻击提供了便利。

尽管这些挑战存在，中本聪的贡献依旧不可否认。中本聪的贡献远超比特币和区块链技术本身，他为我们描绘了一个更加开放、透明、公平的数字化未来的愿景。随着技术的不断进步和应用的深化，我们有充分的理由相信，区块链技术将持续推动社会进步，彻底重塑我们的经济和社会结构。

3.3　云计算技术

云计算的核心理念是将计算资源的获取方式转变为公共服务的形式，就像我们使用水、电、煤气和电话服务一样。这一模式解放了用户，使其不再需要花费大量时间和成本来采购和维护传统的计算机硬件和软件系统。在云计算架构下，用户只需通过网络浏览器向云端发送请求并接收处理结果，所有的计算任务、数据存储和应用程序的运行均由云服务提供商的强大基础设施所承载。

这一理念的推广和实施，极大地推动了全球数字化转型的进程。云计算不仅为各行业提供了前所未有的计算资源灵活性，还为企业与个人用户赋予了无限的创新潜力。从成本节约到敏捷开发，再到数据驱动的创新，云计算正以前所未有的方式重塑现代商业和技术环境，成为推动新一轮科技革命和产业变革的核心驱动力。

3.3.1　云淡风轻

云计算的发展逻辑深植于其核心——虚拟化技术的演进。要深入理解云计算的历史及其未来发展趋势，关键在于掌握虚拟化技术的历史发展轨迹。

1959 年 6 月，牛津大学计算机科学教授克里斯托弗·斯特雷奇（Christopher Strachey）在国际信息处理大会（International Conference on Information Processing）上提交了一篇划时代的学术报告，题为 Time Sharing in Large Fast Computers（大型高速计算机中的时间共享）。该报告首次明确提出"虚拟化"这一基本概念，并对虚拟化技术进行了系统的阐述。斯特雷奇的这篇报告被广泛认为是虚拟化研究领域的开山之作，标志着虚拟化技术研究的正式起步。

1961 年，麻省理工学院的费尔南多·科尔巴托（Fernando Corbato）教授领导的团队开启了 CTSS（Compatible Time Sharing System，兼容性分时系统）项目的研发工作，得到了 IBM 的硬件支持与工程技术支援。分时系统构成了硬件虚拟化技术的基础架构，而 CTSS 项目为 IBM 后续开发的 TSS（Time Sharing System，分时系统）提供了重要的技术预研基础。

1962 年，世界上第一台具备虚拟内存概念的超级计算机 Atlas 1 问世。Atlas 1 采用了一种称为一级存储（one-level store）的技术，实现了虚拟内存的功能，这标志着计算机资源管理与优化技术的重大进步。此外，Atlas 1 还引入了名为 Supervisor 的底层资源管理组件，这是首次在计算机系统中实现对硬件资源（如中央处理单元时间分配）进行高效管理的技术。这些创新不仅推动了虚拟化技术的发展，也为后续云计算技术的演进奠定了基础。

分时操作系统的核心特性是支持多用户交互，其基本原理在于将中央处理单元（CPU）的运行时间划分为若干极短的时间段，如每个时间段为 0.01s。在这种机制下，每个时间段轮流执行不同的任务。通过这种时间片的循环调度，系统能够将单个 CPU 虚拟化为多个虚拟 CPU（vCPU），使得每个 vCPU 在逻辑上似乎是在并行运行。这种技术实现了多用户同时共享单一计算机资源及多个程序分时共享硬件和软件资源的目标。因此，TSS 被视为一种最初级的虚拟化技术形式。

虚拟化技术的早期应用和发展主要是为了满足大型计算机系统对分时操作的需求。通过在硬件层面创建多个能够独立运行操作系统的虚拟机实例，解决了大型计算机系统原本只能进行单任务处理而无法实现分时多任务处理的问题。由于这种虚拟化技术是直接基于硬件实现的，因此被称作硬件虚拟化（Hardware Virtualization）。

20 世纪 60—80 年代，虚拟化技术的应用为大型计算机（Mainframes）和中型计算机（Minicomputers）带来了前所未有的发展和成功。这一时期，虚拟化技术主要局限于这两类计算平台上，而在 x86 架构平台上的发展则相对缓慢。这种现象在当时是可以理解的，考虑到 x86 平台的处理能力限制，即使是运行一两个应用程序也可能会遇到性能瓶颈，更不用说为多个虚拟应用分配资源了。

随着时间的推移，x86 架构因其成本效益高、兼容性好等优势逐渐流行起来。这导致了在新兴的服务器市场中，原本占据主导地位的大型计算机和中型计算机开始逐步失去竞争力。x86 平台的普及不仅改变了计算机硬件的市场格局，也为虚拟化技术在 x86 架构上的进一步发展奠定了基础，最终使得虚拟化技术在各种计算平台上广泛应用，包括 x86 架构的服务器。

2006 年 8 月 9 日，在搜索引擎战略大会上，Google 的首席执行官埃里克·施密特（Eric Schmidt）首次向公众介绍了"云计算"（Cloud Computing）这一概念。同年，亚马逊云服务（AWS）推出了其基础设施即服务（IaaS）平台，标志着商业云计算服务的开端。尽管"云计算"这一术语在 2006 年首次被提出，但云计算作为一个行业的全面爆发和普及在 2008 年才真正实现。在这一年，包括阿里云在内的多个云计算服务提供商开始筹备和运营，标志着中国云计算市场的正式起步和快速发展。

通过对虚拟化技术发展历程的深入理解，我们可以更好地把握云计算的未来发展方向。虚拟化技术的演进不仅奠定了现代云计算的技术基础，也为未来的技术创新提供了广阔的空间。随着虚拟化技术的不断成熟和应用场景的不断拓展，云计算将继续在全球范围内推动数字化转型，成为新时代技术革新的核心驱动力。

3.3.2 云深不知处

云计算是一种革命性的服务模式，具备按需获取计算资源（如服务器、存储、数据库、网络、软件、分析工具等）的能力，用户通过互联网即可轻松访问。这种灵活的服务模式使企业能够避免巨额的初始资本投入（用于采购各种硬件和软件），并能够根据业务需求快速扩展或收缩资源，从而实现更高效的运营。

云计算服务主要有三个模型。

（1）基础设施即服务（IaaS）。提供虚拟化的计算资源，使用户可以通过互联网访问虚拟服务器和存储资源。例如，Amazon Web Services (AWS) 的 EC2、Google Cloud Platform (GCP) 的 Compute Engine 和 Microsoft Azure 的 Virtual Machines，均属于此类服务。IaaS 解决了企业在硬件和基础设施方面的需求，提供了高度的灵活性和可扩展性。

（2）平台即服务（PaaS）。不仅提供硬件和操作系统，还提供应用程序开发和部署环境。这使开发者可以专注于软件开发，而不需要管理底层基础设施。例如，Heroku、Google App Engine 和 Azure App Services。PaaS 使得软件开发流程更加简化和高效，促进了快速原型开发和部署。

（3）软件即服务（SaaS）。通过互联网提供应用程序服务，用户不需要安装任何软件，即可通过浏览器直接访问应用程序。例如，Google Workspace、Microsoft Office 365 和 Salesforce。SaaS 将复杂的应用程序管理和维护工作简化为服务模式，使用户能够专注于核心业务。

云计算的部署模式可以分为三种。

（1）公有云。资源由第三方云服务提供商拥有并运营，所有客户共享这些资源。这种模式通常具有高度的经济性和可伸缩性。

（2）私有云。云基础设施专门用于单个组织，可以在组织内部或由第三方托管。私有云提供了更高的安全性和控制，适合有特定合规性和安全需求的企业。

（3）混合云。结合了公有云和私有云的特点，允许数据和应用程序在两者之间移动，为企业提供更大的灵活性和更多的部署选项。混合云在成本效益和资源优化方面提供了最佳平衡。

云计算的本质是一种整合和优化现有计算机技术（如分布式计算、效用计算、负载均衡、并行计算、网络存储、热备份冗余和虚拟化等）的新概念。虚拟化技术是实现云计算的基础，通过对 IT 资源的高度抽象和高效利用，推动了云计算的广泛应用。

　　然而，云计算不仅仅是一项技术革新，更是一种新的商业模式，极大地推动了全球经济的发展。随着技术的不断进步和应用场景的不断扩展，云计算将继续引领技术革命，塑造我们的未来，从而在各个行业中释放出前所未有的潜力。云计算的未来充满无限可能，其深远影响将继续扩展，为企业创新和整体经济增长提供源源不断的动力。

演 化 篇

　　宇宙浩瀚无边，星河灿烂辉煌。头顶的星空总是会引发人们对其起源、结构、发展及未来的无尽探索。星系自转问题和引力透镜效应的研究，揭示了暗物质在浩瀚宇宙中的存在。同样，在网络空间这个人造的多维数字虚拟空间中，各类实体相互交织互动，很多实体能够被识别、检测和溯源。然而，作为数字顽疾的计算机病毒，其演化与嬗变之路依然迷雾重重，宛如网络空间中的"暗物质"。

第 4 章 数字顽疾：计算机病毒

计算机病毒的诞生和演化是多种动因共同作用的结果。网络连通性测试为病毒技术提供了实验基础，而人类的好奇心、社会工程学策略及地缘政治则加速了病毒的传播和影响。这些因素的交织与相互作用，使得计算机病毒成为持续威胁信息安全的数字顽疾。随着网络技术和人机交互方式的不断演进，计算机病毒的攻击形式和防御策略也将不断更新和变化。这种攻防对峙的动态演化，使得网络安全成为一个永无止境的挑战。

4.1 计算机病毒定义

计算机病毒与生物病毒之间存在着一定的关系。从时间上看，生物病毒早于计算机病毒出现。生物病毒，是一种独特的传染物质，能够利用宿主细胞的营养物质，自主地复制病毒自身的 DNA 或 RNA 及蛋白质等生命组成物质，这是狭义的生物病毒定义。而广义的生物病毒，则指可以在生物体间传播并感染生物体的微小生物，包括拟病毒、类病毒和病毒粒子等。

在计算机病毒出现之前，"病毒"是一个纯生物学的概念，是自然界普遍存在的一种生命现象。借鉴生物病毒的自我复制与遗传特性，计算机病毒之父 Fred Cohen 给出的计算机病毒定义如下：

计算机病毒，是一种计算机程序，它通过修改其他程序把它自己的一个代码或其演化的代码插入其他程序中，从而感染它们。

与生物病毒相似，关于计算机病毒的定义也有很多，主要分为狭义定义和广义定义。狭义的计算机病毒专指那些具有自我复制功能的计算机代码。例如，2011 年 1 月 8 日修订的《中华人民共和国计算机信息系统安全保护条例》第五章第二十八条对狭义计算机病毒的定义如下：

计算机病毒，是指编制或在计算机程序中插入的破坏计算机功能或毁坏数据，影响计算机使用，并能自我复制的一组计算机指令或程序代码。

广义的计算机病毒（又称恶意代码，Malicious Codes），则是指在未明确提示用户或未经用户许可的情况下，在用户计算机或其他终端上安装运行，对网络或系统会产生威胁或潜在威胁，侵犯用户合法权益的计算机代码。广义的计算机病毒涵盖诸多类型，主要包括计算机病毒（狭义的）、特洛伊木马、计算机蠕虫、后门、逻辑炸弹、Rootkit、僵尸网络、间谍软件、广告软件、勒索软件、挖矿软件等。

　　如非特别指明，本书所用的是计算机病毒的广义定义，泛指所有可对计算机系统造成威胁或潜在威胁的计算机代码。

4.2　计算机病毒起源

　　在网络空间中，计算机病毒如同数字顽疾，伴随着信息技术的发展而蔓延。从某种意义上说，只要有程序代码的地方，就可能存在计算机病毒的身影。计算机病毒是 IT 技术的伴生者。任何 IT 新技术都具有双面性，既能服务于大众，又可能被恶意利用，危害网络空间。因此，计算机病毒成为伴随 IT 技术发展的一道难以消除的黑色创痕和技术顽疾。

　　计算机病毒并非随着计算机的诞生而立即出现的。其起源、诞生与繁衍也遵循发展的规律。探究计算机病毒的前世与起源，不仅有助于了解其历史和演化脉络，也能揭示其中的底层逻辑。

　　计算机病毒起源大致分为四个版本：理论起源、游戏起源、科幻起源、实验起源。

4.2.1　理论起源

　　从时间轴的演化逻辑来看，先有计算机，后有计算机病毒。1945 年 6 月 30 日，冯·诺依曼（Von Neumann）与赫尔曼·戈德斯坦（Herman Goldstine）、亚瑟·伯克斯（Arthur Burks）等人，联名发表了一篇长达 101 页纸的报告 *First Draft of a Report on the EDVAC*（EDVAC 报告书的第一份草案），史称"101 页报告"。

　　该报告首次提出了"存储程序思想（Stored-Program Concept）"，描述了现代计算机逻辑结构的设计。这一报告明确规定了计算机应当使用二进制而非十进制进行运算，并将计算机结构划分为中央处理器、存储器、运算器、输入设备和输出设备五大组件，如图 1-4 所示。这份文献被认为是现代计算机科学发展史上的里程碑。由于冯·诺依曼在计算机逻辑结构设计上的卓越贡献，他被誉为"计算机之父"。

　　在提出现代计算机逻辑结构（存储程序结构）之后，冯·诺依曼于 1949 年发表了论文 *Theory and Organization of Complicated Automata*（复杂自动装置的理论及组织）。在这篇论文中，冯·诺依曼首次提出利用自我构建的自动机来模拟自然界的自我复制过程。他提出的系统由三部分组成：图灵机、构造器和保存于磁带上的信息。图灵机通过读取磁带上的信息，借助构造器来实现具体构建任务。如果磁带上存储着重建自身所必需的信息，该自动机就能够通过自我复制来重建自身。冯·诺依曼的自我复制自动机示意图如图 4-1 所示。

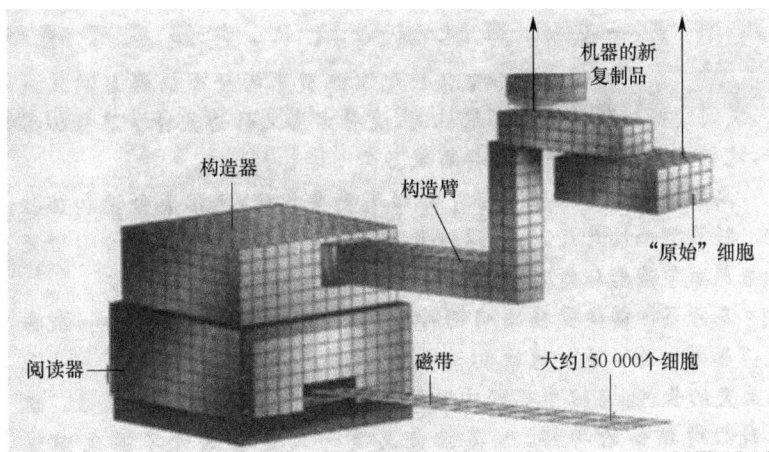

图 4-1　自我复制自动机

后来，在 Stanislaw Ulam 的建议下，冯·诺依曼使用细胞自动机的概念来描述自我复制机模型。他使用 200 000 个细胞构建了一个能够自我复制的结构。这一模型从数学上验证了自我复制的可能性，展示了无生命的规则分子可以组合成能够自我复制的结构，只要提供必要的信息，就能实现自我复制。这个模型给出了具有自我复制属性的计算机病毒出现的可能性，可以称其为计算机病毒的数理前世。

4.2.2　游戏起源

如果说冯·诺依曼从理论上勾勒出了计算机病毒，那么《磁芯大战》游戏的三位程序员则将这种自我复制性付诸实践。1966 年，美国 AT&T 贝尔实验室的三位年轻程序员——道格拉斯·麦基尔罗伊（Douglas McIlroy）、维克多·维索特斯克（Victor Vysottsky）和罗伯特·T·莫里斯（Robert T. Morris）——共同开发了名为"Darwin"（达尔文）的游戏程序。该程序最初在贝尔实验室的 PDP-1 计算机上运行，后来演变为《磁芯大战》游戏。

《磁芯大战》游戏的核心是在虚拟机中运行的汇编语言程序之间的较量。每个程序通过不断移动自身来避免被其他程序攻击，或者在遭受攻击后自动修复并试图破坏其他程序，生存到最后的即为胜者。由于这些程序在计算机的存储芯片上运行，所以命名"磁芯大战"，如图 4-2 所示。

《磁芯大战》游戏通过实际的汇编代码实现了程序的自我复制和互相攻击。尽管该游戏最初设计的目的是消磨时间并满足程序员的好胜心，但它却真实地展示了计算机病毒的两个关键特性：自我复制和系统破坏，同时深化了对自我复制程序及其潜在威胁的理解。程序员们通过不断优化"战斗策略"，逐渐揭示了信息战争的本质，这为后来计算机病毒的实际发展奠定了重要基础。从这个意义上说，《磁芯大战》可以被视为计算机病毒的游戏前世。

图 4-2 《磁芯大战》游戏

4.2.3 科幻起源

科幻小说世界中的概念往往成为启发现实应用的思维先导。1975 年，美国科普作家约翰·布鲁勒尔（John Brunner）出版的科幻小说 *Shock Wave Rider*（震荡波骑士），讲述了男主角在网络社会中利用蠕虫程序改写自己的身份，从而逃避惩罚的故事。这本书精准地预言了如今的大规模网络、黑客活动、基因工程及计算机病毒等概念和事物。

1977 年，美国科普作家托马斯·捷·瑞安（Thomas J. Ryan）出版了科幻小说 *The Adolescence of P-1*《P-1 的春天》，成为美国的畅销书，如图 4-3 所示。在这部小说中，作者构想了一种能够自我复制、通过信息通道传播的计算机程序，并称之为计算机病毒。书中的计算机病毒最终控制了 7000 台计算机，并引发了一场空前的灾难。

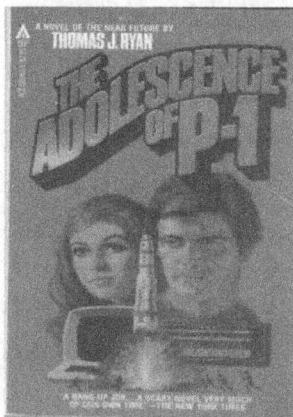

图 4-3 科幻小说《P-1 的春天》

尽管该"计算机病毒"只是科幻小说中的事物，但或许就是它启发了程序员开发现实中类似的程序，可视为计算机病毒的科幻前世。事实表明，科幻小说世界中的东西一旦成为现实，将极有可能成为人类的噩梦。计算机病毒的诞生及其发展史真实地见证并诠释了这个观点。

4.2.4 实验起源

计算机及编程语言诞生之后，经历了数理模型、游戏实验、科幻小说等发展阶段，计算机病毒的概念逐渐形成，并由此进入萌芽期。

1983 年 11 月 3 日，美国南加利福尼亚大学的研究生弗雷德·科恩（Fred Cohen）在 UNIX 系统下编写了一个能够自我复制，并引起系统崩溃，同时能够在计算机之间传播的程序。科恩通过论文 *Computer Virus—Theory and Experiments* 来宣示和证明其理论，引起了巨大关注。弗雷德·科恩编写的这段程序首次揭示了计算机病毒的破坏性。

在其导师伦·艾德曼（Len Adleman）的建议下，科恩将这种程序命名为 Computer Virus（计算机病毒），并提出了第一个学术性的、非形式化定义：计算机病毒是一种计算机程序，通过修改其他程序将自身的一个代码或其演化的代码插入其他程序中，从而感染它们。同时，他还提出了著名的科恩范式：不存在能检测所有计算机病毒的方法。这一发现使得安全研究者放弃了寻找"安全永动机"的想法，转而进行工程对抗的反病毒研究。由于这一贡献，弗雷德·科恩被誉为"计算机病毒之父"。

弗雷德·科恩提出"计算机病毒"概念时，正值计算机技术快速发展的时期。在硬件方面，Intel 公司不断推出新产品，相继发布了 Intel 80286 和 Intel 80386 等内核处理器；在软件方面，Microsoft 公司发布了 MS-DOS 操作系统；此外，IBM 公司推出了集成 Intel 芯片和 MS-DOS 系统的 IBM PC 机，极大地推动了计算机技术的发展和普及。计算机病毒从理论研究到实验验证的过程，见证了这一时期的技术进步，并通过适应当时流行的 MS-DOS 操作系统，实现了从概念到具备实际破坏力的演化。

1986 年，首例真正意义上的计算机病毒——Brain 病毒（又称巴基斯坦兄弟病毒）诞生，由巴基斯坦的巴斯特（Basit）和阿姆贾德（Amjad）兄弟编写。兄弟俩经营着一家售卖 IBM-PC 机及其兼容机的小公司。为了提高公司业务，他们开发了一些程序作为赠品。不料，这些程序很受欢迎，被广泛盗版使用。为了防止非法复制并追踪盗版行为，兄弟俩设计了一个附加在程序上的"小程序"，这个"小程序"通过软盘传播，仅在非法复制软件时发作，占用非法复制者硬盘的剩余空间。该"小程序"属于引导区病毒，是 DOS 时代的首例计算机病毒，也是第一例隐匿型病毒，被感染的计算机不会呈现明显症状。

Brain 病毒的问世打开了潘多拉盒子。随着 MS-DOS 操作系统的普及，研究者对其进行了深入细致剖析，逐步解开了 DOS 系统的运作机理和功能调用机制。MS-DOS 操作系统为计算机病毒的发展提供了全方位的生态平台——计算生态系统。遵循"物竞天择，适者生存"的原则，计算机病毒开始自我发展和进化，朝着多样化、隐蔽性、反检测能力及对抗反病毒措施的方向不断演变。这一阶段的演化，标志着计算机病毒从萌芽阶段走向成熟，其复杂性和破坏力也在不断提升，为计算机安全领域带来了长久的挑战。

4.3　计算机病毒特性

计算机病毒不会来源于突发或偶然事件。例如，一次突然停电或偶然错误，可能会在计算机磁盘或内存中产生一些乱码或随机指令，但这些代码是无序和混乱的，从概率上来讲，这些随机代码是不可能成为计算机病毒的。计算机病毒是人为编写的、遵循相关程序设计模式的、逻辑严谨的、能充分利用系统资源的计算机程序代码。计算机病毒在运行后通常会对计算机系统或数据产生破坏性，且具有传播、隐蔽、潜伏、干扰等特性。计算机病毒主要特性有繁殖性、破坏性、传染性、潜伏性、可触发性、衍生性、不可预见性等，如图 4-4 所示。

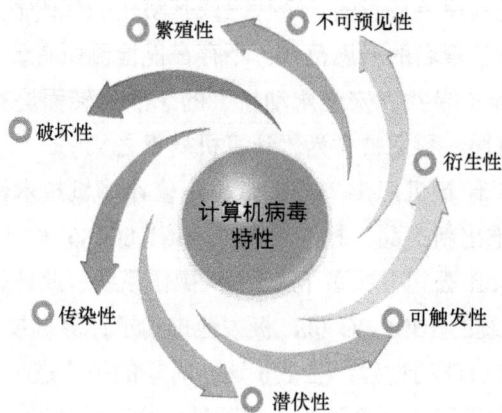

图 4-4　计算机病毒主要特性

4.3.1　繁殖性

繁殖（或称生殖）是自然界中生物的本能，也是生物延续种族和生命的核心机制。繁殖是生物通过产生新的个体以延续种族的过程，即通过基因传递和遗传信息的复制，实现生命的延续和物种的进化。事实上，自然界中的每一个现存个体都是其父辈繁殖的结果。生物病毒的繁殖性显而易见，COVID-19 新冠病毒的全球大流行即是其强大繁殖能力的明证。

尽管计算机病毒并非自然界的生物体，但它们可以被视为网络空间中的一种"人工生命体"。为了扩展感染范围并产生显著影响，计算机病毒模仿生物病毒，也具备繁殖性，即通过自我复制来进行大量繁殖。因此，繁殖性成为判断某段程序是否为计算机病毒的重要条件之一。

　　计算机病毒的繁殖性是其持续演化和发展的基础。通过不断复制自身，计算机病毒能够产生大量"子代"，增加其感染的数量和范围。这不仅有助于计算机病毒在网络空间中的扩散和生存，还能通过不同环境下的自我复制和变异，产生新的病毒变种，增强其躲避反病毒软件检测的能力，同时提高其破坏性。因此，计算机病毒的繁殖性，如同生物界中的繁殖行为一样，推动着计算机病毒家族的不断进化和繁盛。

　　计算机病毒的繁殖性是其生存和扩散的核心策略之一。自第一代病毒诞生以来，计算机病毒通过多种技术手段提升其繁殖效率，包括但不限于文件感染、引导扇区感染、宏病毒和网络传播等方式。每一次的复制和传播，不仅使病毒得以生存和扩散，也增加了其变异的机会，从而可能获得更强的隐匿性和破坏性。通过这一演化过程，计算机病毒在网络生态系统中不断适应，并对抗越来越复杂的网络安全防护措施。

　　综上所述，繁殖性不仅是判断计算机病毒的重要特征，更是其在网络空间中生存和发展的根本动力。理解了计算机病毒的繁殖性，才能更有效地设计对抗策略，提高网络防护的整体水平，保障信息安全。

4.3.2　破坏性

　　任何事物的出现都有其特定的目的，计算机病毒也不例外。计算机病毒的破坏性可以被视为其本质特征之一，体现了其独特的目的性和背后编程者的意图。计算机病毒的设计和实施，往往是为了达到某种特定的效果或目标，这些目标通过病毒的破坏性行为得以体现。

　　计算机病毒在成功入侵目标系统后，通常会表现出不同程度的破坏性。这种破坏性可以有多种形式和层次。有些计算机病毒的存在仅仅是为了展示编程者的高超技术水平，虽然具有炫耀性，但实际上并不造成实质性的破坏。然而，这并不意味着它们无害，因为这些病毒同样可能导致系统的不稳定或具有其他潜在风险。

　　另一些计算机病毒则会占用大量系统资源，导致系统负荷超载。在这种情况下，计算机会变得极其缓慢，用户体验感严重受损，甚至可能导致系统崩溃，造成数据丢失和工作中断。这类病毒通过消耗计算资源来实现其破坏性目标，直接影响系统的正常运行。

　　还有一些计算机病毒所占用的系统资源极少，但其破坏性却更加隐蔽和严重。这些病毒利用系统的碎片时间悄无声息地运行，窃取敏感数据，如个人隐私信息、财务数据或知识产权。这类病毒的破坏性在于其对数据安全和隐私的威胁，可能导致严重的经济损失和法律纠纷。

　　计算机病毒的破坏性不仅体现在对系统资源的直接消耗和数据的窃取上，还可能通过其他方式对系统和用户造成危害。例如，一些病毒会修改系统文件或设置，导致系统无法正常启动或运行；还有一些病毒会通过网络传播，感染更多的计算机，形成大规模的网络攻击，甚至使整个网络基础设施瘫痪。由于计算机病毒的破坏性反映了编程者的意图和目标，正确理解计算机病毒的破坏性，有助于更有效地防范和应对这些威胁，提高系统的安全性和稳定性。

4.3.3 传染性

计算机病毒不仅具有繁殖性，还具备与之密切相关的传染性。类似于生物病毒在适当条件下进行大量繁殖并扩散至其他宿主体内，计算机病毒在自我复制或产生变种后，通常会通过各种策略将其复制体扩散到更多的计算机系统。从这一角度看，传染性和繁殖性一样，都是计算机病毒的基本特性，也是判断某段程序是否为计算机病毒的重要条件之一。

计算机病毒的传染性一般依赖于特定的传输介质，如软盘、硬盘、移动硬盘及计算机网络等。这些介质提供了病毒从一个系统传播到另一个系统的途径。例如，早期的计算机病毒常通过感染软盘和硬盘传染至其他计算机，而现代病毒更多地依赖于网络，利用电子邮件、文件共享、网页漏洞等方式进行传播。网络环境的普及和复杂化也使得病毒的传染性更为多样化和隐蔽化。

传染性的实现是通过计算机病毒自身的恶意代码设计来完成的。在很多情况下，这些病毒会利用社会工程学方法欺骗用户点击恶意链接或下载恶意附件，从而使病毒进入用户系统。一旦进入系统，病毒会迅速复制自身并尝试侵入网络中的其他设备，从而感染更多系统，形成大规模的病毒传播。

计算机病毒的传染性不仅仅是病毒扩大感染范围的手段，更是其持续演化和增强生存能力的基础。一些高级病毒甚至具备自适应能力，能根据目标系统的不同环境进行调整，从而提高其成功感染的概率。传染性的存在使得计算机病毒能够在广泛的计算机生态系统中生存并持续对抗反病毒技术。

4.3.4 潜伏性

计算机病毒具有潜伏性，这一特征使其能够在初次感染目标系统后暂时保持低调，以逃避反病毒软件的检测和查杀。类似于生物界中的伪装、拟态和保护色等自我保护机制，计算机病毒的潜伏性旨在避免引起用户或反病毒软件的注意，从而更有效地确保自身存活。

通常，潜伏性的计算机病毒在感染系统后不会立即表现出任何破坏性的行为，而是选择在系统中隐藏一段时间。这种策略有助于病毒度过初期的高风险期，让其能在系统中安静地存在并等待触发。当这些预设条件被满足后，如特定的时间、用户行为或系统状态，潜伏的病毒会立即被激活，开始进行自我复制、扩散并执行其恶意行为。

潜伏性的设计不仅可以提高病毒的生存率，还能扩大其感染范围并增加其破坏力。例如，一些高级持续性威胁（APT）攻击中的病毒会潜伏在系统中数周甚至数月，搜集情报、分析系统环境，并选择最佳的时机进行攻击。这种长期隐蔽的能力使得病毒能够更深入地渗透目标系统，取得更大的破坏效果。

从适者生存的角度来看，计算机病毒的潜伏性表现出其对外部环境的高度适应性。通过长时间的演变和多次更新，潜伏性病毒不断优化其隐蔽技术和触发机制，以逃避安全防护措施的监测。这一特性不仅是计算机病毒自我保护和繁衍的一种进化策略，也是其在复杂而多变的网络环境中延续生命的一种重要手段。

4.3.5　可触发性

计算机病毒的可触发性本质上是一种条件控制机制，用以决定其感染和破坏行为的具体发作时间与频率。这些触发条件可以细分为多个类别，包括时间、日期、文件类型、特定的用户操作或系统数据等。当这些预设条件被某个事件或数值满足时，病毒便会被激活并开始执行其恶意行为。

时间和日期是常见的触发条件之一。例如，CIH 病毒（又称切尔诺贝利病毒）会在每月 26 日被触发，其破坏性操作包括覆盖硬盘引导扇区和同时破坏 BIOS。

此外，文件类型和特定操作也是常见的触发条件。例如，一些宏病毒会在用户打开特定类型的文件（如办公套件中的文档或电子表格）时被激活。而其他病毒可能会监视特定的用户行为或系统状态，如访问某些重要系统文件、连接到特定网络或插入某种类型的外部存储设备。当这些预设条件被满足时，病毒便会启动感染操作或执行其预设的破坏行为。

计算机病毒的触发机制通常内嵌在其代码中，当病毒完成初次感染并加载到系统内存时，它会不断地检查其设定的触发条件是否被满足。如果这些条件被满足，病毒即会启动一系列预定的恶意操作，如数据窃取、系统破坏或进一步传播。如果条件未被满足，病毒则会继续保持潜伏状态，以等待触发条件的出现。

这种条件控制机制不仅增加了病毒的隐蔽性和生存能力，还增强了其攻击的突袭性和精准度。利用预设的触发条件，病毒可以在最合适的时间点对系统进行最大程度的破坏和干扰，从而对目标系统造成更大的损害。

理解和研究计算机病毒的可触发性对于防范和应对病毒至关重要。通过分析和识别潜在的触发条件，就可以采取更加精准的预防和检测措施，如加强对关键时间点、文件类型和特定操作的监控，从而有效降低病毒被成功触发的可能性。同时，结合先进的行为分析技术，可以在病毒被触发前检测出其潜在威胁，及时进行干预和处理，确保信息系统的安全和运行的可靠性。

4.3.6　衍生性

在化学中，衍生是指母体化合物分子中的原子或原子团被其他原子或原子团所取代，形成不同于母体的新物质的过程。通过衍生过程生成的物质称为该母体化合物的衍生物。例如，卤代烃、醇、醛和羧酸等都可以被视为烃的衍生物，因为它们是通过取代烃分子中的氢原子（如卤素原子、羟基或氧基）而形成的。

同理，计算机病毒的衍生性是指由一种母体病毒演变为另一种病毒变种的特性。由于计算机病毒是利用特定的计算机语言进行编码的，因此在具有相关技术条件的情况下，多数计算机病毒可以通过逆向工程解析成可读的计算机程序源代码。通过对这些源代码的理解与修改，如增添或删除某些代码模块，可以衍生出新的计算机病毒。这种现象在脚本类病毒（如宏病毒）中特别常见。

此外，计算机病毒的多态性、代码混淆、加密及加壳等相关特性也可以被视为其衍生性的自然扩展和应用。例如，通过多态性技术，病毒每次复制或传播时都会更改其代码结构但功能不变，使其更加难以被传统的签名检测方法所识别。同样，代码混淆和加密技术增加了病毒代码的不可读性，进一步增强了其隐蔽性。加壳技术则通过给病毒代码添加额外的保护层，使之在检测和逆向工程过程中更加难以被发现和解析。

计算机病毒的衍生性不仅是病毒变种不断出现的基础，也是其复杂性和难以查杀性持续增加的根源。这种特性对网络安全提出了巨大的挑战，并且促使安全专家不断开发新的防御和检测技术。理解计算机病毒的衍生性有助于研究人员设计更有效的反病毒软件，识别并应对不断演化的新型威胁。

4.3.7 不可预见性

正如我们无法预测未来将会出现哪些生物病毒一样，同样也无法准确预见未来将会出现何种计算机病毒。计算机技术的多样性和不确定性，加上人类行为、意愿的复杂性和多样性，决定了计算机病毒的不可预见性。

计算机病毒的不可预见性为大多数安全软件所采用的反病毒技术带来了挑战。这使得反病毒技术往往滞后于实时演化的计算机病毒。计算机病毒的不可预见性不仅表现在其快速演化和多样变种上，还体现在新型攻击手段和复杂传播模式的不断出现方面。

计算机病毒技术的多样性源于其开发者的创新能力和不确定的动机。开发者可以利用新的编程语言、平台漏洞及社会工程学等手段制造出前所未有的病毒类型。此外，随着人工智能和机器学习等技术的发展，病毒开发者可能会利用这些先进技术设计更为复杂和难以检测的计算机病毒。

此外，不可预见性还有另一个重要层面，即计算机病毒开发和传播的策略与路径日益复杂。过去的病毒可能主要依赖文件感染或电子邮件传播，但现代病毒可能利用社交媒体、物联网设备，甚至区块链技术进行传播和隐蔽操作。这一演变使得传统的签名检测方法和行为分析技术面临巨大挑战。

为应对这种不可预见性，网络安全领域不断推进研究和开发新型防御技术。例如，机器学习和人工智能被广泛应用于威胁检测和预测，通过分析大量数据来识别潜在的异常活动和未知威胁。除此之外，基于行为的检测方法和主动防御策略也被提出，以提高对未知威胁的抵御能力。

4.4　计算机病毒类型

对事物进行分门别类和条分缕析是科学分析和研究的基本方法之一。分类法是一种系统认知事物的手段，通过对事物的性质、特点和用途等进行区分，将具备相同特征的事物聚集在一起，而将具有不同特征的事物分开。采用这种方法，可以有效地组织和分析复杂的信息。

在计算机病毒研究领域，由于病毒种类繁多，进行分类显得尤为重要。通过对计算机病毒进行科学、系统的分类，不仅能帮助研究人员更深入地识别和理解各种病毒的特点和传播机制，还能够为制定有效的防御措施提供理论依据。计算机病毒可依其属性进行分类，如图 4-5 所示。

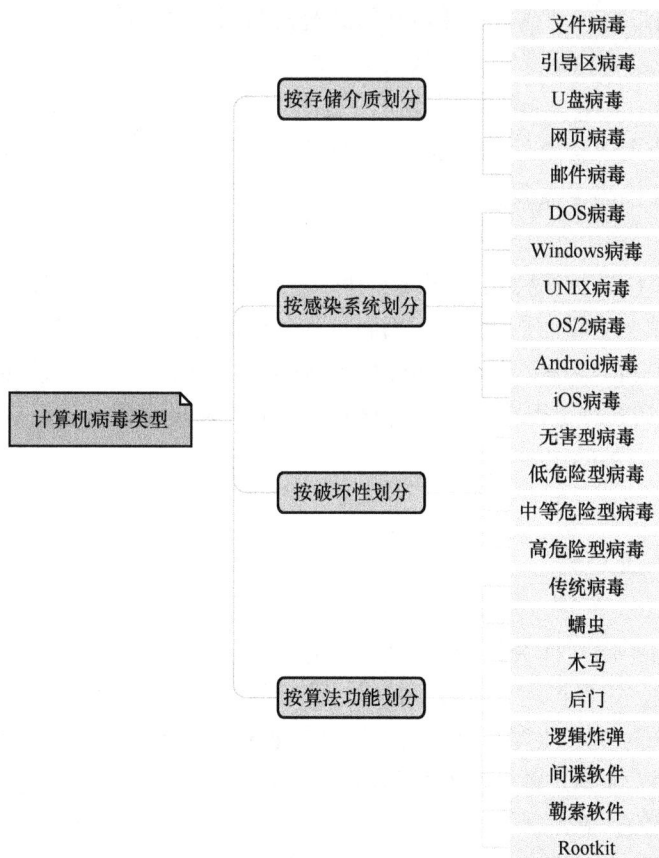

图 4-5　计算机病毒类型

4.4.1 按存储介质划分

按存储介质分类，计算机病毒可分为文件病毒、引导区病毒、U 盘病毒、网页病毒和邮件病毒。根据其依附的存储介质，不同类型的病毒具有其独特的传播和感染机制。

（1）文件病毒。文件病毒主要感染计算机系统中的可执行文件或数据文件，如 COM 文件、EXE 文件、DOC 文件和 PDF 文件等。这类病毒通过感染这些文件，当文件被加载执行时，病毒代码会随之启动并进行进一步的传播和感染。

（2）引导区病毒。引导区病毒通常存储在计算机系统的引导区（如主引导记录或分区引导记录）。它们通过修改系统的引导记录来实现感染，当计算机启动时，这些病毒能够首先启动自身代码，从而感染系统的其他部分。

（3）U 盘病毒。U 盘病毒寄生在 U 盘等外部存储设备中，通常利用 Windows 系统的自动播放功能实现自身启动和扩散。当用户将 U 盘插入计算机时，病毒自动执行并试图感染该计算机系统。

（4）网页病毒。网页病毒通过将恶意代码嵌入网页中进行感染。当用户访问被感染的网页时，这些病毒会自动执行（通常利用浏览器漏洞）并感染用户的计算机。有些网页病毒还会下载和安装其他恶意软件，从而进一步扩散。

（5）邮件病毒。邮件病毒通常作为电子邮件的附件发送，并利用社会工程学（如伪装成可信任的发件人或紧急信息）诱使用户打开附件或点击邮件中的链接。一旦用户执行这些操作，病毒代码便加载并感染用户系统。邮件病毒常借助电子邮件地址簿进行快速传播。

通过分析各类计算机病毒的存储介质和工作原理，安全专家可以针对此类威胁设计更有效的防御方案。例如，采用签名识别和行为分析双管齐下的方法来检测文件病毒；在系统启动时增强引导区的保护措施以防范引导区病毒；禁用或管理系统的自动播放功能以防止 U 盘病毒；加强浏览器安全性和用户警觉以应对网页病毒；使用高级邮件过滤和用户培训来减小邮件病毒的传播概率。

4.4.2 按感染系统划分

按感染系统的不同，计算机病毒可以分为多种类型。操作系统为计算机病毒提供了生存和繁衍的环境，病毒在这一环境中得以进化和扩散。根据其所感染的目标操作系统，计算机病毒主要分为以下几类：DOS 病毒、Windows 病毒、UNIX 病毒、OS/2 病毒、Android 病毒和 iOS 病毒。前四种类型的病毒主要针对计算机操作系统，后两种类型的病毒则针对智能终端操作系统。

（1）DOS 病毒。这些病毒在早期的 DOS 操作系统中非常常见，通过感染执行文件或引导区，影响系统的稳定性和文件的完整性。

（2）Windows 病毒。Windows 操作系统因其应用广泛，成为病毒的主要攻击目标。这类病毒种类繁多，包含蠕虫、木马、勒索软件等，能够通过多种方式进行传播和感染。

（3）UNIX 病毒。UNIX 操作系统因其在服务器和工作站中的应用广泛，成为一些高级恶意软件的目标。这类病毒通常利用系统漏洞或用户权限提升进行传播。

（4）OS/2 病毒。尽管 OS/2 操作系统相对使用较少，但仍存在专门针对其的病毒，通过感染系统文件或引导区，进行破坏和传播。

（5）Android 病毒。随着智能手机的普及，Android 操作系统成为病毒攻击的重要对象。Android 病毒常通过恶意应用程序、短信息和网络钓鱼链接进行传播。

（6）iOS 病毒。尽管 iOS 操作系统具有较高的安全性，但仍存在针对其的病毒。这类病毒一般利用系统漏洞或恶意配置文件进行感染，目标多为越狱设备。

可以预见，随着操作系统的不断更新和发展，计算机病毒也将不断进化以适应新的生存环境。新型操作系统和平台的出现，必然会带来新的病毒类型和感染手段。因此，网络安全领域需要不断更新防御策略，以提升操作系统和应用程序的安全性。

4.4.3　按破坏性划分

按照破坏性的不同，计算机病毒可以分为无害型病毒、低危险型病毒、中等危险型病毒和高危险型病毒。这些病毒对计算机系统造成的影响和破坏程度各异，从占用少量系统资源到引发灾难性后果。

（1）无害型病毒。这类病毒对目标系统的影响非常有限，主要表现为占用少量系统资源（如 CPU 时间、内存空间、磁盘空间和网络带宽）。除轻微消耗这些资源之外，这类病毒通常不会对系统运行和数据完整性造成实际危害。

（2）低危险型病毒。此类病毒不但会占用系统资源，还可能在用户界面上显示图像、动画或发出特定声音，以引起用户注意。这些行为虽然对系统的直接影响较小，但会对用户体验感产生一定的影响。

（3）中等危险型病毒。中等危险病毒对系统的影响较为严重。这些病毒可能通过修改或破坏系统文件，导致出现频繁的系统错误和不稳定现象。此类病毒还可能试图中断或影响正常的计算机任务，导致系统性能显著下降。

（4）高危险型病毒。高危险病毒会对系统造成极其严重甚至是灾难性的破坏。这些病毒可能会删除或破坏程序和数据，清除系统内存区及操作系统中的关键信息。更恶劣的是，高危险型病毒还可能窃取用户敏感数据，或者通过加密勒索软件对用户数据进行加密，要求支付赎金才能恢复访问。此外，这些病毒可能包含后门程序，允许攻击者远程访问和控制受感染的系统。

通过区分病毒的破坏性等级，能够更加有效地评估和应对安全威胁。对无害型和低危险型病毒，可以应用基础的防病毒措施，确保系统资源的正常使用和用户操作的流畅性。针对中等危险和高危险型病毒，则需要加强系统的安全防护，包括及时更新和修补系统漏洞、启用强大的防病毒和反恶意软件工具，并采用数据备份和恢复策略，以应对可能的灾难性事件。

4.4.4　按算法功能划分

按算法功能的不同，计算机病毒可分为传统病毒、蠕虫、木马、后门、逻辑炸弹、间谍软件、勒索软件和 Rootkit。这些病毒各自通过特定的方法和技术对计算机系统发动攻击。

（1）传统病毒（Virus）。传统病毒专指那些依附或嵌入其他可执行文件中的恶意程序。这类病毒在宿主文件被执行时激活，感染更多的文件。通常通过用户操作、磁盘交换、网络文件传输等途径扩散。

（2）蠕虫（Worm）。蠕虫是一种能够通过网络和其他传输介质自我复制的病毒。它利用系统漏洞、电子邮件、共享文件夹、即时通信软件和可移动存储介质进行传播。蠕虫通常不需要用户干预就能感染其他系统，并可能占用大量的网络带宽和系统资源。

（3）木马（Trojan Horse）。木马在用户不知情或未授权的情况下，感染系统并进行隐蔽操作。木马通常伪装成合法软件或有用工具，诱骗用户下载和运行。一旦被激活，它可以执行各种恶意操作，如窃取信息、安装其他恶意软件等。

（4）后门（Backdoor）。后门是一种允许攻击者远程访问受感染系统的恶意软件，通常视为木马的一种。后门在未经授权的情况下，绕过系统的安全机制，为攻击者提供进入系统的隐蔽途径。

（5）逻辑炸弹（Logic Bomb）。逻辑炸弹是指在特定条件满足时激活的恶意程序。这些条件可能是特定的日期、时间、系统事件等。一旦被触发，逻辑炸弹会执行破坏性操作，如删除文件、格式化硬盘等。

（6）间谍软件（Spyware）。间谍软件在用户不知情的情况下，偷偷安装在计算机系统中，用于收集用户信息，包括浏览习惯、键盘输入、个人隐私等。这类软件经常安装后门或其他恶意模块，以便持续监控用户活动。

（7）勒索软件（Ransomware）。勒索软件是一种通过加密或锁定用户文件和设备，以此胁迫受害者支付赎金的恶意程序。当前，勒索软件已经成为最常见和最具破坏性的恶意软件之一，广泛影响个人用户和企业网络。

（8）Rootkit。Rootkit 是一种工具集，用于隐藏恶意软件的存在，使恶意软件难以被发现和移除。Rootkit 可以修改操作系统核心部分，隐藏文件、进程和网络连接，从而使攻击者可以持续控制系统。

通过上述详细分类和描述，可以更清晰地理解计算机病毒的不同类型及其危害和传播方式。这对于实施科学合理的防病毒措施、加强信息系统的安全性具有重要的指导意义。

4.5　计算机病毒结构

在生物界，各类生物在遗传变异和自然选择的作用下，进化出不同的形态结构以实现特定功能，从而更好地适应不断变化的外部自然环境。从进化论的视角来看，功能决定形态结构，生物体具备的功能会影响并最终决定其相应的形态。类似地，这一自然客观规律同样适用于计算机病毒的演化。

计算机病毒作为一种特殊的计算机程序，除具备常规程序的基本功能外，还必须具备一系列特有的功能，包括引导、传染、触发和表现功能。这些功能决定了计算机病毒的逻辑结构。在通常情况下，计算机病毒逻辑结构包括病毒引导模块、病毒传染模块、病毒触发模块和病毒表现模块，如图 4-6 所示。

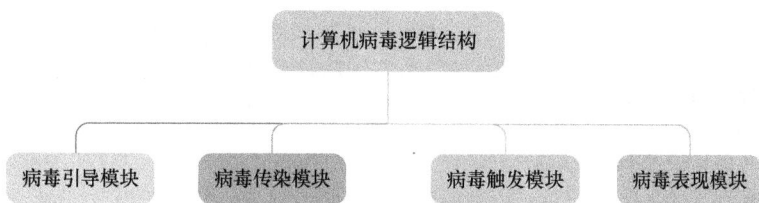

图 4-6　计算机病毒逻辑结构

（1）病毒引导模块。该模块负责将计算机病毒程序从外部存储介质加载并使其驻留在内存中，确保病毒能够持续存活。此模块还会激活后续的传染模块、触发模块及表现模块，为病毒的持续活动奠定基础。

（2）病毒传染模块。该模块用于监控目标系统的磁盘读写操作或网络连接活动。当目标对象满足感染条件时，传染模块会将病毒程序复制到目标对象中，并准备执行潜在的破坏行动。这一模块是病毒传播和扩散的关键。

（3）病毒触发模块。该模块负责检测计算机病毒预先设定的触发条件。这些条件可以是时间、系统事件或用户操作等。当这些条件被满足时，触发模块会激活病毒的表现模块，开始执行预定义的破坏或表现操作。

（4）病毒表现模块。当触发条件满足后，该模块会执行一系列操作，这些操作可能包括显示恶意消息、破坏数据、加密文件等。表现模块旨在实现病毒作者的攻击目的，显现病毒的存在，并对系统造成实际损害。

通过以上模块的功能划分和结构分析，可以更科学地理解计算机病毒的复杂机制和工作原理。计算机病毒的各个模块相辅相成，共同完成病毒的引导、传染、触发和表现功能，从而在受感染系统中达到其恶意目的。

计算机病毒的逻辑流程可以通过类 C 语言的描述和流程图进行详细展示。这里用类 C 语言描述病毒的基本逻辑流程，随后将其可视化为 N-S 图（流程图）。具体的描述如下：

```
1.  // 计算机病毒寄生到宿主程序
2.  病毒寄生到宿主程序;
3.  加载宿主程序;
4.  计算机病毒随宿主程序进入系统;
5.
6.  // 传染模块
7.  传染模块;
8.
9.  // 表现模块
10. 表现模块;
11.
12. // 主函数
13. Main() {
14.   // 调用引导模块
15.   调用引导模块;
16.   A: do {
17.     // 搜寻感染目标
18.     搜寻感染目标;
19.     if（传染条件不满足）{
20.       goto A;
21.     }
22.   } while（满足传染条件）;
23.
24.   // 调用传染模块
25.   调用传染模块;
26.
27.   while（满足触发条件）{
28.     // 触发病毒程序
29.     触发病毒程序;
30.     // 执行表现模块
31.     执行表现模块;
32.   }
33.
34.   // 运行宿主程序
35.   运行宿主程序;
36.
37.   if（不关机）{
38.     goto A;
39.   }
40.   // 关机
41.   关机;
42. }
```

该逻辑描述展示了计算机病毒的主要流程，包括寄生、传染、触发和表现等步骤。

（1）病毒寄生。计算机病毒将自身嵌入宿主程序中，以确保随着宿主程序的运行而进入系统。

（2）加载宿主程序。宿主程序被加载到系统中，病毒随之介入。

（3）传染模块。执行传染相关的操作，将病毒传播到新的目标。

（4）表现模块。当满足特定条件时，执行一系列表现或破坏操作。

（5）引导模块。病毒启动，并控制整个流程。

（6）目标搜寻与感染。在系统中搜索符合感染条件的目标，一旦找到目标，传染模块就进行感染操作。

（7）触发与表现。当满足触发条件时，病毒进入表现阶段，执行一系列预定义操作。

（8）宿主程序继续运行。在完成病毒操作后，宿主程序继续正常运行。

（9）重循环或关机。根据系统状态决定是否重复感染循环或执行关机操作。

根据上述逻辑，计算机病毒的 N-S 图可以清晰地展示其各个模块和关键流程，如图 4-7 所示。在实际开发和分析过程中，理解这种详细的逻辑描述有助于识别并防范病毒攻击。

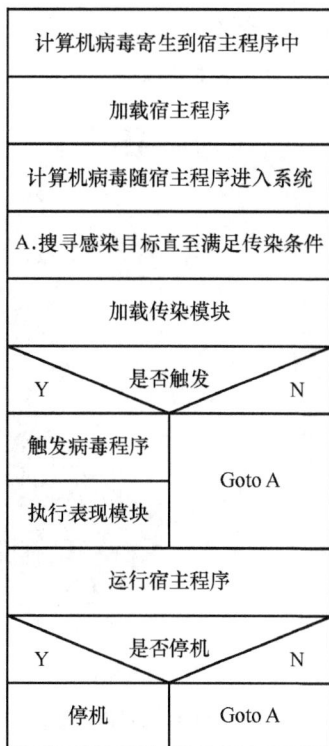

图 4-7　计算机病毒 N-S 图

4.6　计算机病毒环境

不同的自然环境决定了生物的类型，计算机病毒的演化和发展也与其外部环境密不可分。理论上，任何给定的字符序列都可以在特定环境中进行自我复制。然而，在实际应用中，需要创建一个特定的环境，使得这些字符序列能够在其中执行，并明确利用自身代码实现自我复制，且能够递归地不断复制下去。计算机病毒的生存和功能实现依赖于特定的计算机软硬件支撑系统，这一系统被称为计算机病毒环境。

计算机病毒环境包括以下几个关键组成部分，如图 4-8 所示。

（1）计算机体系结构。包括硬件架构和指令集，这些决定了病毒代码在硬件层面的执行方式。

（2）操作系统。操作系统管理计算资源，并提供病毒代码执行所需的基础服务和接口。不同操作系统有不同的安全机制和漏洞，这直接影响病毒的传播和执行能力。

（3）文件系统及文件格式。文件系统规定了数据存储和管理的方式，而文件格式规定了数据结构。病毒需要了解这些规定以实现在文件中的潜藏、感染和传播。

（4）解释环境。某些病毒依赖解释器（如 JVM、Python 解释器）执行其代码。这些环境提供了病毒执行所需的运行库和安全上下文。

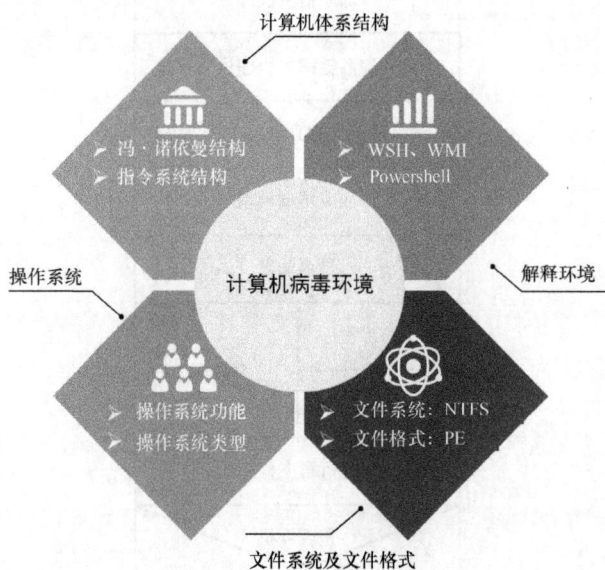

图 4-8　计算机病毒环境

该环境不仅定义了病毒能够执行的框架，还规定了病毒自我复制的路径及其在整个系统内的传播方式。因此，理解并分析计算机病毒环境的各个组件，对防范和应对计算机病毒至关重要。

4.6.1　计算机体系结构依赖

计算机体系结构（Computer Architecture）描述了计算机各组成部分及其相互关系的一组规则和方法，是程序员视角下的计算机属性，即概念性结构与功能特性。计算机体系结构主要包括计算机组织结构（Computer Organization）和指令系统结构（Instruction Set Architecture，ISA）。此外，还包括微体系结构（Micro-architecture）和并行体系结构（Parallel Architecture）。

1. 冯·诺依曼结构

冯·诺依曼结构（Von Neumann Architecture，又称存储程序计算机）是现代计算机体系结构的基础，其存储程序及指令驱动执行的原理定义了计算机系统的基本工作方式。

1）计算机的组成部分

冯·诺依曼结构将计算机分为五大部分：存储器、运算器、控制器、输入设备和输出设备。运算器和控制器合称为中央处理单元（Central Processing Unit，CPU）。每个部分各司其职，共同协调以完成计算任务。

（1）存储器。用于存储指令和数据，按地址线性编址的单维结构，每个存储单元包含固定数量的位。

（2）运算器。负责执行算术和逻辑操作。

（3）控制器。从存储器取出指令，解释并执行指令，控制 CPU 和其他设备的操作。

（4）输入设备。将外部数据输入计算机。

（5）输出设备。将计算结果输出给用户或其他系统。

2）存储器结构与数据存储

在冯·诺依曼结构中，存储器采用线性编址方式，每个单元具有唯一的地址。指令和数据不加区别地混合存储在同一个存储器中，这种设计简化了存储管理，但也带来了"冯·诺依曼瓶颈"的潜在问题——由于指令和数据共享同一存储通道，可能受到存储带宽的竞争和系统性能的限制。

3）控制器的作用

控制器从存储器中顺序取出指令，并根据指令内容生成控制信号，驱动其他部件执行相应操作。控制器中的程序计数器指示即将执行的指令所在存储单元的地址。程序计数器通常按指令顺序递增，但在跳转指令的执行下，可以根据需要改变其指向，从而实现程序的逻辑控制。

4）数据传送与运算器的作用

冯·诺依曼结构以运算器为中心，即所有输入/输出（I/O）设备与存储器之间的数据传输都经过运算器进行。这种设计简化了系统的数据路径控制，但可能提高了对运算器和控制器的性能要求。

冯·诺依曼结构是计算机科学的重要里程碑，其存储程序的概念和模块化设计奠定了现代计算机的基本框架。虽然冯·诺依曼瓶颈的问题在现代计算机中得到了解决，但这种结构的基本原理仍然广泛应用于各类计算机系统。理解冯·诺依曼结构对于计算机病毒依赖环境的解析与优化有着重要的指导意义。

2. 指令系统结构

计算机系统为软件编程提供了不同层次的功能和逻辑抽象，主要包括应用程序编程接口（Application Programming Interface，API）、应用程序二进制接口（Application Binary Interface，ABI）和指令系统结构（Instruction Set Architecture，ISA）三个层次。

1）应用程序编程接口（API）

应用程序编程接口（API）是应用软件使用的高级语言接口，旨在简化编程，为开发人员提供便利。API 定义了一组函数、类、协议和工具，用于构建软件应用程序。不同的 API 适用于不同的编程语言及其相关框架。

（1）例子。常见的 API 包括 C 语言标准库、Fortran 数学库、Java 标准库、JavaScript Web API 及 OpenGL 图形编程接口等。

（2）功能与抽象。API 提供了抽象层，使开发人员不用关心底层硬件细节，只需按照 API 文档调用接口方法，即可实现复杂的操作。这种抽象提升了代码的可移植性和复用性。

（3）跨平台兼容性。通过 API 编写的应用程序可以在支持该 API 的不同平台上运行，只需重新编译，便可适应不同的硬件和操作系统环境。

2）应用程序二进制接口（ABI）

应用程序二进制接口（ABI）定义了软件和硬件之间的接口，确保二进制文件能够在不同的系统上正确运行。ABI 涉及系统调用、数据类型、数据访问和例外处理等方面。

（1）用户态与核心态。为实现多进程访问共享资源的安全性，处理器设有用户态和核心态。用户程序在用户态下执行，而操作系统在核心态运行。用户程序必须通过系统调用进入核心态，以便访问硬件资源。

（2）硬件抽象和系统调用。ABI 定义了硬件资源的访问方式和操作系统提供的服务接口，使应用程序与操作系统之间的互动规范化。例如，不同操作系统实现的 POSIX 标准 API，通过 ABI 确保应用软件在不同系统之间的兼容性。

（3）跨平台二进制兼容性。ABI 为二进制兼容性提供了保障，使得编译后的程序能够在符合特定 ABI 标准的不同硬件和操作系统上运行。

3）指令系统结构（ISA）

指令系统结构（ISA）是计算机硬件和软件之间的"契约"，是计算机硬件与底层软件之间的接口，反映了计算机的基本功能和控制方式。

（1）指令集合。ISA 定义了处理器支持的所有操作指令，如算术指令、逻辑指令、数据传输指令和控制指令。这些指令是处理器执行程序的基本单位。

（2）处理器状态。ISA 规定了处理器状态的组成部分，包括寄存器、程序计数器、状态寄存器等，这些元素用于控制指令的执行流程。

（3）例外处理。ISA 描述了例外或中断的处理机制，如何时和如何切换处理器状态，以应对不同的操作环境和异常情况。

（4）设计与优化。硬件设计人员依据 ISA 设计和实现物理处理器，而软件设计人员使用 ISA 提供的指令编写底层软件，实现高效硬件控制和操作。

理解 API、ABI 和 ISA 对于构建高效、可靠和跨平台的计算机应用至关重要。API 提供了编程的抽象和简化，ABI 确保了二进制文件的跨平台兼容性，而 ISA 定义了处理器和底层软件之间的接口。这些层次共同构成了计算机系统的基础架构，推动着计算机技术的发展与创新，也决定了计算机病毒发展的底层技术逻辑。

3. 计算机病毒的体系结构依赖性

计算机病毒作为一种特殊的软件程序，其执行和操作必须依赖特定的计算机体系结构。计算机体系结构涵盖了多种计算系统属性，如数据表示、寻址方式、指令系统、中断系统、存储系统、输入/输出系统、流水线处理、超标量处理、互联网络、向量处理、并行处理及多处理等。计算机病毒需依赖上述属性中的某一种或几种，并遵循其对应的指令系统来执行恶意代码，从而获得对该体系结构的操作控制权。

计算机病毒体系结构依赖性是指任何计算机病毒都必须依赖一种特定的计算机体系结构来实现其功能。这意味着，病毒在设计和运行时，需要针对某一特定体系结构的指令系统和操作系统环境。尽管从理论上讲，可以设计和编写跨体系结构和跨平台的病毒，但在实践中，实现这种病毒代码存在较大的困难。这也解释了早期在 Apple Ⅱ体系结构中"肆虐一时"的 Elk Cloner 病毒为何在 IBM PC 及其兼容机上无法重现其"辉煌"。

1）病毒的执行环境

➢ **数据表示与寻址方式**

计算机病毒需要了解目标体系结构的数据表示方式（如字节顺序、大端或小端）和寻址方式（如直接寻址、间接寻址、基址寻址等），以正确读取和操控数据。

➢ **指令系统**

计算机病毒的核心在于利用目标处理器的指令系统（ISA）来执行其恶意代码。不同的处理器有不同的指令集，病毒必须针对特定的指令集进行编写。例如，x86 处理器和 ARM 处理器的指令集有着显著差异，针对一个处理器编写的病毒在另一个处理器上无法直接运行。

➤ **中断和系统调用**

病毒在运行过程中，可能需要进行中断处理和系统调用，以便操控硬件资源或调用操作系统服务。这些操作需要遵循特定的硬件中断系统和操作系统接口。

➤ **高级处理技术**

现代处理器引入了许多高级处理技术，如超标量处理、流水线处理、向量处理和并行处理等。这些技术对病毒的执行逻辑产生了重大影响，病毒设计者必须理解并适应这些技术，以确保其代码在复杂的执行环境中正常运行。

2）安全机制与病毒设计

计算机体系结构中的安全机制，如地址空间布局随机化（ASLR）、数据执行保护（DEP）和更高级的硬件虚拟化技术，进一步增加了编写有效病毒的难度。病毒设计者需要深入了解目标体系结构的安全机制，并设计相应的策略来绕过这些安全防护。

3）跨平台病毒的挑战

尽管跨平台病毒在理论上是可能的，但其具体实现面临诸多挑战。不同体系结构的软件和硬件环境具有显著差异，涵盖了指令集、操作系统 API、安全机制等多方面。因此，编写一个能够在多种体系结构上有效运行的病毒，不仅需要广泛的技术知识，还需要大量的工作来处理各体系结构的特性和差异。

综上所述，计算机病毒的有效性和传播能力高度依赖目标计算机体系结构的稳定性和特性。病毒设计者必须针对特定体系结构进行细致的分析和调试，以实现其目标。面对不断进步的计算机体系结构和安全机制，病毒的设计和传播正变得愈发复杂和困难。理解计算机病毒的体系结构依赖性，对于提升计算机的防护能力和设计更安全的计算机系统具有重要意义。

4.6.2　计算机操作系统依赖

操作系统是管理计算机硬件与软件资源的计算机程序。操作系统需要处理如管理与配置内存、决定系统资源供需的优先次序、控制输入设备与输出设备、操作网络与管理文件系统等基本事务。操作系统也提供了一个用户与系统交互操作的界面。

1. 操作系统功能

操作系统是计算机系统中至关重要的组件，其负责管理硬件和软件资源，以确保系统的高效运作，主要包括以下几个方面的功能。

（1）进程管理。其工作主要是进程调度，在单用户单任务的情况下，处理器仅为一个用户的一个任务所独占，进程管理十分简单。但在多道程序或多用户的情况下，组织多个作业或任务时，就要解决处理器的调度、分配和回收等问题。

（2）存储管理。分为存储分配、存储共享、存储保护、存储扩张等功能。

（3）设备管理。分为设备分配、设备传输控制 、设备独立性等功能。

（4）文件管理。文件存储空间的管理、目录管理、文件操作管理、文件保护。

（5）作业管理。负责处理用户提交的任何要求。

2. 操作系统对 CPU 的依赖

操作系统的运行依赖一系列基本硬件，包括中央处理器（CPU）、内存、中断系统和时钟等组件。以下重点探讨 CPU 的架构和操作模式对操作系统的影响。

1）CPU 架构

CPU 架构决定了处理器如何执行指令，对操作系统的设计和优化有重要影响。主要的架构类型如下。

● **ARM（Advanced RISC Machine）架构**

ARM 架构是一种 32 位精简指令集计算机（RISC）处理器架构，广泛用于嵌入式系统，如智能手机和平板电脑。ARM 架构以高效、低功耗著称，适合需要高能效的设备。

● **x86 架构**

x86 架构是由英特尔公司开发并推广的，起源于 Intel 8086 处理器，并向后兼容后续的多代处理器，包括 Intel 80186、80286、80386 和 80486。由于这些处理器型号以"86"结尾，该架构被统称为 x86。x86 架构广泛应用于个人计算机和服务器，支持复杂指令集，适合需要高性能和多功能性的应用。

2）CPU 模式

CPU 模式描述了处理器的工作状态及相关资源和指令的权限，主要分为以下两种模式。

● **内核模式（Kernel Mode）**

内核模式也称为核心态或特权模式。在内核模式下，操作系统可以访问所有硬件资源，执行任何 CPU 指令。在这种模式下，处理器具有最高权限，可以任意切换模式、管理内存、操作设备等。内核模式主要用于操作系统内核及其关键服务，以便进行低层次的硬件操作和保护系统的稳定性。

● **用户模式（User Mode）**

用户模式也称为用户态。在用户模式下，应用程序受到严格的访问控制，不能直接操作受保护的系统资源，也不能直接切换 CPU 模式。操作系统通过中断或系统调用来提供受控的资源访问和模式切换，以保护系统的稳定性及安全性。这种模式隔离应用程序的运行环境，以防止应用程序错误或恶意行为对整个系统造成破坏。

操作系统对 CPU 的依赖不仅体现在对不同架构的支持上，也涉及如何管理不同模式下的操作权限和资源调度。理解 CPU 架构和模式有助于设计更高效和安全的操作系统，从而充分利用硬件资源，提供稳定可靠的计算环境。

3．计算机病毒的操作系统依赖性

计算机病毒作为一种可执行文件，其运行依赖于操作系统和相应的 CPU 指令集。可执行文件中的二进制指令由 CPU 根据特定指令集解码，多数 CPU 支持 x86（32 位）和 AMD64（64 位）指令集。此外，可执行文件必须符合操作系统的二进制格式要求，例如，Windows 系统使用 PE（Portable Executable）格式，而 Linux 系统使用 ELF（Executable and Linkable Format）格式。

可执行文件还需依赖特定的系统 API 支持。例如，使用 Windows API 的病毒不能在 Linux 系统上运行，反之亦然。由于操作系统针对特定的 CPU 架构进行设计编码，并采用不同的文件格式、系统 API、存储管理和符号约定等，多数情况下在一种操作系统上设计编写的病毒无法在另一种操作系统上运作。

这种操作系统依赖性也是 DOS 病毒无法在 Windows 系统上运行的主要原因。这表明，计算机病毒的有效传播和运行深受其所针对的操作系统与硬件架构的制约。计算机病毒的有效运行也高度依赖于其目标操作系统和底层硬件特性。理解操作系统的基本功能及其对硬件的依赖，对于设计更安全、可靠的计算机系统和提升防病毒能力具有重要意义。

4.6.3　文件系统及文件格式依赖

文件系统和文件格式是操作系统的重要组成部分，它们在不同操作系统中的表现和兼容性各不相同。计算机病毒在设计和执行时，必须考虑其所依赖的具体操作系统中的文件系统和文件格式。

1．文件系统

文件系统是操作系统用来管理存储设备（如硬盘、固态硬盘）或分区上的文件的方法和数据结构。它提供一种在存储设备上组织、存储和检索文件的方法。文件系统主要由以下三部分组成：

（1）文件系统的接口。用于与用户或应用程序进行交互。

（2）对对象进行操作和管理的系统。负责文件的创建、删除、读写等操作。

（3）对象及其属性。包括文件的名称、大小、创建时间和权限等。

从系统角度讲，文件系统负责将存储设备上的空间组织和分配给文件，并保护和检索文件。文件系统不仅存储文件数据本身，还存储管理这些数据的元数据，如文件的起始位置、大小和创建时间等。元数据对文件系统的功能实现和性能提升至关重要。

不同文件系统的元数据结构各不相同，虽然元数据会占用额外的磁盘空间，但其比例较小。

格式化文件系统是初始化元数据的过程。不同操作系统使用不同的文件系统，如 Windows 常用 FAT、NTFS，Linux 常用 Ext4、XFS、BTRFS 等。

2．文件格式

文件格式是为存储信息而采用的特殊编码方式，用于识别信息的类型。每种文件格式都采用一种或多种文件扩展名来标识。

（1）图像格式。JPEG 用于静态图像，GIF 可用于静态图像和简单动画。

（2）音频和视频格式。QuickTime 可存储多种媒体类型。

（3）文本格式。TXT 存储纯文本，HTML 存储带有格式的文本内容，PDF 则存储图文并茂的内容。

不同的文件格式适用于不同类型的数据存储和处理。例如，DOC 文件由 Microsoft Word 处理会显示文本内容，而用音乐播放软件处理 DOC 文件只会产生噪声。

3．计算机病毒对文件系统及文件格式的依赖性

计算机病毒无论以何种形式存在，其最终表现都是一个特定操作系统中某种文件格式的文件。病毒在运行时对操作系统的文件系统和文件格式具有强依赖性。

（1）Windows 操作系统。病毒通常以 EXE（可执行文件）格式存在，依赖于 Windows 的 FAT32 或 NTFS 文件系统和 PE 格式。如缺乏 Windows 环境支持，病毒将无法正常运行。

（2）Linux 操作系统。病毒通常以 ELF 格式存在，依赖于 Linux 操作系统的文件系统（如 Ext2、Ext3、Ext4、XFS、BTRFS、ZFS 等）。

（3）macOS 操作系统。病毒可能以 Mach-O（Mach Object）文件格式存在，依赖于 macOS 的 APFS（Apple File System）文件系统和 Mach-O 格式。

计算机病毒依赖于特定文件系统和文件格式的事实，决定了它们在不同操作系统中的执行环境和传播机制。了解病毒对文件系统和文件格式的依赖，有助于开发有效的防病毒策略和系统保护措施。

4.6.4　解释环境依赖

脚本类计算机病毒能否正常运行，与目标系统上的解释环境有密切关系。只有在合适的脚本解释器的帮助下，这类病毒才能执行其恶意行为。当脚本病毒传播到目标系统时，如果目标系统缺少相应的脚本解释器支持，该病毒将因为缺乏必要的解释环境而无法运行。

1．Windows Script Host（WSH）解释环境

Windows Script Host（WSH）是 Windows 操作系统中的一个脚本语言执行环境。WSH 首次出现在 Windows 98 中，并在后续的 Windows 版本中不断发展与强化。WSH 建立在 ActiveX 技术之上，充当 ActiveX 脚本引擎控制器，为 Windows 用户提供了强大的脚本指令语言执行能力。用户可以利用 WSH 编写程序，以简化日常工作流程或制作实用的系统管理工具。

在 Windows 环境中，遇到后缀名为.vbs（VBScript）或.js（JavaScript）的脚本文件（包括计算机病毒），系统会自动调用适当的解释器（WSH）进行解释和执行。WSH 包含两个主要执行程序：Wscript.exe（用于图形界面执行）和 Cscript.exe（用于命令行界面执行）。脚本类计算机病毒依赖于 WSH 解释环境，缺少 WSH 解释环境的支持，这类病毒将无法被执行。

2．PowerShell 解释环境

PowerShell 是由微软开发的一种任务自动化和配置管理架构，包含命令行界面解释器和相关的脚本语言。PowerShell 最初作为 Windows 组件发布，随后在 2016 年 8 月 18 日开源，并具有跨平台支持功能。PowerShell 以.NET Framework 和.NET Core 为基础，为系统管理提供了强大的功能。

PowerShell 通过 Cmdlets 执行管理任务，Cmdlets 是专门为处理特定操作的.NET 类。管理员可以将多个 cmdlet 组合为脚本、可执行文件或通过常规.NET 类（或 WMI/COM 对象）实例化的工具。PowerShell 将交互式环境和脚本环境结合在一起，扩展了命令行工具和 COM 对象的访问能力，同时利用了.NET Framework 类库（FCL）的强大功能。

PowerShell 改进了传统 Windows 的命令提示符，提供了更丰富的命令行工具和交互式环境。此外，它还对 WSH 脚本进行了扩展和改进，使多种命令行工具和 COM 自动化对象能够在此环境中使用。PowerShell 脚本文件以.ps1 为扩展名，依赖于 PowerShell 解释环境。如果目标系统缺少 PowerShell 或缺乏相应版本的支持，基于 PowerShell 的病毒将无法正常运行。

由于无文件病毒的发展，PowerShell 解释环境的重要性日益增强。这些病毒利用 PowerShell 脚本在内存中执行，从而绕过传统的文件扫描机制，增加了对 PowerShell 环境的依赖性。因此，缺乏相应 PowerShell 版本的系统，无文件病毒将无法正常运行。

综上所述，环境依赖性是脚本类计算机病毒运行的关键因素，不同的解释环境决定了病毒的行为和传播能力。WSH 和 PowerShell 是 Windows 操作系统中重要的解释环境，分别支持不同类型的脚本语言和功能。这些解释环境存在与否，对病毒能否在目标系统中执行起到至关重要的作用。因此，了解并管理这些解释环境是有效防止脚本类计算机病毒攻击的重要手段。

4.7　计算机病毒的生命周期

生命周期是指一个对象从诞生到消亡的全过程，通常描述为"从摇篮到坟墓"。这一概念广泛应用于生物学、政治、经济、环境、技术和社会等多个领域。计算机病毒的生命周期特指从病毒编写和诞生开始，到病毒被完全清除的整个过程，主要包括诞生、传播、潜伏、发作、检测和凋亡阶段。站在攻防博弈的角度，可以将病毒的诞生、传播、潜伏和发作阶段看作攻击阶段，而将病毒的检测和凋亡阶段视为防御阶段。图 4-9 展示了计算机病毒的生命周期。

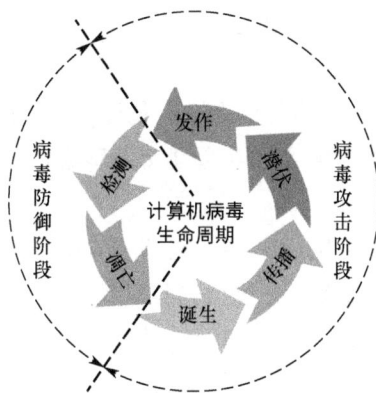

图 4-9　计算机病毒的生命周期

4.7.1　病毒攻击阶段

计算机病毒生命周期的攻击阶段主要涵盖从病毒诞生到传播、潜伏直至发作的具有攻击破坏性质的过程，属于病毒主动攻击的范畴。病毒攻击阶段主要包括诞生、传播、潜伏、发作四个环节。

1. 病毒诞生

计算机病毒作为一段恶意程序代码，其诞生离不开精密的程序设计和复杂的编程过程。这一过程涉及高级的智力活动，通常由具备高度技术能力的程序员或其团队在特定动机的驱使下协作完成。计算机病毒的产生受到多种因素的影响，包括人性的复杂性、经济动因、政治背景和军事需求等。

在设计和编写计算机病毒的过程中，除编写新代码外，还可能涉及代码复用及编码心理学的分析。程序员需要深入了解系统的漏洞和防御机制，以设计能够绕过安全防护，完美执行恶意任务的代码。除了传统的手工编写方法，现代病毒的诞生也借助了多种自动化工具。例如，病毒生成器能快速生成具有特定特征的恶意代码，AI 技术的进步则为病毒编写提供了智能化支持，如利用自然语言处理工具（如 ChatGPT）生成具备特定功能的恶意代码段。

特别是，通过 AI 技术，生成恶意代码的效率和多样性得到了极大提升，进一步增加了防御的难度。因此，理解计算机病毒的诞生过程不仅需要专业的编程技术，还需要跨学科的理解和协同应对，包括心理学、安全策略及 AI 技术的综合应用。

2. 病毒传播

计算机病毒的传播能力是其威胁扩散的关键。计算机病毒通过各种途径进行传播，以影响更多的系统和用户。类似于生物病毒，计算机病毒的传播需要依赖附着体和传播途径。

计算机病毒的传播能力是其威胁扩散的核心机制。为了使更多的系统和用户受到影响，计算机病毒采取了多种传播途径和策略，类似于生物病毒依赖于宿主和传播媒介的特点。计算机病毒传播过程中的附着体及传播途径是极其重要的两个方面。

从附着体的角度看，计算机病毒可以通过文件感染、实体设备注入和漏洞利用等方式传播。

- 文件感染。病毒附着在可执行文件、文档或其他类型的文件上。一旦用户打开受感染的文件，病毒便会被激活并进行自我复制。
- 实体设备注入。病毒通过 USB 驱动器、外接硬盘等实体设备传播，当受感染的设备连接到计算机时，病毒会自动感染系统。
- 漏洞利用。病毒通过利用系统或应用软件中的已知或未知漏洞进行传播。这些漏洞可能包括缓冲区溢出、权限提升或代码注入等技术手段。

从传播途径的角度讲，虽然技术手段多样，但社会工程学无疑是最有效的传播手段之一。

- 社会工程学。利用人类心理的弱点，如好奇心、信任或缺乏警惕性，诱导受害者下载并执行恶意程序。常见的社会工程学手段包括钓鱼邮件、恶意网站及假冒合法实体的社交媒体消息。

病毒在传播过程中，往往会结合多种技术手段和策略，以最大化其感染效果和生存能力。理解这些传播技术对于防御至关重要，也能帮助我们设计更有效的安全防护措施。

3. 病毒潜伏

计算机病毒在成功传播至目标系统后，通常会利用一系列复杂的隐匿技术进行潜伏，以避免被安全软件检测和清除，从而等待适当时机发动，进行其破坏性行为。在潜伏阶段，病毒可能采取以下策略来提高其隐蔽性和生存能力。

- 隐匿技术。病毒利用隐匿技术（Stealth Techniques）避免被检测到，如隐藏自身进程、文件及注册表项。这使得病毒在被系统管理工具和安全软件扫描时更加难以被发现。

- 代码混淆。通过代码混淆（Code Obfuscation），病毒将自身代码进行复杂化处理，使其更难被逆向工程和特征码检测识别。包括插入无关代码、改变代码结构及使用别名等方法。

- 多态和变形技术。多态病毒（Polymorphic Viruses）和变形病毒（Metamorphic Viruses）通过在每次复制和传播时改变其代码，使得基于签名的检测手段难以发现和识别。多态病毒在每次复制时都使用不同的加密算法，而变形病毒则靠完全重写其代码以实现相同的功能。

- 加壳技术。病毒常用加壳（Packing）技术，将其自身代码压缩或加密，再在运行时解压或解密。这一过程能够隐藏实际恶意代码的特征，并绕过静态分析的检测。

- API 函数劫持。病毒通过劫持系统关键 API 函数（API Hooking），使得所有对这些函数的调用都经过病毒代码处理。这不仅能帮助病毒隐藏其踪迹，而且允许其拦截和篡改系统操作。

- 利用合法系统工具。病毒可能利用合法的系统工具(如 Windows 的 PowerShell、WSH 等)或脚本执行环境进行操作，这类技术被称为"活跃于土地上的攻击"（Living off the Land，LOTL）。这种方法利用系统已有的、被信任的功能进行恶意操作，从而进一步提高其隐蔽性。

通过综合运用上述技术，计算机病毒能够在潜伏期间有效规避检测，等待合适的时机发动攻击。理解这些技术原理不仅有助于防御和检测病毒，还能帮助我们构建更强大的防护体系，以应对日益复杂的恶意软件威胁。

4．病毒发作

计算机病毒在目标系统中潜伏的目的是在特定时机被触发并进行破坏性操作。一旦预设的触发条件满足，病毒便会从潜伏状态转变为发作状态，开始执行其恶意操作。这一过程通常包括以下几种典型行为。

- 启动恶意程序。病毒可能运行并加载其核心恶意组件。这些组件通常被设计用来在被感染系统上执行各种破坏性操作，如篡改数据、拒绝服务等。

- 勒索软件攻击。勒索病毒（Ransomware）会加密目标系统中的文件，并显示勒索信息，通常要求受害者支付赎金以换取解密密钥。这类行为不仅造成数据不可用，还可能损害企业和个人的经济利益。

- 数据泄露。某些病毒会从目标系统中窃取敏感数据，如个人信息、财务数据或企业机密，并将这些数据传输到攻击者控制的远程服务器。这类行为可能导致隐私泄露、财产损失及声誉受损。

- 系统破坏。一些具有破坏性目的的病毒会删除或破坏系统文件、修改系统配置、格式化硬盘等，从而使系统崩溃或不可用。这些操作可能对用户的数据和系统的完整性造成严重威胁。

- 扩展感染。病毒可能尝试通过网络对其他计算机或设备进行感染，以进一步扩大其影响范围。这种行为通常伴随着网络扫描、漏洞利用和文件共享等技术手段。
- 植入后门。某些病毒会在系统中植入后门，使攻击者能够远程控制受感染系统，执行任意命令或进一步传播其他恶意软件。

计算机病毒的发作机制通常设计得非常隐蔽和复杂，以期最大化其破坏效果且尽可能地逃避检测。准确识别和及时应对这些恶意活动是信息安全领域的重要课题。

4.7.2　病毒防御阶段

在计算机病毒的生命周期里，病毒防御阶段的主要目的在于及时检测病毒、实时遏制病毒、有效保障数据安全，其主要涵盖从病毒检测到凋亡的具有防御加固性质的过程，属于病毒防御范畴。病毒防御阶段主要包括检测和凋亡两个环节。病毒检测主要利用各类技术方法检测计算机病毒，而病毒凋亡则发生在有效检测后对病毒进行的猎杀与环境升级。

1．病毒检测

无论计算机病毒处于传播、潜伏还是发作阶段，实时检测和早期发现都是有效防御计算机病毒的关键环节。利用多种技术方法检测可疑文件和进程，并确认是否被病毒感染，是确保信息系统安全的重要手段。病毒检测不仅是计算机病毒防御的第一步，还为后续的应急响应与修复工作奠定了基础。

- 签名匹配。基于特征码的签名匹配是一种传统且广泛应用的病毒检测方法。它利用已知病毒特征库与系统文件进行匹配比对以发现病毒。这种方法对于已知威胁非常有效，但无法应对未知或变种病毒。
- 行为分析。行为分析通过监控程序的运行行为，如异常文件操作、不寻常的网络活动和系统调用等，识别潜在的恶意行为。行为分析技术能够检测到特征码无法捕捉的未知病毒，提供更全面的防护。
- 启发式分析。启发式分析通过模拟执行代码或分析代码结构，基于启发规则来识别潜在的恶意软件。虽然启发式分析可能会产生误报，但它能够识别变种病毒和未知病毒，是现行签名匹配技术的一项重要补充。
- 沙箱技术。沙箱（Sandboxing）技术将可疑文件在隔离的虚拟环境中运行，观察其行为是否具有恶意特征。沙箱技术能够在不影响真实系统安全的情况下，深入检测可疑文件的行为。
- 机器学习和人工智能。随着计算能力的提升，基于机器学习和人工智能的病毒检测方法也逐渐崭露头角。这些方法通过学习大量的正常和恶意样本，建立模型并进行实时检测，能够精确识别复杂和多态的恶意软件。
- 云安全技术。云安全平台通过集中化的实时大数据分析，提供更快速和精确的病毒检测服务。通过共享全球威胁情报，这类平台能够及时更新病毒库，防御最新的威胁。

快速而准确的病毒检测，不仅能识别和阻挡恶意软件，还能提前预警，为安全人员的应急响应赢得宝贵时间。一旦检测到病毒，必须立即采取相应的措施，如隔离受感染系统、清除病毒及恢复数据等，以确保信息系统的完整性和可用性。

2. 病毒凋亡

在计算机生态系统中，病毒与安全软件之间的攻防博弈犹如一场永不停歇的战争。计算机病毒在其生命周期的各个阶段始终面临被安全软件检测和清除的风险，一旦安全软件成功检测到病毒，随之而来的将是针对该病毒的拦截、猎杀和最终清除。然而，病毒的生命周期并不会因此而彻底终结；相反，病毒可能会通过变种和升级，进入新的进化周期，从而继续构成威胁。

计算机病毒的生命周期揭示了其从诞生到消亡的全过程。理解计算机病毒生命周期的各个阶段对于设计和实施有效的安全策略至关重要。通过积极监控、及时检测及迅速响应，安全软件可以大大降低病毒对系统的威胁。同时，为应对不断进化的病毒变种，安全防护措施也需要持续更新和升级，这样才能有效保障计算机生态系统的长期安全。

第5章 嬗变之路：病毒演化简史

美国国家科学院院士肖恩·卡罗尔（Sean Carroll）指出，从在沸腾水域中繁盛生长的古老微生物，到在冰冷水域中自由游动的无血冰鱼；从能够感知紫外线的鸟类，到具有绘画能力的猿类；从以惊人速度捕猎的猎豹，到缓慢爬行的蚯蚓……这一系列生物的多样性和适应性都是自然选择和物种竞争的结果，即"适者生存"的原则。那么，适应力强的物种是如何形成的呢？答案在于 DNA 的变异与自然选择，这是进化论的核心理念。计算机病毒的演化过程同样遵循这一进化原则，即通过"物竞天择，适者生存"的机制，在不断变化的数字环境中进行动态适应和快速演化。

5.1 病毒演化逻辑与时间轴

任何事物的快速发展，都离不开"天时、地利、人和"。计算机病毒的发展也不例外。自 20 世纪 80 年代始，人类跨越工业文明进入信息文明时代，此为天时，是总体趋势。信息技术发展需要软硬件基础设施的支撑，彼时，IBM-PC 提供了硬件支撑，MS-DOS 提供了系统软件支撑，其他各类软件提供了应用软件支撑，这是地利，为支撑计算机病毒发展的基础设施。自巴基斯坦兄弟无意中打开了计算机病毒的潘多拉盒子后，在各类信息技术高速发展的支持下，信息技术使用者在具备了攻击技术、攻击意图、攻击目标后，计算机病毒也驶入了全面发展的快车道，此谓之人和。

下面将以时间轴为指引，分别从计算机病毒外部环境变迁、计算机病毒攻击载体、计算机病毒攻击者等视角来系统梳理计算机进化发展脉络，在一窥计算机病毒跌宕起伏发展史的同时，预测展望计算机病毒未来发展趋势。

5.1.1 计算机病毒外部环境变迁视角

就像不同的生物在特定的自然环境中才能生存一样，计算机病毒的发展与其所处的外部环境密切相关。计算机病毒种类的演变实际上反映了其外部环境的变化。因此，从外部环境变迁的视角，可以梳理出一条计算机病毒类型发展的逻辑线，如图 5-1 所示。

1. 感染型病毒

1986 年，首例计算机病毒在典型的 IBM-PC 兼容机搭载 MS-DOS 系统的环境中诞生。当时的硬件和操作系统环境为计算机病毒提供的运行空间极为有限，内存仅为640KB，可执行文件格式局限于.COM 和.EXE 文件，且操作系统仅支持单任务运行。为了在这种环境中生存与发展，计算机病毒不得不适应这些限制，因而多数病毒通过感染可执行文件的方式存在，这类病毒被称为感染型病毒。

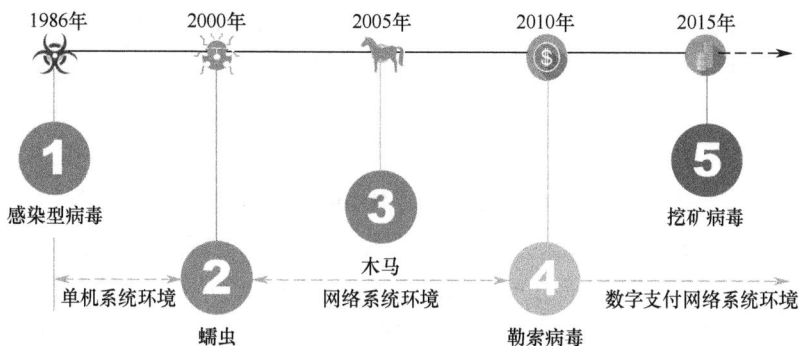

图 5-1　从外部环境视角看计算机病毒类型发展的逻辑线

> **特点与传播机制**

感染型病毒的主要特点是其自身代码附着在其他可执行文件（宿主程序）中，并借助宿主程序的执行来运行病毒代码。一旦宿主程序被执行，病毒代码将随之运行，并开始搜索系统中其他可执行文件进行感染，形成传播链。这种病毒通过反复感染新的宿主程序实现扩散。

> **限制与传播途径**

受限于当时的硬件和软件环境，感染型病毒的传播途径十分有限，主要依靠物理介质（如硬盘、软盘和光盘）进行传播。由于依赖这些介质外向传播，病毒的传播速度相对较慢。这一局限性为反病毒软件提供了较为充足的反应时间。当时的反病毒软件通过提取病毒的特征码并使用特征码检测方法来检测和清除病毒，即使病毒繁衍扩散，仍能有效应对。

> **情境与影响**

在这种分布环境下，早期的计算机病毒传播速度较慢且感染范围有限，主要在本地系统和少数互联计算机之间传播。然而，这种传播模式依然为后续病毒的发展奠定了基础，对后来的病毒类型有着深远影响。体现在反病毒软件的发展上，那时的防护策略主要是围绕特征码检测这一核心方法，伴随着病毒变种的出现、特征码库的不断更新和扩展，保护机制也逐渐趋于完善。

综上所述，感染型病毒是计算机病毒研究早期的典型代表，其发展依赖于当时特定的硬件与软件环境。尽管传播速度有限，感染区域较小，但其感染机制和反病毒技术为后续各种病毒形态及防护措施的发展提供了重要参考。在病毒传播技术不断演进的背景下，理解这一阶段的病毒特点对于现代网络安全研究具有重要意义。

2. 蠕虫

当计算机病毒还在感染之路上艰难探索时，1988 年诞生的莫里斯蠕虫（Morris Worm）在传播速度上实现了质的飞跃。这个只有 99 行代码的蠕虫，利用 UNIX 系统缺陷，用 Finger 命令查联机用户名单并破译用户口令，接着用 Mail 系统复制、传播本身的源程序，再编译生成可执行代码。最初网络蠕虫的设计目的是当网络空闲时，程序就在计算机间"游荡"而不带来任何损害。当有机器负荷过重时，该程序可以从空闲计算机"借取资源"而达到网络的负载平衡。然而，其最终的实现背离了设计初衷——莫里斯蠕虫不是"借取资源"，而是"耗尽所有资源"。

莫里斯蠕虫在 12 小时内，从美国东海岸传到西海岸，使全美互联网用户陷入一片恐慌之中。当加利福尼亚大学伯克利分校的专家找出阻止蠕虫蔓延的办法时，已有 6200 台采用 UNIX 操作系统的 SUN 工作站和 VAX 小型机瘫痪或半瘫痪，不计其数的数据和资料毁于一夜之间，造成了一场损失近亿美元的数字大劫难。

莫里斯蠕虫是罗伯特·莫里斯（Robert Morris）所开发的，他当时还是美国康奈尔大学一年级的研究生，也是美国国家计算机安全中心（隶属于美国国家安全局 NSA）首席科学家莫里斯（Robert Morris Sr.）的儿子。这位父亲就是对计算机病毒起源有着启发意义的《磁芯大战》游戏的三位作者之一。由此可见，莫里斯家族在信息技术领域有着深厚的背景，是一个信息技术世家。

蠕虫能突破感染型病毒传播速度的极限，造成大面积感染，主要在于其利用网络漏洞进行传播。蠕虫的诞生标志着网络开始成为计算机病毒传播的新途径。由于当时网络基础设施尚未健全，世界范围内的网络建设尚处于探索发展阶段，莫里斯蠕虫事件之后的很长一段时间都没有出现重大的利用网络感染传播的计算机病毒的事件。

进入 21 世纪，随着美国大力推行信息高速公路（Internet）建设，互联网已成为全球最大、最重要的网络基础设施。Internet 的迅猛发展主要归功于其采用 TCP/IP 协议族，是一个全球开放型的计算机互联网络，提供了一个巨大的信息资料共享库，所有人都可以参与其中，共享自己创造的资源。这也为计算机病毒的发展提供了无与伦比的广阔空间。此后，感染型病毒逐渐让位于利用网络漏洞传播的蠕虫，网络蠕虫时代的大幕正式拉开。网络蠕虫的出现标志着计算机病毒传播方式的转变：从依赖物理介质传播向利用网络漏洞传播的转变，为后续病毒的发展和防护措施的研究提供了宝贵的经验。

3. 木马

自 2005 年以来，网络中零日漏洞逐渐被攻击者用于定向攻击或批量投放恶意代码，而不再被用于编写网络蠕虫；单机终端系统的安全性随着 Windows XP 等系统的广泛应用而得到一定程度的提升，Windows 系统的 DEP（Data Execution Prevention，数据执行保护）、ALSR（Address Space Layout Randomization，地址空间布局随机化）等保护技术成为系统的默认安全配置。网络蠕虫的影响逐渐变小，而特洛伊木马的数量则开始呈爆炸式增长。

此外，随着社交软件、网络游戏用户数量的持续增加，计算机病毒编写者的逐利性开始取代炫技、心理满足、窥视隐私等网络攻击活动的原生动力，成为网络攻击活动的主要内驱力。通过窃取网络凭证、游戏账号、虚拟货币等方式的获利行为开始普遍化与规模化。此类计算机病毒隐匿于主机中进行窃密活动，就如古希腊特洛伊战争中著名的"木马"。

木马病毒通常采用 Client-Server（客户端–服务器）服务模式，通过将其服务端嵌入目标系统中，利用客户端与其进行联动控制，以实现远程操作和数据窃取等功能。木马病毒通过隐藏自身的存在，伪装成合法软件，诱骗用户主动下载和执行，从而获取系统控制权。

2007 年，"AV 终结者"木马暴发，成为木马病毒发展的一个重要里程碑。AV 终结者的主要特征是在 U 盘等可移动存储设备中传播，并与反病毒软件等安全程序对抗，破坏现有的安全模式。它会下载大量盗号木马，窃取用户的账户和敏感信息，从而获取经济利益。

此后，木马病毒类的攻击逐渐占据了主要的攻击载体。木马的隐蔽性显著增加，其传播方式也更加多样和复杂。除了 U 盘传播，木马病毒还通过电子邮件附件、恶意网站和软件捆绑等方式进行传播，进一步扩大了其影响范围。木马病毒对网络安全形成了严峻挑战，促使安全领域不断创新和升级防护措施。

4. 勒索病毒

网络互联的普及性、网络犯罪的趋利性、数字货币交易的隐蔽性，致使勒索病毒大行其道、泛滥猖獗。勒索病毒通过网络漏洞、网络钓鱼等途径感染目标系统，并借助加密技术来锁定受害者资料使其无法正常存取信息，再通过勒索赎金来提供解密密钥以恢复系统访问。

勒索病毒最早可追溯至 1989 年美国 Joseph Popp 博士编写的 Trojan/ DOS.AidsInfo（又称 PC Cyborg 病毒）。该勒索病毒被装载在软盘中分发给国际卫生组织的国际艾滋病大会的与会者，大约有 7000 家研究机构的系统被感染。它通过修改 DOS 系统的AUTOEXEC.BAT 文件以监控系统开机次数。当监控到系统第 90 次开机时，便使用对称密码算法将 C 盘文件加密，并显示具有威胁意味的"使用者授权合约"（EULA）来告知受害者，必须给 PC Cyborg 公司支付 189 美元赎金以恢复系统。Popp 博士在英国被起诉时辩称，他的非法所得仅用于艾滋病研究。

1996 年，Yong 等人开展了"密码病毒学"研究，并编写了一种概念验证型勒索病毒，使用 RSA 和 TEA 加密算法对文件进行加密，并阻止对密钥的访问。2010 年以来，勒索病毒伴随着经济利益的驱动卷土重来。经历近 20 年的沉寂后，勒索病毒再次活跃，形成一股新的浪潮。2017 年 5 月 12 日，WannaCry 勒索病毒突袭全球，重创了 150 多个国家的基础设施、学校、社区、企业和个人计算机系统，导致了全球范围内的混乱和经济损失。

现代勒索病毒迅速发展，不断提升加密强度和密钥长度，形成了复杂且难解除的威胁。WannaCry 事件后，勒索病毒走进大众视野，成为网络用户谈之色变的敏感话题。无论是加密方法还是攻击手段，勒索病毒都在不断创新和升级，挑战网络防御的极限。根据密码学理论和实践，如果没有解密密钥，要恢复受损文件几乎是不可能的。这也是勒索病毒能够得逞的重要原因之一。

5．挖矿病毒

随着数字经济与区块链技术的深度融合，加密数字货币成为其关键与核心支撑因子。此外，黑灰产业在暗网中进行非法数据或数字武器贩卖，加密勒索赎金支付时多采用加密数字货币（比特币、门罗币等）作为交易货币，以保持隐匿与规避追踪，导致加密数字货币成为黑灰产业的流通货币。而加密数字货币的获取，除购买之外，主要借助挖矿软件，利用计算设备的算力（哈希率）完成大量复杂 Hash 值计算而产生（俗称"挖矿"）。因此，挖矿是产生并获取加密数字货币的主要途径。

借助挖矿来获取更多的加密数字货币，唯一的途径是提升算力，这需要投入巨资用于购买昂贵的计算设备。而攻击者总想不劳而获，不用购买昂贵的挖矿计算机，仅通过对常规计算机发起挖矿攻击，非法盗用他人的计算资源来挖矿，从中牟取巨大的经济利益。区块链数据分析公司 CipherTrace 的报告显示：2019 年加密数字货币犯罪造成的损失超过 45 亿美元，较 2018 年的 17.4 亿美元增长了近 160%。

只要数字支付网络环境存在，只要加密数字货币存在，攻击者所创造的这种低成本、高利润的恶意挖矿病毒将持续存在。这将对区块链产业和加密数字货币生态系统造成严重后果，成为个人与企业挥之不去、防不胜防的网络安全梦魇。

5.1.2　计算机病毒攻击载体视角

纵观计算机网络攻击史，计算机病毒作为攻击载体的中坚地位一直未变，且可预测未来仍会如此。计算机病毒就是以实施攻击为使命而诞生的。1986 年，巴基斯坦兄弟病毒（Brain 病毒）是为攻击惩罚盗版者而编写的，将删除盗拷软盘者的数据。自诞生以来，计算机病毒一直是作为攻击载体而存在的。从攻击载体的视角来看，计算机病毒始终遵循"从简单到复杂，从低级到高级，从单一到复合"的进化发展逻辑，大致经历了"单一式病毒攻击—复合式病毒攻击—APT 攻击"的发展路线，如图 5-2 所示。

图 5-2　从攻击载体视角看计算机病毒发展路线

1．单一式病毒攻击

1986 年之后的 15 年，计算机病毒主要扮演着单一式攻击载体的角色。在这一阶段，不同类型的恶意软件——包括感染型病毒、蠕虫和木马——基本上是独立发展，彼此间互不干涉的。每一种病毒类型在计算机生态系统中都有其独特的生态位，并在各自的生存空间和方向上不断进化。

➢ **感染型病毒**

感染型病毒主要通过感染磁盘文件或引导区来达到其传播目的。这类病毒会附加到可执行文件上，当这些文件被运行时，病毒代码会被执行，从而进一步感染系统中的其他可执行文件。其主要目标是使系统资源超负荷运行，导致系统性能下降甚至崩溃。

➢ **蠕虫**

蠕虫则利用网络漏洞进行传播，不需要依赖宿主文件。它们通过网络自动复制和传播，能够在短时间内感染大量计算机系统。蠕虫的主要目标是大面积阻断或瘫痪网络系统，造成网络拥塞和资源耗尽。例如，2001 年的 Code Red 蠕虫和 Nimda 蠕虫就是典型的网络蠕虫，它们利用网络服务漏洞进行快速传播，导致全球范围内的网络中断和系统崩溃。

➢ **木马**

木马则主要用于隐蔽地遥控和窃取目标系统中的敏感信息。木马通常伪装成合法软件，诱骗用户下载和运行。一旦木马被激活，攻击者就可以远程控制受感染的系统，进行数据窃取、键盘记录、屏幕截图等恶意操作。木马的隐蔽性使其成为网络间谍活动的主要工具之一。

在这一阶段，尽管感染型病毒、蠕虫和木马各自独立发展，但它们共同构成了计算机病毒生态系统的基础。每种病毒类型通过不同的技术手段和传播途径，针对计算机系统的不同层面进行攻击，形成了多样化的威胁格局。

2．复合式病毒攻击

随着信息技术的不断进步和网络犯罪动机的驱动，2005 年之后，计算机病毒开始从单一式攻击载体向复合式攻击载体转变。不同类型的恶意软件在感染、传播、隐匿和绕过杀毒软件等技术方面相互借鉴，逐渐形成了"你中有我，我中有你"的交叉融合态势。在这一阶段，病毒、蠕虫、木马、Rootkit 和间谍软件等恶意程序之间的界限变得模糊，难以从传统的角度进行区分。

➢ **技术融合与交叉**

复合式病毒结合了多种恶意软件的特性和技术优势，形成了更为复杂和难以检测的攻击载体。这些恶意软件不仅能够感染和传播，还能隐匿自身，绕过杀毒软件的检测，同时具备多种攻击功能。例如，一种复合式病毒可能既具有蠕虫的自我复制和网络传播能力，又具备木马的远程控制功能，还可能嵌入 Rootkit 技术以隐藏自身进程和文件。

> ➤ 代表性案例

2007 年的 Storm Worm（风暴蠕虫）就是复合式病毒的典型代表。它结合了蠕虫的快速传播能力、木马的远程控制功能及 Rootkit 的隐匿技术，能够通过电子邮件和 P2P 网络大规模传播，并在受感染的计算机上建立僵尸网络，用于发送垃圾邮件和进行分布式拒绝服务（DDoS）攻击。

> ➤ 复杂化与对抗

复合式病毒的出现标志着恶意软件进入一个新的发展阶段，其复杂性和多样性使得传统的防病毒技术面临巨大挑战。防御者需要采用多层次、多维度的安全策略，包括行为分析、沙箱技术、机器学习和大数据分析等，以应对复合式病毒的多样化攻击手段。

复合式病毒攻击的兴起表明恶意软件的发展已经进入一个高度复杂和综合的阶段。不同类型的恶意软件通过技术融合和交叉，形成了更具威胁性的攻击载体。

3．APT 攻击

在现实世界中的大国博弈与地缘政治安全开始向网络空间延伸之际，现实中的权力斗争映射为网络空间的虚拟博弈，APT（Advanced Persistent Threat，高级持续性威胁）攻击应运而生。APT 攻击以攻击关键基础设施、窃取敏感情报为目的，具有明显的国家战略意图，使得网络安全威胁从随机攻击演化为有目的性、有组织性、有预谋性的定向攻击。

> ➤ APT 攻击的起源与定义

APT 攻击概念最早由美国空军上校 Greg Rattray 于 2006 年提出，旨在描述从 20 世纪 90 年代末至 21 世纪初在美国政府网络中发现的一系列强大且持续的网络攻击活动。初期的 APT 攻击表明了这些攻击具有高水平的技术能力和显著的持久性，往往由国家资助或具备国家背景的攻击者实施。APT 攻击的出现从本质上改变了全球网络安全格局，加剧了国家之间在网络空间的对抗。

> ➤ APT 攻击的特征与目标

近年来，APT 攻击在国家意志和相关战略资助的推动下，演化为国家级网络对抗的新形式。这些攻击主要针对政府部门、军事机构、大型企业、高等院校和研究机构等战略性部门，目的是获取高价值的敏感信息或对关键系统进行破坏。APT 攻击通常采用复杂的多阶段渗透策略，包括初始进入、横向移动、数据窃取和逃避检测等。它们利用多种高技术手段，包括零日漏洞、社会工程学、恶意软件和高级攻击工具，以实现其精确制导和长期潜伏的目标。

> ➤ 代表性案例与影响

著名的 APT 攻击案例包括 Stuxnet、APT1 和 APT28（俄罗斯的 Fancy Bear）。这些攻

击不仅显示出攻击者的高超技术能力，还表明了其背后强有力的国家支持。例如，Stuxnet 病毒瞄准伊朗的核设施，通过高度精细的技术手段成功破坏了目标设备，这一事件揭示了 APT 攻击在现代国家战略中的重要地位和潜在威力。

> ➤ APT 攻击对网络安全的启示

APT 攻击的出现和逐渐主流化，使得计算机病毒和其他恶意软件的攻击载体能量得到了极大释放，促使恶意软件进入全新的发展阶段。面对这种高级威胁，传统的网络安全防护措施显得力不从心。防御 APT 攻击需要一整套综合性的安全策略，包括持续监测和威胁情报分享、深度防御、威胁狩猎和事件响应等，以建立有效的多层次防护体系。

APT 攻击彰显了网络空间中日益激烈的国家间的对抗，其复杂性和高技术性使得全球网络安全形势更加严峻。理解 APT 攻击的特征和发展趋势，有助于制定更有效的防御策略，提升整体网络空间的安全防护能力。APT 攻击的持续演化和其高级特性，必然推动计算机病毒和恶意软件领域进入一个技术含量更高、威胁更大的新阶段。

5.1.3　计算机病毒编写者视角

尽管计算机病毒可以被视为一种能够自我复制的"人工生命体"，但它本质上仍然是以程序代码形式存在的。计算机病毒的产生和发展主要依赖其编写者的创造和参与。从严格意义上说，尽管当前人工智能技术可以增强计算机病毒的智能化能力，使其更具"智慧"，但病毒的发展仍然由病毒编写者主导，编写者的思维和意图直接影响着病毒的结构、功能，甚至智能化程度。

所谓的智能化病毒，只不过是编写者利用人工智能技术，使其在传播途径、感染方式和载荷运行方式上具有更高的自主选择能力。因此，从编写者的视角来审视计算机病毒的发展，可以更清晰地洞察病毒背后人类对抗的动态与人性表现。这种视角有助于深度理解计算机病毒发展的底层逻辑。

从这一视角来看，计算机病毒的发展大致经历了三个主要阶段：炫技式病毒、逐利式病毒和国家博弈式病毒。每一个阶段都反映了当时病毒编写者的主要动机和技术水平，如图 5-3 所示。

图 5-3　从编写者视角看计算机病毒的发展阶段

1. 炫技式病毒

在计算机病毒的发展中，早期的病毒常常被视为编程技术的炫技之作。追溯其理论基础，无论是冯·诺依曼奠定的自我复制逻辑，还是《磁芯大战》中 AT&T 公司的三位程序员设想的计算机病毒游戏，或者是科普作家约翰和托马斯在自己作品中描绘的计算机病毒，这些早期尝试都承载了某种程度的科学性和逻辑自洽。

美国南加利福尼亚大学的弗雷德·科恩在实验室利用 UNIX 系统编写的计算机病毒展示了其对计算机系统深入细致的理解和高超的编程能力。这个实例足以论证早期病毒需要编写者具备相当高的聪明才智和技术水平。这一时期的病毒编写者们主要通过展示自己的能力和创造力来满足其虚荣心和好奇心。计算机病毒成为他们炫耀技术和展示成果的绝佳载体。

例如，巴基斯坦兄弟编写的 Brain 病毒不仅成为反盗版软件的一个典型案例，也展示了他们在技术上的创新应用。小球病毒凭借其整点读盘的功能、小球在屏幕上运动、反弹和削字的复杂操作，成为编程艺术的典范。如果没有出众的技术水平，是难以设计出如此巧妙的"恶作剧"式病毒的。同样，当 DOS 系统启动后屏幕上出现"Your PC is now stoned!"字样时，用户会意识到自己的系统已经感染了石头病毒。这虽然让人深感恼怒，但也不得不佩服这些病毒作者对计算机系统的精通。

1999 年 4 月 26 日，CIH 病毒全球暴发，再次证实了病毒作者陈盈豪对 Windows 系统内核的深刻理解和突破性地破坏计算机硬件的创新思路。这类例子数不胜数，在这一阶段，计算机病毒的编写者们无不显示出他们的非凡技术水平和创新能力。

综上所述，从 1986 年开始的 20 年里，计算机病毒主要是编写者用于技术炫耀和展示的工具，体现了人类好奇心和虚荣心在推动病毒发展中的力量。因此，这个阶段可以被称为计算机病毒的炫技式发展阶段。

2. 逐利式病毒

如果说人性的虚荣主要为满足精神层面的需求，那么人性的趋利避害则关乎现实物质层面的追求。作为现实中的个体，人类的行为和思维通常以物质基础为前提，真正能够超越物质需求的人极为罕见，甚至可以说不存在。唯物主义哲学中的"物质基础决定上层建筑"这一原则在现实世界中得到了充分体现：人们无法脱离物质利益而独立存在。

随着现实物理空间向网络虚拟空间的延伸，现实世界的逐利性自然也渗透到网络空间。人们不再仅仅满足于炫技所带来的心理满足感，而开始将目光投向网络空间中的利益追逐。当网络支付和数字货币成为现实支付的虚拟替代，通过简单的网络操作即可实现现实财富的转移时，原本以炫技为主的计算机病毒也开始向逐利式病毒转变。

网络黑灰产业链的广泛存在是逐利式病毒生存和发展的最佳例证。黑灰产利用病毒作为攻击载体，以实现信息窃取、加密勒索、挖矿获利等目的。在利益驱动下，计算机病毒不仅完成了从炫技到逐利的华丽转变，而且在数量和质量上都有了显著提升。2017 年震惊世界的 WannaCry 勒索病毒、2018 年的 WannaMine 挖矿病毒，以及网络钓鱼和僵尸网络的大规模爆发，都是逐利式病毒发展的实例。

因此，在当今的网络空间中，真正不逐利的计算机病毒几乎已经绝迹。所有具备破坏能力的计算机病毒都携带有逐利基因，都是为了利益而诞生、繁衍和进化的。逐利性已经成为计算机病毒发展的核心驱动力。

3. 国家博弈式病毒

随着网络与信息技术的飞速发展和广泛应用，社会的生产和生活方式发生了深刻的变革。

（1）现代社会的运行模式普遍呈现网络化的发展态势，网络技术对国际政治、经济、文化和军事等领域的影响日益深远。

（2）网络的无疆域性导致信息跨国界流动，使得信息资源成为重要的生产要素和社会财富，掌握信息的能力成为一国软实力和竞争力的重要标志。

（3）为确保竞争优势和维护国家利益，各国政府开始利用互联网尽其所能地收集情报。

如果说逐利式病毒代表了计算机病毒编写者在网络空间中追逐个人物质利益，国家博弈式病毒则是国家在网络空间中为维护和扩大其自身利益展开的博弈。逐利式病毒的主要动机是经济收益，其目标明确、持续性强且具有稳定性，通常伴随着网络犯罪和网络间谍活动。例如，2009 年的 Google Aurora 极光攻击，是由有组织的网络犯罪团伙发动的，针对 Google 和其他约 20 家公司，旨在长期渗透并窃取这些企业的数据以牟取不法利益。

与其他病毒相比，国家博弈式病毒更为复杂和隐蔽，其目的是攻击关键基础设施、窃取敏感情报，并具有强烈的国家战略意图。2010 年的 Stuxnet 震网病毒攻击便是一个典型案例。这次攻击由美国和以色列联合实施，利用操作系统和工业控制系统的漏洞，通过相关人员的移动设备感染伊朗布什尔核电站的信息系统。在长达 5 年的潜伏期内，这个病毒逐步扩散并精准破坏目标设施，其攻击范围、策略和执行都极为精妙。

从战略意图来看，国家博弈式病毒标志着计算机病毒从"散兵游勇"式的随机攻击演化为有目的、有组织、有预谋的定向攻击。由于有国家层面的资金和技术支持，这类攻击不仅持续时间更长，威胁也更大。国家博弈式病毒攻击已具备网络战争的雏形，对现实世界构成了巨大的威胁。

总之，计算机病毒的发展逻辑可以总结为：国家意图或部门利益 + 新技术应用。可以预见，在未来的现实环境中，计算机病毒将在编写者的技术和智力较量中，朝着更加功利化、人性化、自动化和智能化的方向不断发展。

5.2 计算机病毒演化模式

计算机病毒作为一种特殊的人工生命体，其演化过程不仅受生物学进化原理的影响，还受到人类社会、技术发展和网络环境变化的深刻影响。这种双重性质赋予计算机病毒独特且复杂的演化模式。本节将深入探讨计算机病毒的演化模式，涵盖病毒个体演化、病毒群体演化及与环境适应演化三个主要维度，并对未来的病毒演化趋势进行展望。

5.2.1 计算机病毒个体演化模式

计算机病毒的演化历程可谓一部展示其独特适应技能和演化策略的壮观历史，类似于"八仙过海，各显神通"中描述的多样化能力展示。这些病毒通过运用一系列复杂的机制和技巧，充分体现了"物竞天择，适者生存"的原则，以确保在不断变化的计算机环境中生存和繁衍。

本节将从以下几个方面深入探讨计算机病毒个体的演化技能：寄生机制、拟态策略、假死能力、引诱技巧、加壳方法、逃逸技术、自我牺牲行为、变异过程、繁殖方式、传播和隐藏策略。通过对这些技能的分析，旨在揭示计算机病毒如何通过不断地自我演化，适应日益复杂的数字生态系统，从而保证其生存和传播的能力。

1．寄生

寄生现象在自然界和数字世界均广泛存在，尽管其具体表现和影响有所不同。在生物学中，寄生是一种常见的生态关系，寄生生物依赖宿主获取资源，影响生态系统的平衡与进化，如肠道寄生虫对宿主健康的影响。在计算机科学中，寄生现象多表现为计算机病毒对系统资源和数据的侵害，威胁数字世界的安全。

1）生物学寄生

在生物学领域，寄生关系是一种特定的种间互动形式，其中一种生物（寄生物）依附于另一种生物（宿主），从后者获取营养以维持生存。这种现象在自然界中极为普遍，涵盖了从细菌受到噬菌体寄生，到高等生物之间的复杂相互作用。在这种关系中，寄生物通常体积较小，而宿主体积较大，形成一种"以小食大"的局面。寄生关系往往会导致宿主受损，甚至死亡，同时也促使寄生物与宿主之间形成一种相互制约和共同进化的关系，体现了一种对抗性的相互依存。

➤➤ 寄生关系的起源

寄生关系的形成可以追溯到生物间在空间和资源获取方式上的历史联系。其起源主要有以下几个途径。

（1）共栖转变为寄生。

最初可能是简单的共栖关系（Commensalism），即两种生物共同生活但互不干扰，随着时间的推移，一方逐渐以另一方的体液或组织为生，逐步发展为寄生关系。例如，某些细菌最初可能只是在宿主体表共栖，后来演化成侵入宿主体内获取营养的寄生物。

（2）捕食转变为寄生。

某些生物最初通过捕食或间歇性吸血的方式获取营养，随后演化为依赖宿主血液或组织的专性寄生生活方式。一个典型的例子是吸血昆虫，如蚊子，它们从间歇性吸血逐渐演化出复杂的寄生机制，最终成为专性寄生虫。

（3）偶然寄生转变为常态寄生。

一些生物偶然进入宿主体内并发现这种方式对其生存和繁殖有利，最终演化为常态的寄生。例如，某些肠道寄生虫可能最初通过食物链偶然进入宿主消化系统，发现这种环境适合生存后，逐渐演化成依赖宿主消化系统的常态寄生物。

》 进化动力与相互适应

寄生关系的演化不仅是寄生物单方面的适应过程，宿主也会通过自然选择发展出各种防御机制，如免疫系统的进化和行为上的回避策略。这种相互适应和进化的动态过程使得寄生关系成为生物进化的重要驱动力之一。在长期的进化过程中，寄生物和宿主之间可能会形成复杂的共进化关系，使得双方的生存策略更加多样化和精细化。

2）计算机病毒的寄生

自计算机病毒诞生以来，其寄生行为便表现得尤为显著。计算机病毒能够寄生在文件或系统的引导区，通过操纵宿主的启动机制来实现自身的激活和传播。本节将详细探讨计算机病毒在文件和引导区两个层面的寄生行为。

》 文件型寄生

文件型寄生病毒通过感染操作系统中的可执行文件进行传播。它们感染范围广泛，技术手段多样，并且不断进化。在理论上，这类病毒能够感染系统中的任何可执行文件。

- DOS 系统中。目标文件包括 BAT 批处理文件、SYS 系统驱动文件、COM 和 EXE 可执行文件。
- Windows 系统中。感染目标扩展到 EXE 可执行文件、DLL 动态链接库、VXD 虚拟设备驱动及 SYS 系统驱动文件。

此外，文件型病毒还能够隐藏于数据文件中。宏病毒便是隐藏在 Microsoft Office 文档中的一个典型例子。这类病毒的设计目标是在不破坏宿主程序正常功能的前提下实现寄生。根据病毒代码植入的位置，文件型寄生病毒可分为头部寄生、尾部寄生、中间寄生和空洞寄生四种主要形式。

（1）头部寄生。

头部寄生病毒将其代码置于宿主文件的开头，主要采用两种方式：一种是覆盖宿主文件的部分内容，并将原内容移至文件末尾；另一种是在病毒代码后附加原宿主文件内容，生成新文件以替代原文件。DOS 系统的 BAT 和 COM 文件，由于其在执行时不需要重定位，因此易于被此类病毒感染。随着技术的进步，这类病毒也能够通过重定位技术感染 DOS 和 Windows 系统中的 EXE 文件。

（2）尾部寄生。

尾部寄生病毒将其代码附加在宿主程序的末尾。DOS 系统中的 COM 文件，由于其结构简单，病毒代码可以直接附加至文件尾部，并修改文件起始的几个字节为跳转指令［如 JMP（病毒代码起始地址）］。对于 EXE 文件，处理过程更为复杂，通常涉及文件格式转换或修改文件头信息，包括代码起始地址、文件长度、CRC 校验值和堆栈指针等。在 Windows 系统中，EXE 文件的感染同样需要修改更多的头部信息，包括程序入口地址、段的起始地址和属性等。

（3）中间寄生。

中间寄生病毒将代码插入宿主程序的中间部分，可能是整段插入或分段插入。这种方法涉及复杂的文件头修改、宿主文件压缩和代码跳转逻辑控制，因此相对较少见。宏病毒则是一种特殊的中间寄生病毒，它通过在 Microsoft Office 文档中嵌入恶意宏命令进行复制和传播。

（4）空洞寄生。

空洞寄生病毒利用 Windows 系统 PE 文件格式中的空闲空间插入病毒代码，从而具有既完成寄生感染又不改变文件大小的隐蔽性。CIH 病毒便采用这种策略使其感染过程难以被察觉。

➤➤ 引导区寄生

引导区寄生病毒（Boot Sector Viruses）采用高度隐蔽的策略，通过篡改或完全替换存储设备上的引导扇区（Boot Sector）或主引导记录（Master Boot Record，MBR）中的引导代码，来实现恶意行为的植入与激活。这种做法使病毒能够在计算机系统启动的最早阶段，即 ROM BIOS（Read-Only Memory Basic Input/Output System）初始化之后，操作系统加载之前的关键时刻，悄无声息地获得控制权。

在这一过程中，当系统电源开启，计算机进行自我检测（Power-On Self Test，POST）并准备加载操作系统时，ROM BIOS 首先会寻找引导设备（如硬盘、USB 存储设备等）上的引导扇区。正常情况下，引导扇区包含一段小的启动代码，用于引导加载操作系统。当该引导扇区被病毒感染时，ROM BIOS 将无意中执行病毒代码，而非正常地启动代码。这样，病毒便在操作系统加载之前得到执行，从而绕过操作系统级别的安全措施，实现更深层次的系统控制或数据破坏。

由于引导区病毒直接作用于硬件层面的启动过程，它们通常能够抵抗传统操作系统级别防病毒软件的检测与清除。由于病毒激活发生在操作系统加载之前，还有许多防病毒软件在设计时假定引导扇区为可信区域，因此可能不会对其进行彻底检查。防御这类病毒需要特殊的工具和方法，如使用具备引导扇区保护功能的安全软件，或在系统启动前使用独立的引导介质进行系统扫描。

总之，引导区寄生病毒通过修改或替换引导模块，使病毒在系统引导时，操作系统启动之前被激活。这类病毒能够在 ROM BIOS 的后续阶段即刻启动，从而在操作系统加载前获得控制权，以彰显其在系统控制和隐蔽性方面的显著优势。

2. 拟态

拟态现象在自然界和数字世界均广泛存在，并表现出复杂的多样性。尽管具体表现形式和实现机制有所不同，其共同点在于通过模仿提高生存机会或攻击成功率。在自然界，某些生物通过模拟其他生物的外观或行为来躲避捕食或吸引猎物，如毒蛇形态的无毒蛇。在数字世界，计算机病毒通过伪装成合法程序来逃避检测和实现攻击。

1）生物学拟态

拟态（Mimicry）是生物学领域一种复杂且高度专业化的生态适应策略。通过这种策略，某些生物体在形态、颜色和行为特征上模仿其他生物，以此迷惑潜在的捕食者或吸引猎物，从而获得生存和繁衍的优势。这种现象是通过长期的自然选择和进化过程形成的，至少涉及三个参与方：模仿者（Mimic）、被模仿者（Model）和受骗者（Receiver）。

模仿者通过发出与被模仿者几乎相同的信号——包括视觉信号（如形状和颜色）、听觉信号（如声波）、化学信号（如气味或生物化学物质）——来迷惑受骗者。当受骗者将模仿者误认为被模仿者时，其反应会因具体情形不同，对模仿者产生与生存相关的利益，而对受骗者则可能无益甚至有害。

拟态是一种高度复杂且动态进化的生态适应现象，通过长期的自然选择过程，模仿者、被模仿者和受骗者之间形成了微妙的生态平衡。这种策略不仅显著提升了模仿者的生存率和繁殖成功率，也为理解进化生物学的复杂性提供了重要视角。

2）计算机病毒拟态

在网络空间，计算机病毒的拟态能力体现了其在与防病毒技术的长期斗争中逐渐进化出的一种高度适应性。这种拟态不仅局限于简单的命名或外观模仿，还涉及更深层次的行为模仿，从而逃避安全软件的检测和不引起用户的警觉。

◆ 文件名拟态

计算机病毒通过模仿系统关键文件或常见应用程序的文件名来隐藏自身，利用用户对这些文件的默认信任。这种策略不仅能使病毒在系统中潜伏更长时间，还能在一定程度上规避安全软件的扫描。例如，病毒可以通过伪装成系统级别的服务或进程来执行恶意操作，而不被用户察觉。典型的如恶意软件命名为 "svchost.exe"（模仿 Windows 系统的关键进程），以避开初步检查。

◆ 外观视觉拟态

这种拟态利用了用户对界面的信任，通过模仿可信软件的界面或创建与知名网站相似的钓鱼网站，攻击者可以诱导用户进行不安全的操作，如输入敏感信息。这种策略的成功在很大程度上依赖于用户对界面细节的忽视和对品牌的信任。2014 年 8 月，网络罪犯以埃博拉病毒疫情的新闻作为诱饵，创建了模仿 CNN 网站的钓鱼页面。这些页面不仅在外观上与 CNN 高度相似，在内容上也模仿了 CNN 新闻报道的风格，通过提供看似有用的信息和链接来吸引用户点击。一旦用户尝试打开这些链接，就会被引导至要求输入登录凭证的假冒网页。这一过程不仅展示了外观视觉拟态的技巧，还反映了攻击者如何利用当前事件和用户的好奇心来提高诱骗的成功率。

◆ 行为仿真

除了命名和视觉拟态，计算机病毒还通过模仿正常软件的行为，进一步逃避检测。恶意代码可以通过模拟合法程序的网络请求、内存使用和文件访问模式，使其行为看起来正常，从而绕过行为基线检测系统。例如，某些高级恶意软件会在执行过程中动态加载其恶意模块，仅在特定条件下执行隐蔽操作，从而降低被识别的风险。

与自然界中的生物拟态类似，计算机病毒的拟态也依赖于欺骗受害者的预期反应。为应对这种威胁，防病毒技术也在不断进化。例如，基于机器学习的威胁检测系统能够识别更为隐蔽的拟态行为，通过分析文件和行为的异常模式来提高检测的准确率。

3. 假死

假死现象（又称"诈死"或"装死"）在自然界和数字世界均为常见且复杂的自我保护或防御策略。尽管表现形式各异，其基本原理皆为通过暂时停止活动来规避威胁或攻击。在自然界中，一些动物通过假死来逃避捕食者，如负鼠会在遇险时进入僵尸状态。而在数字世界中，某些计算机病毒会在检测到威胁时暂时停止运行或伪装为无害状态，以避开逆向分析或监控。

1）生物学假死

假死或称为拟死，是动物界一种广泛存在的应激反应，是动物在遭遇潜在威胁时展现的一种自我保护行为。这种行为表现为身体静止不动，生理活动显著降低，在外观上类似于死亡状态。假死的本质是一种生存策略，通过模仿死亡来避免被捕食者注意到，因为许多捕食者倾向于攻击活的动物而避免食用已死的动物，以防食用到可能有害的尸体。

假死涉及复杂的生理和行为机制。当动物感知到不可逃避的威胁时，中枢神经系统会触发假死反应，使得肌肉松弛、心率降低、呼吸减缓，外在表现上与死亡极为相似。这种生理状态不仅能降低被捕食者进一步检测或攻击的风险，还能节省能量和氧气，使动物能够在长时间的假死状态下维持生命。

在自然界，假死策略对于那些缺乏其他有效逃避捕食手段的物种尤其重要。例如，某些昆虫和爬行动物在感知到威胁时会突然停止所有运动，甚至跌落至地面后仍保持不动，以迷惑捕食者。甲虫和草蜢是其中的典型代表，它们在受到威胁时迅速进入假死状态，直到危险过去。

在脊椎动物中，假死现象也相当普遍。美国弗吉尼亚负鼠（Didelphis Virginiana）就是一个很典型的例子。遇到危险时，这种有袋类动物会进入一种类似于昏迷的状态，其身体松弛、反应消失，甚至会散发出类似尸体的气味。这种气味由体内腺体分泌的物质产生，进一步增强了假死的可信度，极大地增加了其生存概率。

假死现象展示了动物王国中多样且巧妙的生存策略。通过模拟死亡来避开捕食者，动植物不仅展示了其在环境压力下的非凡适应能力，也为生物学研究提供了丰富的探索领域。在应对自然威胁时，假死是演化出的一种让人惊叹的生存机制。

2）计算机病毒假死

在网络空间，假死的概念也被应用于计算机病毒的行为策略中。计算机病毒的假死是一种高级的逃避技术，使得病毒能够在被安全软件检测到的情况下暂时隐藏其活动迹象，从而避免被清除。这一般通过篡改系统的基本反馈机制来实现，例如，通过拦截和修改系统的 API 调用和返回值，使得杀毒软件认为病毒已被成功删除，而实际上病毒仍潜藏在系统中。

计算机病毒假死的实现依赖于多种技术手段，Rootkit 技术是最常见和有效的手段之一。Rootkit 是一种能够深度集成于操作系统中的恶意软件，它通过修改系统底层的通信和处理机制来掩盖病毒的存在。例如，当杀毒软件尝试删除病毒文件时，Rootkit 可以拦截删除命令，并伪造一个成功的删除反馈给杀毒软件，使其误以为病毒已被清除。

Rootkit 技术能够在多个层面上实现对系统的控制和篡改，包括内核层、用户层和硬件层。内核层 Rootkit 可以直接修改操作系统内核的数据结构和函数，从而隐藏病毒进程和文件。用户层 Rootkit 则通过修改系统 API 和动态链接库（DLL）来欺骗用户和应用程序，使其无法检测到病毒的存在。硬件层 Rootkit 甚至可以通过修改固件或硬件接口来实现持久性的隐蔽。

2007 年的魔域窃贼变种病毒（Trojan.Mebroot）是计算机病毒假死策略的一个典型案例。该病毒不仅使用了 Rootkit 技术来隐藏其文件和进程，还通过破坏系统的正常运行，使得用户界面所有图标消失出现空白，从而模拟了系统崩溃的假象。虽然这种假死状态实际上是由病毒的缺陷导致，但它无意中展示了病毒通过引起系统异常来避免被发现和处理的潜在策略。

计算机病毒假死策略的成功实施，体现了恶意软件对其运行环境的高度适应能力和生存策略的进化。与生物界中的假死策略类似，计算机病毒通过模拟"死亡"来逃避检测和被清除，从而在系统中保持潜伏状态。这种策略不仅增加了病毒的存活时间，还使其能够在适当时机重新被激活，继续执行恶意操作。

4．引诱

引诱现象在自然界和数字世界均为一种复杂且重要的策略，旨在吸引目标执行特定行为。在自然界，生物通过色彩、气味或行为来吸引配偶或猎物，如捕蝇草引诱昆虫入陷。在数字世界，引诱策略常用于诱骗用户点击恶意链接或下载有毒软件。这一现象通过展示某种"诱人"的特质或诱饵以达到其目的。

1）生物学引诱

在生物学领域，引诱行为是一种复杂的进化适应现象，通过这种行为，生物能够有效地完成繁殖或捕食，从而提高其生存和繁衍的概率。这种行为通常涉及使用特定的色泽、光亮、气味等生物信号，以吸引其他生物的注意力，从而达到特定的生态功能。

在动物界，萤火虫通过其尾部的生物发光来吸引异性，是一种典型的生物学引诱行为。萤火虫通过特定的闪光模式传达种内的交配信息，这不仅提高了找到配偶的概率，也有助于种群基因的传播和多样性。

在植物界，许多花卉通过鲜艳的颜色和迷人的香味吸引传粉昆虫。这种引诱行为通过花朵的形态和气味信号吸引传粉者，促进花粉的传播和受精过程，是植物繁衍的重要手段。例如，兰花通过复杂的形态和独特的香味模拟雌性昆虫的形态来吸引雄性传粉者，这种行为被称为"欺诈性传粉"。

猪笼草和捕蝇草等食肉植物则通过特殊的结构和香味来引诱昆虫等小动物。当猎物接近时，猪笼草利用其充满消化液的叶片捕捉猎物，而捕蝇草通过感应叶片上的细毛触发闭合机制，将猎物困在消化腔内。这些引诱行为不仅有助于植物获取所需的营养物质，特别是在营养贫瘠的环境中，也是其独特的生态适应策略。

生物学中的引诱行为不仅展示了生物在自然选择压力下惊人的适应能力，也是生态系统平衡和多样性的重要组成部分。

2）计算机病毒引诱

在计算机安全领域，引诱通常指的是计算机病毒或恶意软件利用用户的心理弱点，如好奇心、贪婪、信任等，诱使用户执行某些操作，从而实现病毒的感染、传播和破坏。这种策略充分利用了社会工程学的原理，通过设计看似无害甚至吸引人的内容来隐藏其恶意本质。

"爱虫"（I LOVE YOU）病毒是计算机历史上一个经典案例，它巧妙地利用了人们对情感表达的自然好奇和期待心理。该病毒通过电子邮件系统传播，其主题为"I LOVE YOU"，成功地引诱用户打开附件，导致病毒在全球范围内迅速传播。这种情感引诱策略揭示了利用心理学原理来设计恶意软件的巨大潜力和破坏力。

计算机病毒和恶意软件还经常借助名人效应和当前热点事件来引诱用户。例如，通过伪装成包含热点新闻或当红明星照片的电子邮件或网页链接，恶意软件能够吸引大量用户点击，从而实现其传播目的。此类策略充分利用了用户对新闻和明星八卦的高度兴趣，是引诱策略中常见的手段。

随着技术的发展，恶意软件的引诱手段也在不断革新和多样化。例如，"性感杀手"（Sexy Killer）病毒伪装成色情视频应用（App），利用用户对成人内容的兴趣促使其下载和安装。一旦用户安装了该应用，其设备便会受到感染，面临隐私泄露、数据盗取和财产损失的风险。这种引诱策略不仅利用了人们的某些特定兴趣，还凸显出在移动互联网时代，恶意软件传播手段的多样化和隐蔽化。总之，计算机病毒引诱策略与生物界的引诱行为如出一辙，都显示了生物和计算机病毒为实现其生存和繁衍目标采用的复杂适应策略。

5．加壳

加壳现象广泛存在于自然界和数字世界，展现出高度的复杂性和多样性，是一种关键的防御策略。在自然界，生物体通过外壳、硬化的皮肤或其他防护结构来抵御捕食者和环境威胁；在数字世界，计算机病毒通过代码加壳技术防止逆向工程，从而进行恶意攻击。深入了解这些机制和策略，有助于我们在生物学和信息安全领域采取更有效的应对措施，从而保护生物多样性和信息安全。

1）生物学加壳

在自然界，加壳是一种普遍而有效的生物进化策略，旨在通过形成坚硬的外壳来保护生物体免受外部威胁。这种机制体现在多种生物中，从昆虫到爬行动物，再到某些水生动物，它们通过进化发展出不同形式的保护结构。例如，穿山甲和犰狳的鳞片由角质构成，具有极高的硬度和抗冲击能力。在面对天敌的威胁时，这些动物能够迅速将身体蜷曲，形成一个几乎无懈可击的防御球体。河蚌和乌龟则通过进化长出坚硬的外壳，当受到攻击时，它们会将身体收缩至壳内，从而有效地避免损伤。

加壳行为是生物体在自然选择的压力下发展出来的一种复杂适应策略。通过这种方式，生物能够在自然选择的压力下更好地生存和繁衍。这不仅展示了生物进化的创新和多样性，也对推动不同领域的科学研究和技术开发具有重要意义。

2）计算机病毒加壳技术

在计算机科学领域，加壳技术（Packing/Obfuscation Techniques）主要用于对软件和恶意代码进行保护，以防止其被杀毒软件检测或是被逆向工程分析。这种技术通过对程序代码的压缩和加密，实现了在磁盘上的隐藏和内存中的动态解密执行。

计算机病毒加壳的过程类似于生物学中的加壳，其目的是保护病毒代码不被轻易识别和破解。通过使用专门的加壳软件（Packers），恶意软件的作者能够将病毒代码包裹在一个加密的外壳中。当带壳病毒程序被执行时，外壳代码首先被加载到内存中，负责解密原始病毒代码，然后将控制权交还给恶意代码，从而使病毒实现其预期功能。

加壳软件根据其功能可以分为压缩壳（Compressing Packers）和保护壳（Protecting Packers）两大类。

（1）压缩壳。主要用于减少程序的体积，以便于传播和存储。此类壳通过数据压缩算法如 LZ77、LZMA 等将代码进行压缩，执行时再解压。

（2）保护壳。采用复杂的加密算法和反调试技术，主要目的是防止病毒代码被逆向分析和调试。如使用 AES、RC4 等加密算法隐藏代码内容，同时嵌入反调试机制来检测并妨碍调试工具的运行。

随着技术的发展，许多加壳工具同时具备这两种功能，从而显著提高了病毒代码的防护能力。例如，VMProtect 是一种先进的加壳软件，它通过将程序代码转换为自定义虚拟机的字节码来实现保护。这种方法不仅能够防止静态代码分析，还能在一定程度上抵御动态分析和反调试工具。

加壳技术的核心在于隐藏或加密病毒的静态代码，使得病毒文件在磁盘上不易被识别。当病毒开始执行时，其加密或压缩的代码必须被解密或解压至原始状态以完成其恶意功能，这一解密或解压过程通常在系统内存中进行。由于这一动态变化特性，加壳技术不仅要成功隐藏静态代码，还要利用各种技术阻碍动态分析。

尽管加壳技术能够有效保护计算机病毒静态分析阶段对抗杀毒软件的检测，但在病毒进入动态执行阶段时，其防护效果会有所下降。因此，在实际应用中，安全研究人员和防病毒软件开发者也不断开发新的检测和防御技术，如行为分析（Behavioral Analysis）、基于内存的监控（Memory Forensics），以应对抗加壳技术带来的挑战。

因此，无论是生物学中的加壳行为还是计算机科学中的加壳技术，都是为了实现对个体或程序的保护，以抵御外部威胁。这些机制虽应用于不同领域，但都体现了相似的基本原则——生存与自卫。在计算机安全领域，通过进步和创新，加壳技术不断演变，呈现出越来越高的复杂性和有效性，给防御工作带来了持续的挑战。

6. 逃逸

逃逸行为在自然界和数字世界均广泛存在，并表现出高度的复杂性和多样性。通过运用独特的机制和策略，这些行为能够有效规避潜在的威胁或攻击，从而确保个体或系统的生存和安全。在自然界中，逃逸行为可以表现为速度与敏捷、伪装与隐蔽、化学防御及迷惑策略等，如羚羊的快速奔跑和变色龙的体色变化。在数字世界，逃逸行为则包括数据加密、恶意软件的反检测技术、隐私保护措施及自我防护功能。

1）生物学逃逸

逃逸行为在自然界是一种普遍且关键的生存策略，它体现了动物对自身安全的本能反应。在进化生物学中，逃逸行为被视为一种适应性特征，即动物为了适应环境中的捕食者压力而进化出的行为。这种行为不仅涉及速度和敏捷性的物理特征，还包括对威胁的感知和反应时间的认知特征。

逃逸策略的进化是通过自然选择机制在长期的生存竞争中形成的，有助于增加个体的生存概率，从而传递其基因到下一代。例如，长颈鹿、兔子、羚羊等食草动物在面对狮子、老虎、狼等天敌的威胁时，其逃逸行为的成功与否在很大程度上取决于它们对危险的早期感知、快速反应及在逃跑过程中的机动性。

逃逸行为不仅仅是个体生存的关键策略，也对生态系统的平衡具有重要意义。捕食者和猎物之间的动态平衡通过这种行为得以维持。捕食者的捕猎压力促使猎物进化出更高效的逃逸机制，而猎物的逃逸能力又反过来驱动捕食者进化出更高效的捕猎策略。这种相互作用推动了物种间的协同进化，使得生态系统在动态平衡中不断演化。

2）计算机病毒逃逸

在计算机安全领域，病毒的逃逸策略揭示了恶意软件作者为规避安全软件检测所采取的一系列技术手段。这些策略旨在增加病毒被发现和分析的难度，从而延长其存活时间和扩散范围。这种对抗性技术的发展体现了病毒与安全防护措施之间持续的技术博弈。

◆　环境感知逃逸

许多现代病毒都具备环境感知能力，能够检测其运行环境是否为分析沙箱或虚拟机。例如，Trojan.Win32.Straftoz.c 等病毒通过检测系统中沙箱功能的启用状态或虚拟机的存在，决定是否激活其恶意行为。如果检测到分析环境，病毒可能会选择停止执行或修改其行为，以避免被分析和检测。

◆　自我删除与代码注入

病毒通过将自身代码注入正常进程中，或在执行恶意行为后自我删除，可以有效减少直接痕迹，增强其隐蔽性。这种策略使得病毒即使在执行期间也难以被直接检测到，因为它们的行为模式被掩藏在合法进程之中。

◆　动态行为变化

一些病毒能够根据环境的不同动态改变其行为，这种策略使得安全研究人员难以通过一次分析就完全理解病毒的全部功能。例如，Yankee 病毒在检测到 Debug 程序加载时的自我卸载行为，就是一种有效的逃逸策略。

计算机病毒的逃逸策略反映了恶意软件与安全防护技术之间的激烈对抗。随着逃逸技术的不断发展，安全防护措施也在持续优化，以应对新型威胁。只有借助先进的检测技术和实时更新的安全策略，才能有效应对这一复杂且不断演变的挑战。

7. 自我牺牲

自我牺牲现象在自然界和数字世界均广泛存在，并且表现出高度的复杂性。在自然界，自我牺牲行为通常有利于群体或族群的生存和繁衍，如蜜蜂工蜂在保卫蜂巢时会刺伤入侵者，即使代价是自身的死亡。此类行为在群体选择和亲缘选择中起重要作用。在数字世界，自我牺牲现象体现在分布式计算和网络安全中，如某些计算机病毒或系统自愿"牺牲"资源以保护整体网络的稳定性和安全性。

1）生物自我牺牲

自我牺牲行为在自然界是一种深刻的适应现象，体现了生物为了种群的长远生存而进化出的复杂社会行为。这种行为在进化生物学和行为生态学中被广泛研究，主要基于动物为保护其基因传递到下一代或为了整个种群的生存而展示出的非自利性行为。

自我牺牲行为的典型例子是成年野鸭通过假装受伤来吸引捕食者的注意力，从而保护其幼鸭的生存。这种行为被称为"伤假行为"，是一种高度进化的防御策略，通过牺牲自身的安全来提高后代的存活率。

此外，许多无脊椎动物也展示了类似的自我牺牲行为。例如，螃蟹会在遇到捕食者时主动断掉一只脚（自割行为），海星会断腕，壁虎则会断尾。这些行为通过牺牲个体的一部分来逃脱捕食者，从而增加个体的生存机会。这些行为不仅是对捕食压力的直接反应，也是通过自然选择压力长期进化形成的适应性特征。

自我牺牲行为展示了生物为生存和繁衍而进化出的复杂策略，反映了生物间相互作用的复杂性。

2）计算机病毒自我牺牲

在计算机安全领域，病毒的自我牺牲行为是恶意软件设计者为实现更广泛的传播和更深层次的隐藏而采取的一种策略。这种行为意在通过自我删除或自我隐藏的方式，减少恶意软件被检测和分析的可能性，从而提高其存活率和传播效率。

例如，QQ 幻想盗号者病毒通过在系统中释放新病毒后自我删除，旨在降低被用户发现的概率。这种自我删除行为使得病毒在执行其恶意行为后，通过消除自身的原始文件来减少痕迹，从而增加了安全软件检测的难度。这不仅延长了病毒在系统中的存活时间，还提高了其传播效率。

Flame 病毒展现了一种更加高级的自我牺牲策略。该病毒不仅能够执行复杂的数据收集任务，还具备自行毁灭的能力，以避免留下任何可用于追踪或分析的踪迹。这种自我毁灭行为通过彻底删除与病毒相关的文件和进程，最大限度地减少了检测和恢复的可能性，体现了恶意软件设计者对隐蔽性和持久性的高度重视。

Trojan_Diplefonf 病毒的自我删除行为进一步证明了恶意软件为隐藏其存在而采取的复杂策略。通过在执行恶意活动后自我删除，这类病毒能够掩盖其存在，从而避免引起用户或安全软件的注意。这种策略使得病毒更难被逆向工程分析，提升了其在受感染系统中的持续隐蔽性和操作能力。因此，计算机病毒的自我牺牲行为反映了其设计者对生存与传播策略的深入理解。通过减少病毒在系统中的存在时间，这些恶意软件有效地降低了被检测和分析的风险。

8. 变异

变异现象在自然界和数字世界广泛存在，并且表现出高度的复杂性。在自然界，基因变异是生物进化的重要驱动力，导致遗传多样性和物种适应性。例如，基因突变可以产生新的性状，使物种更适应环境变化。在数字世界，软件和算法的变异通过更新、改进或恶意篡改来提升其功能或规避安全措施，这包括计算机病毒通过变种以逃避检测。

1）生物学变异

在生物学领域，变异是物种进化和适应环境变化的基石。遗传变异分为两大类：不遗传变异和可遗传变异。不遗传变异，通常由外部环境因素引起，不会影响生物的 DNA 序列，因此无法遗传给后代。相反，可遗传变异直接影响生物的遗传物质，如 DNA，这种变异可以通过生殖过程传递给下一代，是进化过程中的关键因素。

可遗传变异主要包括以下五种形式。

◆ **基因突变**

基因突变是指 DNA 序列中的单个或多个核苷酸的改变。这种变异可能由复制错误、外源物质的诱导（如辐射或化学物质）或随机事件引起。基因突变是新基因变体（等位基因）的主要来源。

◆ **染色体变异**

染色体变异涉及染色体结构的改变，如重排、缺失、插入或倍增。这些变异能够显著改变基因的表达方式或调控区域，从而产生大的表型效应。例如，唐氏综合征是由于染色体 21 变异引起的。

◆ **基因重组**

基因重组发生在有性生殖过程中，通过交换同源染色体之间的 DNA 片段来产生新的基因组合。这增加了后代的遗传多样性，有助于物种在动态环境中具备更强的适应能力。

这些变异可以进一步分类为有利变异和不利变异。

◆ **有利变异**

有利变异是指那些能增强生物对环境的适应能力的变异。例如，通过人工杂交培育出的高产抗倒伏小麦就是一个典型的实例，这些有利变异具备增加生物体生存和繁殖成功率的潜力。

◆ **不利变异**

不利变异则指那些削弱生物生存能力的变异。例如，玉米白化苗由于无法进行正常的光合作用，生长和存活都受到严重限制。这种不利的变异在自然环境中会降低生物体的生存概率。

在自然选择的作用下，有利变异往往被保留并在种群中逐渐积累，而不利变异则通过淘汰过程被逐渐去除。这种选择压力推动了种群基因组的持续优化，促进了生物种群的进化。

2）计算机病毒变异

计算机病毒的变异是信息安全领域的一个重要问题。为了逃避杀毒软件的检测，病毒设计者开发了自我变异的技术，使病毒能够在不改变其基本功能的前提下，改变其代码的表现形式。这种变异能力令病毒产生多种变种，使得检测和被清除变得更加困难。

1991 年出现的黑色复仇者变异引擎（Dark Avenger Mutation Engine, DAME）是计算机病毒变异技术的一个里程碑。DAME 能够生成多态性病毒，这种病毒可以以数十亿种不同的形式存在，大大提高了其隐蔽性和生存能力。多态性病毒通过不断改变其代码结构，使得传统的基于签名的杀毒软件难以有效检测到它。

另一个典型例子是 Commander Bomber 病毒。该病毒展示了如何通过分散和重组代码片段，以及利用复杂的跳转和调用机制，来逃避传统的基于签名的检测。通过这些技术，病毒能够在不同的系统和环境中保持活跃。

计算机病毒的自我变异技术涉及多个深层次的密码学原理，包括密钥管理、加密算法和散列函数等。

◆ 动态加密

病毒可以使用不同的加密算法对其代码进行加密，使得每次执行时的代码表现形式都不同。这种动态加密技术能够有效地躲避静态分析工具的检测。

◆ 代码混淆

病毒通过插入无关代码、改变代码执行顺序及使用复杂的控制流结构（如跳转和调用）来混淆其真实意图。这种混淆技术使得逆向工程变得更加困难。

◆ 自我修改代码

病毒可以在运行过程中动态修改自身代码，使得每次执行时的代码都不同。这种自我修改能力进一步增加了检测的难度。

计算机病毒的变异能力对杀毒软件开发者提出了巨大的挑战。为应对这些变异技术，安全专家不断开发新的检测和防御方法。例如，基于行为分析的检测技术通过监控程序的行为特征来识别恶意软件，而不是依赖于静态签名。此外，机器学习和人工智能技术也被引入恶意软件检测中，通过训练模型来识别未知的病毒变种。

9. 繁殖

繁殖现象在自然界和数字世界均广泛存在，且表现出高度的复杂性。在自然界，繁殖机制包括有性繁殖和无性繁殖，这些机制对物种的生存、遗传多样性和生态系统的稳定性至关重要。例如，植物通过种子繁殖，动物通过交配来延续种群。在数字世界，繁殖现象体现在复制和传播数据、程序或信息上，包括计算机病毒的复制与扩散，影响网络系统的安全与稳定。

1）生物学繁殖

繁殖或称生殖，是生命体通过生物学过程产生新个体的机制，是生命延续的基本方式。生物繁殖分为两大类：无性生殖和有性生殖，这两种方式在遗传物质的传递和多样性的产生上有本质的区别。

◆ 无性生殖

无性生殖的特点是后代遗传物质与亲本完全相同，即后代是亲本的遗传克隆。这一过程不涉及性细胞（配子）的结合，因此不需要两个性别不同的个体。无性繁殖的方式多样，包括细胞分裂、出芽、孢子形成和营养生殖等。无性繁殖的优势在于其简便快速，能够在短时间内大量增加个体数量，适合于环境稳定、资源充足的情况。然而，由于遗传物质的一致性，无性繁殖的种群对环境变化的适应性较差。

◆ **有性生殖**

有性生殖涉及来自两个亲本的配子（精子和卵细胞）的结合，产生遗传信息的混合。这一过程增加了后代的遗传多样性，有利于种群适应多变的环境条件。有性生殖的过程复杂，包括配子的形成、受精和胚胎发育等阶段。尽管有性生殖的速度和效率不及无性生殖，但遗传多样性的增加使得种群具有更高的生存和适应能力。

无论是无性生殖还是有性生殖，都是生物界维持种群延续和适应环境变化的重要策略。无性生殖通过快速繁殖能在短时间内扩大种群规模，而有性生殖通过增加遗传多样性提升种群的适应能力。在自然界，这两种繁殖方式常常并存，互为补充，共同推动生物的进化和生态平衡。

2）计算机病毒繁殖

计算机病毒的繁殖机制与生物繁殖有着本质的不同。计算机病毒是一种恶意软件，通过复制自身的代码来传播。这种繁殖过程不涉及遗传信息的交换，因此更类似于生物学中的无性繁殖。计算机病毒的繁殖能力极为强大，能够在极短的时间内感染大量计算机系统。

计算机病毒的繁殖一般通过网络传播、邮件附件、可移动存储设备等多种途径实现。一旦被激活，病毒会在计算机系统中复制自身，并尝试通过各种通信手段传播到其他系统。病毒的繁殖能力和传播速度是评估其威胁程度的重要指标。例如，SQL.Slammer 蠕虫利用网络漏洞，短时间内在全球范围大规模传播，造成了严重的网络拥堵和服务中断。

计算机病毒的繁殖能力和传播速度是评估其威胁程度的重要指标。高效的繁殖和传播机制使得病毒能够迅速扩散，造成广泛的破坏。病毒可能导致数据丢失、系统崩溃、网络瘫痪等严重后果，给个人、企业和公共机构带来巨大的经济损失和安全隐患。

计算机病毒的繁殖和传播对信息安全构成严重威胁，需要采取有效的预防和控制措施。这包括及时更新操作系统和应用软件的安全补丁、使用可靠的杀毒软件及加强网络安全意识等。通过这些措施，可以在一定程度上减缓病毒的传播速度，降低病毒感染的风险。

10．传播

传播现象在自然界和数字世界均广泛存在，并表现出高度的复杂性。在自然界，传播机制多样，包括种子的风力传播、动物传播及病原体的宿主间传播等，这些机制对于生物繁衍与生态系统平衡至关重要。在数字世界，信息、恶意软件及计算机病毒的传播通过网络、社交媒体及电子邮件等渠道，迅速影响广泛的用户群体。

1）生物学传播

生物学上的传播，特指生物个体或种群由一个地域向另一个地域的迁移，这是一种进化适应现象，反映了生物对自然环境变化的响应。生物迁徙是种群生存和繁衍的基本策略之一，它使得生物能够在适宜的时间寻找最佳的环境资源，从而优化其生存和繁殖条件。

◆ 生物迁徙的生态与进化意义

（1）资源优化利用。

迁徙行为使得生物能够根据季节变化有效地寻找最优的食物资源和栖息地。例如，许多鸟类会在冬季向南迁徙，以避开寒冷气候并获取丰富的食物资源。

（2）繁殖条件的改善。

许多物种在资源丰富的地区选择繁殖地，以确保其后代能在最佳条件下生长。例如，鲑鱼会返回淡水河流产卵，因为那里有更多的食物和更适宜的环境条件。

（3）避免不利条件。

迁徙可以帮助生物避开极端气候条件或食物短缺的环境，减少因环境恶化导致的死亡率。例如，羚羊在旱季会迁徙到水源充足的地区，以确保其能够持续生存。

（4）种群扩散与遗传多样性。

迁徙促进了种群的地理扩散，增强了不同地区种群间的基因交流。这种基因交流有助于维持遗传多样性，从而提高物种的适应能力和长期存活率。例如，大洋性鱼类的迁徙能够促进全球海洋中基因池的多样化。

生物迁徙不仅是适应环境变化的一种重要行为，还具有深远的生态与进化意义。通过迁徙，生物能够有效地利用资源、改善繁殖条件、避免不利环境和维持遗传多样性，从而在不断变化的自然环境中保持竞争优势和生存能力。

2）计算机病毒传播

计算机病毒的传播是指病毒利用各种手段在计算机网络中扩散自身的行为。与生物迁徙相似，病毒传播是其生存和繁殖的基本机制，但其目的是扩大感染范围，增强破坏力。

◆ 计算机病毒传播的媒介与途径

（1）早期的物理媒介传播。

在计算机网络尚未普及的早期阶段，计算机病毒主要依赖于物理媒介进行传播，如软盘和硬盘。这种传播方式高度依赖于人为的硬件交换和传递，因此传播速度较慢，但仍然造成了广泛的影响。

（2）光盘与非法软件传播。

随着光盘的普及，计算机病毒开始通过盗版软件和数据光盘进行传播。这一传播途径有效地加速了病毒的地理扩散，尤其是在非法软件市场中，病毒感染变得更加普遍和难以控制。

（3）网络传播的时代。

互联网的迅猛发展彻底改变了病毒的传播方式。电子邮件附件、恶意网站下载、即时通信软件和社交网络都成为病毒传播的主要渠道。网络传播不仅极大地提高了病毒的传播速度，还扩大了其感染范围和破坏力。例如，勒索软件经常通过钓鱼邮件和恶意网站进行传播，快速感染多个计算机系统。

（4）利用系统漏洞和软件缺陷。

现代计算机病毒和其他恶意软件利用操作系统和应用软件的漏洞进行自我复制和传播。这些病毒通常不需要用户的任何直接干预即可进行扩散。例如，蠕虫能够自动扫描和攻击网络中的易感设备，通过漏洞进行传播，甚至可以绕过传统的防病毒软件保护机制。

11. 隐藏

隐藏现象在自然界和数字世界均广泛存在，并表现出高度的复杂性。在自然界，生物通过伪装、隐蔽色或形成庇护所等手段来避免被捕食或增强捕猎成功率，如变色龙通过改变体色与环境融为一体。在数字世界，计算机病毒及网络攻击常使用隐匿技术，如代码混淆、数据加密等，来规避检测和防御机制。

1）生物学中的隐藏

隐藏是一种普遍且复杂的生存策略。这种策略旨在通过伪装或隐蔽手段，避免被捕食者或敌手发现，从而提高生存率或保护自身免受损害。

在自然界，许多生物通过发展出不同的伪装策略来实现隐藏，这些策略使其能够在自然栖息地中几乎不被发现，从而提高其生存率。主要的伪装策略包括保护色（Cryptic Coloration）和混隐色（Disruptive Coloration）。

◆ 保护色

保护色是一种使生物体颜色与其周围环境相匹配的色彩适应形式，使生物体能够有效地融入环境中，从而减少被天敌发现的可能性。例如，菜粉蝶的蛹可以根据其所处的背景环境改变颜色。这种色彩变化使得蛹能够与周围的植被或土壤颜色相融合，从而成功躲避捕食者。这种策略不仅提高了个体生存率，还为物种的延续提供了保障。

◆ 混隐色

通过打破生物体的外形轮廓，使其在背景环境中的识别难度增加。混隐色通常涉及颜色和图案的破碎排列，从而模糊生物体的边缘和轮廓。例如，一些树干上的蛾类（如钩翅蛾科物种）在其翅膀上拥有与树皮裂缝相匹配的颜色和纹理。这些蛾类通过混隐色策略，将自身的形态与周围树皮的裂缝和凸起部分融合在一起，使捕食者难以将其区分开来。

生物隐藏策略是进化过程中发展出的一种重要适应机制，通过色彩和形态的伪装，大幅度提高了生物对捕食者的抗压能力。

2）计算机病毒的隐藏

计算机病毒为逃避安全软件的检测，发展出多种隐藏技术，使其能够在系统中长期潜伏、不被发现，从而提高其传播和破坏能力。这些技术可以分为基于操作系统架构的低级别隐藏技术和高级别的文件与进程隐藏技术。

◆ DOS 时代的隐藏技术

在早期的 DOS 操作系统中，病毒主要通过直接修改系统关键区域来实现隐藏。包括以下几种常见方法。

- 中断向量修改。通过修改系统的中断向量表（Interrupt Vector Table, IVT），病毒可以截取系统和应用程序的中断请求，使其跳转至病毒代码，从而控制系统行为，避免被杀毒软件检测到。
- 扇区隐藏。某些病毒会在磁盘的特定扇区中隐藏自身，这些扇区通常被标记为坏区或未使用区，从而避免在正常的磁盘操作和扫描过程中被发现。
- 目录隐藏。通过操作文件系统，病毒可以将自身文件隐藏在特定的目录中，使操作系统和杀毒软件无法感知其存在。

◆ Rootkit 技术在现代操作系统中的应用

随着操作系统的复杂化，病毒也不断采用更高级的隐藏技术。其中，Rootkit 技术在现代操作系统，尤其是 Windows 操作系统中被广泛应用。

- 系统对象隐藏。Rootkits 通过劫持和修改系统级调用和服务来实现对病毒的隐藏，如隐藏特定的文件、进程、驱动程序、注册表项和网络连接等。这些修改使得操作系统自身及常规的安全软件都无法检测到病毒的存在。
- 内存隐藏。一些高级 Rootkits 会直接潜伏在内存中，通过劫持内存管理单元（MMU）和其他内核级别的机制，将自身伪装为合法的系统进程和服务，进一步增强其隐藏效果。

◆ 对抗病毒隐藏的研究和实践

为了应对病毒不断进化的隐藏技术，研究人员和安全专家也在不断开发新的检测和防御策略。

- 行为分析。通过监控系统和应用程序的行为，识别出异常活动和可疑操作，从而检测潜在的恶意软件。例如，通过监控系统调用和进程间通信，可以识别出试图隐藏自身的病毒行为。
- 启发式检测。基于特征码和行为模式的综合分析，启发式检测能够识别出尚未被收录在病毒库中的新型病毒，提高检测的广泛性和灵活性。
- 深度学习。利用深度学习算法，安全专家可以训练模型以识别复杂的恶意行为模式，从而检测出使用高级隐藏技术的病毒。这些模型能够自适应地学习和进化，以应对不断变化的威胁环境。

因此，隐藏技术是计算机病毒用来保护自身的一种复杂而有效的策略。在计算机安全领域，研究和应用不断进步的检测和防御技术，对有效应对和抵御使用高级隐藏技术的计算机病毒至关重要。

5.2.2　计算机病毒群体演化模式

计算机病毒群体的演化模式包括共生、竞争和捕食，这些模式揭示了病毒在计算机和网络系统中复杂的相互作用和演变机制。深入研究这些模式不仅有助于理解计算机病毒的复杂行为及其相互关系，还能显著提升病毒检测和防御的能力。此外，分析病毒群体的演化模式为开发新型网络安全技术提供了宝贵的启示，有利于最终实现对数字信息资源的全面保护。

1. 共生

共生是一个跨越自然界和数字世界的重要概念，描述了两个或多个不同系统在相互依赖和互惠的基础上实现共同生存与发展的关系。该现象不仅广泛存在于生物学领域，在网络空间，尤其是在计算机病毒的演化过程中，也同样具有重要意义。共生关系在病毒生态系统中表现为不同恶意软件协同工作，以优化资源利用和提升各自的生存能力。

1）生物学共生

生物学中的共生关系展示了生物间复杂的相互作用和依赖。这种关系通常基于物质交换、保护或其他生命活动的互惠，有时甚至会导致参与者在生理或形态上的共同进化。

◆ 互利共生示例

一个典型的互利共生例子是小丑鱼和海葵。小丑鱼通过在海葵的触手间活动获得保护以免受掠食者的攻击，海葵则通过小丑鱼清除寄生物，从而保持其健康。

另一个经典例子是豌豆与根瘤菌。根瘤菌通过固氮作用将大气中的氮气转化为豌豆可以利用的氮源，而豌豆为根瘤菌提供必要的营养物质和结构支持。

◆ 人体与微生物的共生

人体肠道菌群的正常运作是另一种非常重要的共生关系。这些微生物帮助人体消化复杂的食物成分，合成维生素，并且通过竞争抑制有害微生物的繁殖，起到保护宿主健康的作用。这种相互依存的关系不仅对人体的正常生理功能至关重要，对于人体健康和疾病防御也起着关键作用。

共生关系在生物界中无处不在，从简单的微生物到复杂的多细胞生物都展示了这种相互依赖的进化特性。理解这些关系的机制和影响有助于揭示自然界的生态平衡，并为生物技术、医学和计算机科学发展提供重要的理论支持。

2）计算机病毒共生

计算机病毒与其宿主系统之间的共生关系尽管具有一定的负面含义，但其展示了数字生态系统中的动态平衡和相互依赖。这种共生关系在多个层面上得以体现。

◆ **病毒与操作系统的共生**

计算机病毒依赖特定的操作系统环境来实现其生命周期。操作系统的安全功能不断演化，往往是对病毒攻击的直接响应。这种相互作用不仅推动了操作系统安全技术的发展，还提高了系统整体的抗攻击能力。例如，操作系统的防火墙和权限管理机制不断改进，而这些改进通常都是为了抵御新出现的病毒威胁。

◆ **病毒与反病毒软件的共生**

计算机病毒和反病毒软件之间存在一种"矛与盾"的共生关系。反病毒软件的发展驱使计算机病毒不断进化出新的攻击手段，而病毒的存在则迫使反病毒软件不断更新和增强其防御能力。这种动态平衡促使双方不断适应和改进，从而维持了计算机生态系统的稳定性与安全性。

◆ **病毒之间的共生**

不同种类的计算机病毒可能在同一系统中共存而不直接竞争，它们可以各自占据不同的数字"生态位"，有时甚至能够相互促进，共同演化出新的病毒类型。例如，某些病毒可能通过开放后门程序，允许其他类型的病毒侵入，从而形成复杂的多重感染环境。

无论是在自然界还是数字世界，共生关系都是一种普遍存在的现象，体现了生物或体系之间复杂的相互依赖和互利共存。通过研究这些共生关系，我们不仅能够更好地理解网络空间计算机病毒演化与数字生态系统的动态平衡，还能在网络安全和病毒防治方面获得宝贵的启示。

2．竞争

竞争是自然界和数字世界普遍存在的现象，它描述了不同个体或种群为了有限资源而展开的争夺。这种竞争驱动力不仅推动了生物进化，也是技术和创新的源泉。无论是在生物学领域，还是在计算机科学中，竞争都起着至关重要的作用。

1）生物学竞争

在生物学中，竞争是物种进化的重要驱动力之一，对物种的分布、种群规模及适应性特征的进化都具有深远影响。

◆ **种内竞争**

种内竞争是指同一物种的个体之间为有限资源展开的争夺。由于这些个体对资源的需求几乎完全相同，这类竞争通常非常激烈。种内竞争不仅能够有效分配资源，还能强化种群内部的适应性变异。这种竞争有助于筛选出具有最佳适应性的个体，提升整个种群的健康和遗传多样性。例如，当食物资源匮乏时，只有那些能高效利用资源的个体才更有可能生存和繁殖，从而将这些高效利用资源的基因传递给下一代。

◆ 种间竞争

种间竞争是指不同物种之间争夺相同资源的现象。这种竞争会导致资源的重新分配和生态位的分化，从而对物种多样性产生重要影响。根据高斯原理（也称为"竞争排斥原则"），在稳定的环境中，两个物种若长期共存，其生态位必然有所差异，否则其中一个物种将被另一个排挤出局。例如，当两个物种都依赖相同的食物资源时，竞争可能导致其中一个物种改变食性或觅食时间，以避免直接竞争。

种间竞争不仅推动了物种分化，还促进了生态系统的复杂性。例如，多种植食性昆虫竞争同一种植物资源时，可能导致不同昆虫物种发展出针对不同植物部分的专门觅食策略。这种行为差异减少了竞争，提高了物种多样性，同时也促进了植物的进化，因为不同昆虫对植物的选择压力各异，迫使植物发展出多种抗性机制。

2）计算机病毒竞争

计算机病毒之间的竞争与生物界的种内和种间竞争有着惊人的相似之处，反映了数字生态系统中资源有限的本质和信息安全领域的动态平衡。

◆ 同类计算机病毒竞争

同类计算机病毒之间的竞争主要发生在相同类型的病毒变种之间。这种竞争可能导致某些病毒变种占据优势地位，因为它们在感染效率、隐蔽性或免疫系统逃逸能力上具有更强的优势。例如，一些病毒可能通过更高效的传播机制、更隐蔽的自我保护策略或更强的抗病毒软件逃逸能力胜出。这种内部竞争不仅促进了计算机病毒技术的进步，还增加了病毒的多样性，使得病毒生态系统更加复杂和动态。

◆ 异种计算机病毒竞争

不同类型的计算机病毒之间也存在竞争，这类似于生物界的种间竞争。尽管这些病毒对系统资源的需求可能不同，但它们共同占用的系统资源（如 CPU 时间、内存空间）是有限的。这种竞争迫使病毒策略性地调整自己的行为，以减少与其他病毒的直接竞争。例如，一些病毒可能会选择在系统资源使用较少的时间段内活动，或通过降低自身资源占用来避免引起系统管理员的注意，从而在资源有限的环境中提高自己的生存概率。

◆ 计算机病毒与反病毒软件的竞争

计算机病毒与反病毒软件之间的竞争体现了信息安全领域的"攻防对抗"。这种竞争推动了双方技术的不断进步。为逃避检测，病毒可能会采用多态性或变异技术，使其每次感染时的代码有所不同，以此躲避反病毒软件的特征码检测。相应地，反病毒软件也会不断发展出更为先进的检测和清除技术，如基于行为分析的动态检测、机器学习算法等，以应对不断进化的病毒威胁。这种攻防对抗不仅提升了信息安全技术的水平，也促使整个信息安全生态系统朝着更高效、更智能的方向发展。

无论是自然界的生物群落还是网络空间的病毒生态系统，竞争都是一个普遍存在且至关重要的现象。它不仅反映了资源有限性的直接影响，也是推动进化和技术发展的关键因素。理解和研究这些竞争机制，可以更好地理解生物多样性的形成和维持机制，以及信息安全领域防御策略的发展。

3．捕食

捕食行为在自然界和计算机生态系统中都扮演着关键角色。在自然界，捕食行为通过控制种群数量、维持生态平衡和促进生物多样性来影响整个生态系统。捕食者和被捕食者之间的动态关系驱动了进化过程，使得物种不断适应和演化。类似地，在计算机生态系统中，捕食行为体现为恶意软件（如病毒、木马等）对系统资源的攻击和利用。这种攻击驱动了防御技术的发展，如反病毒软件和入侵检测系统的进步。

1）生物学捕食

生物学捕食是生态系统中的一个基本互动方式，对生物多样性和物种间关系的形成具有深远影响。捕食者与猎物之间的相互作用是一场持续的进化军备竞赛，推动了种群的适应性进化。

◆ 特化与适应

捕食者与猎物之间形成了一种复杂的适应性关系。捕食者通过进化出特有的狩猎技能和感官能力来提高捕食效率，包括更敏锐的视觉、嗅觉、听觉及强壮的肌肉和灵活的运动能力。例如，猫科动物通过进化出锋利的爪子和强大的扑击能力来捕猎，而鹰科动物拥有极其锐利的视力来识别和捕捉远处的猎物。

猎物则通过进化出多种逃避策略和防御机制来降低被捕食的风险，如伪装、快速逃逸、集群行为及化学防御。蛾类昆虫通过伪装自身颜色与树皮相仿来逃避捕食者的视线，某些昆虫则能靠分泌毒素来抵御捕食者的攻击。这种动态平衡不仅确保了捕食与反捕食策略的持续进化，还推动了物种多样性的发展。

◆ 种群控制与生态平衡

捕食行为对猎物种群规模具有显著的调节作用，从而影响整个生态系统的稳定性和健康。适度的捕食压力能够防止猎物种群过度增长，以避免资源枯竭和生态失衡。例如，狼对鹿群的捕食行为可以防止鹿群的数量过度膨胀，从而保护植物资源和整个生态系统的健康。捕食者不仅通过直接捕食控制猎物种群数量，还通过"恐惧效应"改变猎物的行为和栖息分布，从而间接控制生态系统的动态平衡。例如，捕食者的存在使得猎物改变觅食习惯和栖息地选择，进一步影响植被和其他物种的分布和丰富性。

2）计算机病毒与反病毒软件的捕食关系

在计算生态系统中，反病毒软件与计算机病毒之间的关系可以类比为自然界中的捕食者与猎物之间的关系。这种复杂的互动关系不仅促进了双方技术的持续进化，还在很大程度上影响了计算机系统的安全和稳定性。

◆ 专杀与泛杀

反病毒软件通过专杀型和泛杀型两种主要方式来应对计算机病毒的威胁。专杀型软件针对特定病毒进行深入研究，设计出精确且高效的清除方案。例如，某些专门的恶意软件清除工具可以有效地识别并移除已知的勒索软件或特定的木马病毒。泛杀型软件则采用启发式检测方法，基于病毒共同特征进行识别和清除。这些特征包括代码模式、行为特征和文件结构等。启发式检测方法具备较强的适应性，不仅能识别已知病毒，还能在一定程度上应对新型和变异病毒。因此，这种方法的多样性和灵活性大大提高了捕食效率，增强了对不断演化的计算机病毒的抵御能力。

◆ 进化军备竞赛

计算机病毒与反病毒软件之间的对抗关系实际上是一场持续的进化军备竞赛。计算机病毒通过不断变异和采用新的逃避技术来逃避杀毒软件的检测。例如，病毒制造者会使用代码混淆、变形算法和多态技术来生成多种病毒变种，隐匿其恶意行为。流行的计算机病毒甚至会采用加密和反调试机制来防止被安全研究人员分析和逆向工程。与之对应，反病毒软件也通过不断更新其检测算法和技术来应对新的威胁。现代的反病毒软件不仅集成了传统的签名识别技术，还广泛应用了机器学习、行为分析和云端威胁情报等技术。这些技术能够更快地识别和响应新型病毒的威胁。

计算机病毒与反病毒软件互动关系的深入理解，有助于从系统层面和行为层面全面解析各类安全威胁，从而制定更加科学和有效的安全防护策略，推动整个计算生态系统的健康发展。

5.2.3　计算机病毒与环境适应演化模式

在网络空间，计算机病毒的适应和演化模式类似于自然界中生物种群对环境变化的响应和进化过程。这种相似性让我们能够从生态学和进化生物学中借鉴理论和方法，以更好地理解和应对日益复杂的病毒威胁。

1. 适应性变异

计算机病毒的适应性变异是其在不断演变的网络环境中求生和传播的关键机制。计算机病毒通过不断地变异和优化来适应新的环境威胁，这一过程包括代码层面的多态性变异、行为层面的适应性优化及策略层面的动态调整。

◆ 多态性变异

多态性技术是一种常见的病毒变异方式，其核心在于动态修改病毒的代码结构，以避免被基于签名的反病毒软件检测到。多态性变异依赖于复杂的变形算法，这些算法可以生成与原始代码功能等效但在二进制层面不同的新代码。例如，病毒可以通过加密解密代码段或插入无意义的垃圾指令来改变其表象，每次感染目标设备时都生成一个独特的变种。这种变异增加了反病毒软件监测和识别病毒的难度，显著增强了病毒的存活和传播能力。

◆ 模块化设计

高级恶意软件通常采用模块化设计，以提高其功能的多样性和适应性。模块化设计理念借鉴了面向服务的架构（SOA），允许计算机病毒通过插件或组件机制实现动态加载和卸载功能模块。具体而言，一种计算机病毒可以在初始感染阶段只加载基本的核心模块，根据受感染系统的具体情况，后续动态加载不同的功能模块，如反调试、数据窃取、网络传输、数据加密等。例如，一种勒索病毒在初始阶段可能只包含加密模块，而当其探测到目标系统具有强大的防护措施时，会进一步加载专门的反分析和逃避检测模块。

◆ 策略层面的动态调整

随着网络安全措施的不断升级，计算机病毒也会在策略层面进行动态调整。病毒制作者会持续监控反病毒软件和安全系统的更新动态，并通过快速迭代和更新策略来规避新型防护措施。这种动态调整不仅体现在计算机病毒的功能改变上，还包括攻击策略的优化，如选择攻击时间窗、绕过行为检测、利用零日漏洞等手段。通过分析和适应目标环境的具体防护策略，计算机病毒能够显著增加其成功率，扩大其影响范围。

◆ 协同进化与共生关系

在复杂的网络生态系统中，计算机病毒还会与其他类型的恶意程序形成协同进化和共生关系。例如，某些病毒可能利用蠕虫感染打开的系统后门来实现自身传播，或者借助特洛伊木马获取登录凭证。这种协同作用使得单一的安全措施难以全面防御，增加了系统的风险和防护难度。在这种背景下，计算机病毒与反病毒软件之间的关系变得更加复杂和动态，呈现出一种不断进化和对抗的态势。

综上所述，通过多态性变异、模块化设计和策略层面的动态调整，计算机病毒展示了强大的适应性和进化能力。这些性质使得现代计算机病毒更加复杂，难以防范，进而对网络安全提出了更高的要求。未来，只有利用人工智能、大数据分析等先进技术，才能有效应对这种越来越复杂的计算机病毒威胁。

2. 选择压力

反病毒软件、网络安全措施及用户行为共同构成了驱动计算机病毒进化的选择压力环境。这些因素互相交织、共同作用，促使计算机病毒不断演化以求生存和传播。

◆ 检测技术

反病毒软件的检测技术是选择压力的重要组成部分。当前的检测方法多种多样，包括基于签名的检测、行为分析、启发式扫描及基于机器学习的检测算法。每种方法都有其优势和局限性。例如，基于签名的检测方法依赖于已知样本库，无法有效应对新出现的和变种病毒。而行为分析和启发式扫描可以发现未知威胁，但也存在误报和需高性能资源的问题。病毒制作者利用这些局限性，开发了多种逃避技术，如代码混淆、隐藏后门、虚拟环境检测等，以绕过检测系统。

◆ **漏洞修补速度**

操作系统和应用程序的漏洞是病毒传播的重要途径，因此漏洞修补的速度和质量构成另一层选择压力。快速和完善的漏洞修补可以大大减少病毒的传播机会，但针对未知零日漏洞的修补通常有时间滞后期，那些能够利用这些漏洞快速传播的病毒会占据适应优势。此外，病毒制作者还通过不断挖掘和利用新的漏洞，以保持其攻击手段的有效性。

◆ **网络防护措施**

网络防护措施如防火墙、入侵检测系统（IDS）、入侵防御系统（IPS）和虚拟专用网络（VPN），通过监控和过滤网络流量对病毒形成了选择压力。这些防护措施不仅提供了额外的安全层，还迫使病毒不断开发更复杂的绕过技术。例如，加密通信、伪装流量及借助分布式网络等手段，成为病毒规避网络防护设备的新策略。

◆ **用户行为**

用户行为也对病毒生存和传播有显著影响。安全意识高的用户会采取预防措施，如定期更新软件、不随意下载未知程序、不点击可疑链接等，从而降低病毒的感染概率。然而，社会工程学攻击利用人性的弱点，如网络钓鱼、社交欺诈等，使得一些强大的计算机病毒能够快速传播。用户的不当行为和低安全意识环境，为病毒提供了生存和扩散的有利条件。

◆ **自然选择过程**

在多重选择压力下，计算机病毒经历了一场类似于生物界的自然选择过程。具有高逃避能力、能够迅速传播并执行有效恶意功能的病毒，会在适应性选择中存活，由此促使计算机病毒不断地进化和优化。病毒制作者也在持续改进其"产品"，以应对新出现的防护措施和技术。最终，只有那些能最佳应对选择压力的病毒变种能够在激烈竞争中存活下来并继续传播。

◆ **演化驱动的网络安全**

这种病毒通过选择压力驱动的进化机制，对网络安全提出了严峻挑战。反病毒软件和网络防护措施必须与之同步进化，采用更加智能化和动态化的技术手段，保持应对能力。未来的网络安全策略，需要结合人工智能、大数据分析和深度学习等前沿技术，来构建更具前瞻性和更具适应性的防护体系，以有效应对日益复杂和多变的病毒威胁。

3．群体效应和协同进化

在复杂的计算生态系统中，计算机病毒不仅以单个实体存在，还通过群体效应和协同进化的机制进行传播和破坏。这既促进了计算机病毒的发展，也使网络安全防护面临更为严峻的挑战。

◆ **病毒间的协同进化和竞争**

病毒之间的协同进化体现在多个层面。例如，某些计算机病毒借助其他病毒或恶意软件创建的访问路径进行传播。这类访问路径包括系统后门、木马、恶意插件和安全漏洞等。通过共享或利用这些访问路径，病毒能够大大提高其传播效率和感染成功率，从而增强其生存能力。

不同计算机病毒之间还存在竞争关系，这种竞争主要表现为对宿主资源（计算资源、带宽等）和特定数据的争夺。竞争关系可能导致某些病毒在感染系统后移除或禁用其他竞争对手的软件，以保证自身的生存和传播优势。这种群体效应通过自然选择机制，加速了计算机病毒的进化，使得最具适应性和攻击性的变种得以存续和扩散。

◆ **计算机病毒的协同工作机制**

一些计算机病毒通过协同工作来实现更复杂和更具破坏力的攻击。这种协同机制有助于多重目标的达成，提高攻击的隐蔽性和难以防御性。

例如，勒索软件与密码窃取程序的结合，使攻击者不仅能够加密受害者的文件并要求赎金，还能窃取登录凭证和敏感信息。通过这种协同攻击，计算机病毒能够同时实施破坏和数据窃取，其综合攻击效果远超单一功能的病毒。

僵尸网络（Botnet）是另一类典型的协同工作机制。僵尸网络由大量受感染计算机（称为"僵尸"）构成，这些计算机可以被远程控制执行各种恶意任务，如分布式拒绝服务攻击（DDoS）、垃圾邮件发送、数据窃取和点击欺诈等。僵尸网络具备高度的协同作战能力，使其成为网络攻击中最高效和威胁性最强的工具之一。这类网络通过隐蔽性高、规模庞大的联合作战，有效规避了许多传统防护措施。

◆ **安全系统的协同演化**

随着计算机病毒的不断演化和复杂化，网络安全解决方案也在不断协同演化，整合多层级、多维度的防护机制，以应对日益增多的威胁。现代反病毒软件不仅依赖本地数据库进行病毒特征码匹配，还通过云端威胁情报系统实现实时更新和威胁响应。这些云端系统能够即时捕获新的威胁样本或情报，并迅速推送至全球各地的终端设备，以确保防护能及时更新。

此外，综合性的安全解决方案融合了多种前沿技术，如行为分析、机器学习、大数据分析和人工智能等。行为分析系统通过识别操作异常来检测潜在威胁；机器学习算法能通过大规模样本训练，提高对未知威胁的识别精度；大数据分析则从宏观层面洞悉威胁模式和趋势，提供更为精准的防护策略。

例如，利用机器学习和人工智能算法，现代安全系统可以自动分析海量网络活动和恶意软件样本，从中挖掘潜在威胁，并生成相应的防护措施。这种动态、智能化的防护策略，能够迅速适应不断变化的威胁环境，更加有效地对抗新型和高级恶意软件攻击。

通过协同演化，网络安全系统不仅强化了对单一威胁的应对能力，还增强了对多层次、多样化威胁的整体防护效果。这种协同进化过程，反映了网络安全与计算机病毒之间的持续对抗和相互推动，促使安全技术不断创新和进步。

4. 计算生态系统动态平衡

在网络空间，计算机病毒与反病毒软件之间的互动关系本质上是一种生态系统的动态平衡。这种平衡体现在病毒与反病毒软件之间的不断对抗中，同时也涉及系统漏洞、用户行为和网络环境等多种因素。病毒的变异和适应性促使反病毒软件和其他安全措施不断升级，这些安全措施的更新也迫使病毒不断进化。通过深入理解这一动态平衡，可以预测未来病毒的威胁趋势，提前制订应对策略，增强系统整体的韧性和防护能力。

◆ 计算机病毒的变异与适应性

在这一生态系统中，计算机病毒不断通过变异和进化来规避检测并提升其攻击效能。病毒开发者利用多态（Polymorphic）、变异（Metamorphic）和加壳（Packing）技术改变病毒的形态和行为特征，使其在每次传播中表现出不同的代码结构。这些策略不仅增加了传统特征码检测的难度，也增强了病毒的隐蔽性，从而提高了其成功感染的概率。

计算机病毒适应性还体现在其针对新兴技术和环境的快速迭代上。例如，针对云计算平台、物联网设备和移动设备的新型攻击手法不断涌现，显示了其高度的动态适应能力。此外，计算机病毒还利用社会工程学手段，如钓鱼（Phishing）和诱骗（Scamming），通过欺骗用户主动执行恶意代码，进一步扩大其传播范围。

◆ 反病毒软件的防护策略

反病毒软件及其他安全措施不断升级，以应对计算机病毒的进化。现代安全解决方案不再仅依赖静态特征码，而是整合了多种先进检测技术，包括行为分析（Behavioral Analysis）、启发式分析（Heuristic Analysis）、沙箱技术（Sandboxing）和机器学习（Machine Learning）。

行为分析系统通过实时监控程序行为，捕捉异常活动模式，如未经授权的文件操作、可疑的系统调用和网络通信等，以迅速识别并拦截威胁；启发式分析则利用规则和模式匹配，检测具有潜在恶意意图的代码，即使这些代码此前未被识别；沙箱技术允许在隔离环境中执行并观察可疑程序，确保其行为特征被详尽分析，并避免其对真实系统的破坏；机器学习算法借助大数据分析和训练模型，能逐步提升对未知威胁的识别精度和响应速度。

◆ 动态平衡与系统韧性

这种持续演化的动态平衡不仅推动了计算机病毒和安全技术的共同进步，同时为网络安全的前瞻性防御提供了重要依据。通过深入理解计算生态系统的动态平衡，我们可以更准确地预测未来病毒的威胁趋势，并制订针对性强、灵活应变的防御策略。

动态平衡分析通过揭示计算机病毒的进化路径和潜在攻击手段，为安全研究人员提供前瞻性的情报支持，促进防御技术和策略的持续改进。例如，通过数据分析和趋势预测，可以提前识别新型攻击模式并进行技术储备和防御部署。

系统的韧性在面对复杂、多变的威胁环境时尤为重要。韧性不仅体现在防御能力的优化上，还包括恢复能力和适应能力的提升。弹性的网络架构设计、多层次的防护体系及冗余备份机制，均有助于减少单点故障和攻击影响，确保系统在受攻击后的快速恢复与持续运转。

◆ 综合防护能力的提升

在计算生态系统的动态平衡中，多维因素的综合考虑至关重要。用户行为、系统漏洞和网络环境的共同作用，直接影响了整体安全状态。提升用户安全意识和操作习惯，如定期更新软件、采用强密码策略和警惕未知来源的邮件，有助于减少被计算机病毒感染的风险。及时修补系统漏洞和进行安全更新，则能有效封堵病毒的入侵通道。网络环境的持续监控和流量分析，可以及早发现异常行为和大规模网络攻击，提供及时的响应和防御。

计算机病毒的环境适应和进化模式为信息安全领域提供了全新的视角。理解这种复杂的互动关系不仅有助于制订更加有效和精准的防护策略，还能推动信息安全领域的持续创新和发展。通过全面、系统地研究这些进化机制，可以更深入地揭示病毒与反病毒技术之间的动态博弈，从而更好地保护信息系统免受新型威胁的侵害。

5.2.4　计算机病毒的演化趋势

计算机病毒作为一种特殊的人工生命体，在不断变化的计算生态系统中展现出显著的加速进化趋势。这种进化不仅体现在病毒的技术特性和行为模式上，还反映在其与外部环境的互动关系中。本节将深入分析和探索计算机病毒演化的趋势，涵盖以下几个关键领域：代码数量与结构复杂化、运行环境多样化、技术隐形化及内存化、感染传播途径多元化及应用领域多元化。

1. 计算机病毒代码数量与结构复杂化

随着计算机硬件性能的不断提升和编程语言的发展，计算机病毒的代码结构变得日益复杂，其功能也更加多样化。在早期的 DOS 时代，由于硬件和系统环境的限制，计算机病毒通常采用低级的汇编语言编写，以实现尽可能小的体积和高效的性能。进入 Windows 和 Internet 时代后，随着计算能力和存储容量的提升，计算机病毒开始广泛采用高级编程语言（如 C++、Java）和脚本语言（如 Python、PowerShell）进行开发。高级编程语言的使用不仅增加了病毒的功能丰富性，还提升了其跨平台兼容性和逃避检测的能力。

模块化设计成为现代计算机病毒的一个重要特征。通过模块化设计，病毒可以根据实际运行环境动态加载不同的攻击模块，从而提高其灵活性和隐蔽性。例如，高级持续性威胁（APT）攻击常采用模块化架构，使其能够灵活应对不同的防御机制和进行持续性的攻击。这种架构使得病毒具备更高的弹性和适应性，能够在不同的系统和网络环境中发挥作用。模块化设计也便于病毒作者进行功能扩展和更新，使其具备持续迭代的能力。因此，现代计算机病毒不仅在代码量和复杂度上显著增加，在其架构设计上也更加规范和高效。

为进一步增加隐蔽性，现代计算机病毒还常常使用代码混淆、加密及动态加载技术。例如，自修改代码（Self-Modifying Code）和代码多态性（Polymorphism）技术，使得病毒每次感染都生成不同的代码结构，极大地增加了静态分析和特征库检测的难度。此外，利用内存加载器在运行时动态加载恶意模块，也有效减少了被传统硬盘扫描和防病毒软件检测到的概率。

因此，现代计算机病毒在其代码数量、结构复杂性和功能多样化方面有显著进展。通过灵活应用高级编程语言、模块化设计及多态技术，新一代病毒具备了更强的跨平台适应性、隐藏能力和持续攻击能力，这也促使安全防护技术不断演进，以应对日益复杂的病毒威胁。

2. 计算机病毒运行环境多样化

随着信息技术的迅猛发展，计算机病毒的运行环境已从最初的个人计算机系统扩展至智能终端设备、工业控制系统、物联网设备等多种智能信息生态环境。这种环境的多样化不仅显著增加了病毒的传播途径，还要求计算机病毒具备更高的跨平台兼容性和适应性，以应对不同系统的特性和防护机制。

在移动平台上，恶意软件（如 Trojan 短信挟持者）必须深入了解移动操作系统的权限管理和消息传递机制。通过巧妙利用这些机制，恶意软件得以在被感染设备上实现其预期功能，如发送恶意短信、窃取用户数据等。移动恶意软件通常采用伪装技术，通过伪装成合法的应用程序绕过应用商店的安全审查机制，从而实现广泛传播。一旦成功感染，恶意软件会利用系统权限进行隐蔽操作，以最大限度地延长其潜伏期并扩大其危害范围。

工业控制系统面临的威胁更为复杂且具有针对性。例如，Stuxnet 蠕虫是专门针对工业控制系统设计的，它利用 PLC（可编程逻辑控制器）和具体的工业协议（如 Modbus、DNP3）进行恶意操作。Stuxnet 不仅会通过多层次的漏洞利用机制进行传播，还能在感染过程中改变工业设备的运行参数，最终导致实际的物理破坏。这类恶意软件需要对目标环境进行高度定制，包括详细的系统分析、逆向工程和预先的漏洞识别，以确保有效地攻击和隐藏。

物联网设备由于其硬件资源有限和安全措施相对薄弱，也成为恶意软件的新目标。物联网设备常用于家庭自动化、医疗健康、智能交通等领域，任何针对这些设备的攻击都会带来严重的后果。例如，Mirai 僵尸网络通过利用物联网设备的默认密码进行大规模感染，随后把这些设备转化为"肉鸡"（Zombie），用于发动分布式拒绝服务（DDoS）攻击。

计算机病毒的多样化运行环境迫使其设计和实现必须更加注重跨平台性、环境适应性及隐蔽性。这要求病毒作者具备深厚的系统知识和技术背景，以深入理解并利用各类环境的特性和漏洞。同时，防御措施也必须不断演进，通过多层次防护和智能威胁检测手段，提高系统整体的防御能力。

3. 计算机病毒所用技术隐形化、内存化

当今的计算机病毒为逃避反病毒软件的检测，采用了更为隐蔽和复杂的技术。特别是通过 Rootkit 技术和内存驻留技术，病毒能在系统中实现深度隐藏，增加了检测和清除的难度。

◆ Rootkit 技术

Rootkit 是一种允许恶意软件深入操作系统内核层并修改底层操作行为的技术。通过钩取（Hooking）和拦截系统 API 调用，Rootkit 可以让其进程、文件和网络连接对常规监控工具和防病毒软件"不可见"。Rootkit 可以分为用户模式（User-Mode）和内核模式（Kernel-Mode）两类。用户模式 Rootkit 主要通过劫持高层应用程序接口进行伪装，而内核模式 Rootkit 则深入操作系统内核，通过修改内存中的系统数据结构和函数指针实现更彻底的隐蔽效果。例如，通过修改系统服务描述符表（System Services Descriptor Table, SSDT）和中断描述符表（Interrupt Descriptor Table, IDT），内核模式 Rootkit 能够有效屏蔽其活动。

◆ 内存驻留技术

内存驻留技术使计算机病毒保持在内存中执行，而不在硬盘或其他持久存储介质上留下任何痕迹。病毒利用进程注入和动态链接库（DLL）注入等方法，将自身代码嵌入合法进程的内存空间中，使恶意活动看似由合法进程发起。这不仅提高了病毒的隐蔽性，还使其在系统重启后消失，增加了检测和取证的难度。通过虚拟内存偷取和堆栈跳跃等技术，病毒可以进一步避免在内存中留下可检测的模式特征。

◆ 加密与代码混淆技术

现代恶意软件广泛应用加密和代码混淆技术，进一步抵御静态分析和特征匹配检测。通过多层加密、代码多态性（Polymorphism）和自修改代码（Self-Modifying Code）等手段，病毒在每次执行时都会动态改变其代码结构，使逆向工程变得极其困难。这些技术使传统的基于签名的防病毒软件难以识别病毒的存在。例如，多态病毒每次复制时会采用不同的加密算法，以确保其行为难以被捕捉和分析。

◆ 内存加载器和动态模块加载

内存加载器技术允许病毒从远程服务器动态下载和加载恶意模块，进一步增加了检测的复杂性。这些恶意模块在内存中运行，不在文件系统中留下任何痕迹。通过环境检测和反调试技术，恶意软件能够识别安全分析环境，延迟或防止其真实恶意行为的暴露。动态模块加载还能够规避静态和动态分析环境的检测，因为恶意模块仅在特定触发条件下被加载和执行。

4．计算机病毒感染传播途径多元化

随着网络技术不断进步和智能设备日趋普及，计算机病毒的传播途径变得更加多样化。除了传统的文件共享和电子邮件，恶意软件如今还通过社交网络、即时通信软件、移动应用商店和云服务等新兴平台扩散。这种趋势提高了病毒的传播速度和感染范围，对网络安全提出了更严峻的挑战。

◆ 社会工程学和用户行为操控

现代恶意程序广泛利用社会工程学技巧，通过心理操控手段提高传播效率。例如，钓鱼邮件（Phishing Email）引导用户点击恶意链接或下载感染文件，社交网络中的恶意链接和伪装成广告的恶意软件更是隐蔽性极强。此类攻击手段不仅依赖于用户的疏忽，还充分利用了社交媒体互动中产生的信任感。攻击者一般通过伪装成受害者熟悉的联系人，提高其成功率。

◆ 即时通信软件和移动应用的复杂威胁

即时通信软件（如微信、WhatsApp、Telegram）正在成为病毒传播的高风险渠道，这类平台的实时性和广泛应用使其成为攻击者的首选目标。通过发送包含恶意链接或附件的消息，攻击者可以迅速感染大量用户。移动设备的普及进一步助长了这种趋势，通过伪装成合法应用在第三方应用商店中传播，恶意软件能够迅速扩散。一旦被安装，这些应用就会监控用户活动或窃取敏感信息。

◆ 漏洞利用和自动化传播机制

现代恶意软件在利用软件和固件漏洞方面更加专业化。例如，"永恒之蓝"（Eternal Blue）漏洞被广泛用于传播 WannaCry 和 NotPetya 勒索病毒，展示了漏洞利用在大规模病毒感染中的关键作用。攻击者开发的自动化工具能够迅速扫描网络中的设备，发现并利用漏洞进行传播。零日漏洞的利用更是让防护变得极其困难，这类漏洞在未被披露且无补丁情况下被攻击者利用，攻击的隐蔽性和破坏性显著提高。

◆ 云服务的安全挑战

云服务带来的便利也成为病毒传播的新途径。攻击者入侵疏于防护的云存储，上传恶意文件并通过共享链接传播病毒或钓鱼内容。此外，云计算环境中的 API 漏洞和账户劫持等问题也成为病毒的潜在攻击点。云服务的多租户特性使其一旦被攻破，可能影响多个用户或整个企业网络。

5．计算机病毒应用领域多元化

在信息化社会中，计算机病毒不仅被用于网络攻击和信息窃取，还广泛应用于有正当用途的安全研究及跨学科领域的科学模拟，进一步扩展了其影响力和效用。

◆ 网络攻击与信息窃取

计算机病毒在网络攻击中的应用呈现出高度的复杂性和多样性。恶意软件（Malware）已成为实施数据窃取和企业间谍活动的重要工具。这类攻击方法聚焦于获取高敏感度的商业机密、个人数据和知识产权，直接对目标实体造成经济和信誉损失。

- APT 攻击。这类攻击通常使用定制化的恶意软件，长期潜伏在目标系统内，通过持久化机制持续窃取高价值信息。
- 勒索软件攻击。勒索软件通过加密文件的方式，强制受害人支付赎金以获取解密密钥。这种攻击方式的成功率和回报率较高，已成为网络犯罪的首选。
- 产业间谍活动。恶意软件在产业间谍中的应用也很广泛，通过窃取竞争对手的商业秘密和战略信息等手段，恶意从业者能够获取竞争优势。

◆ 数字货币挖矿

加密货币的崛起和广泛应用使得数字货币挖矿成为恶意软件的新应用领域。"加密劫持"即通过感染用户设备进行未授权的加密货币挖矿。

- 资源消耗与经济利益。这种挖矿活动利用受害者的计算资源，在大幅降低设备性能的同时窃取计算资源以获取经济利益。其隐蔽性和高回报性使其成为网络攻击的新潮流。

◆ 安全研究与科学模拟

在正当且合法的框架内，计算机病毒技术也被用作研究和提升网络安全的重要工具。

- 安全研究。通过开发和研究模拟病毒，安全专家们能够在安全环境中分析和测试病毒的传播和感染机制。蜜罐技术（Honeypot）通过创造一个引诱恶意攻击者的蜜罐网络环境，从而捕捉和分析黑客行为和攻击工具。
- 人工生命研究。在人工生命领域，计算机病毒技术被用于模拟生物系统的演化过程。通过观察虚拟病毒的繁殖和突变，研究者能够揭示动态复杂系统中的自适应和进化规律，促进生命科学理论的发展。

◆ 道德边界与法治建设

计算机病毒的双重角色要求在应用和研究中要严格遵守道德和法律界限。病毒技术带来的不仅是技术进步，也涉及伦理和法律的问题。

- 技术与伦理的平衡。在合法与正当的框架内应用计算机病毒技术，既需要技术的创新，也需要严格的监管与法律保障。立法机构应制定相关法律条款，明确病毒应用的边界，确保其在受控且道德的环境中运用。

综上所述，计算机病毒的多元应用不仅牵涉网络安全、信息窃取和数字货币挖矿等领域，在正当的科学研究和跨学科应用中也扮演着至关重要的角色。其正反两面的效应对现代社会提出了更高的要求。

- 技术层面：进一步提升病毒检测和防御技术，加强系统的安全防护措施。
- 法制与伦理层面：制定合理的法律和道德框架，管理和规范病毒技术的应用，确保其潜力被安全和合法地释放。

这种多元化的应用模式不仅提供了丰富的研究与发展机会，也对安全领域和科学研究提出了更高的挑战，需要持续创新和完善应对机制。

总之，计算机病毒的进化是一个复杂持续的动态过程，它不仅受到技术发展的影响，还深受人类社会行为和网络环境变化的驱动。了解计算机病毒的进化趋势对于提高网络安全防御能力和制订有效的安全策略具有重要意义。

5.3　风云人物

在任何技术的发展演化过程中，总有一批具有创新精神和前瞻性的先锋人物，他们不仅敢于想象未来，更敢于实践与创新。这些人物往往以其卓越的才智和坚定的意志，从领先大众的"一马当先"迈向壮观的"万马奔腾"，推动整个行业或技术向前发展。在计算机病毒技术的演化过程中，也有一些风云人物。

计算机病毒技术的发展充满了复杂性和挑战性，涵盖了编程、系统安全、网络行为等多个深度交融的学科领域。尽管这种技术常常被视为负面的工具，用于非法活动，但从技术角度来看，它也反过来促进了网络安全技术的迅速演进和创新。那些敢于挑战现状、不断探索新技术的先驱者，无论他们的初衷如何，都在技术进步的长河中留下了不可磨灭的印记。

5.3.1　里奇·斯克伦塔

在数字技术发展历程中，"麋鹿克隆"（Elk Cloner）病毒的出现拉开了计算机病毒时代的序幕。麋鹿克隆不仅是首个针对 Apple II 计算机系统设计的病毒，也是历史上第一个广泛传播的计算机病毒。更引人注目的是，这一突破性创举是由一位 15 岁的美国高中生里奇·斯克伦塔（Rich Skrenta）开发完成的。

◆ 追梦的科幻少年

1967 年 6 月 6 日，里奇·斯克伦塔出生于美国宾夕法尼亚州匹兹堡。从小他就展现出对恶作剧的浓厚兴趣。斯克伦塔不仅具备超群的编程能力，还对计算机具有深厚的兴趣。他回忆道："我是一个极客和计算机爱好者，对技术的各个方面都充满了兴趣。我曾梦想造出一个机器人，但当时没有成套的工具包，我也缺乏必要的机械技能。小学时，我试图组装真空管收音机，但稍有差错就会导致它们无法正常工作。"

通过编程，斯克伦塔找到了实现自己在科幻电影中见到的各种奇思妙想的方法。他特别喜欢的科幻电影包括《2001：太空漫游》和《巨像计划》。"相比之下，物理世界的东西让人沮丧，"他补充道。通过计算机编程，他得以在数字世界中实现自己的想象。

1980 年，斯克伦塔收到一台 Apple II 计算机作为圣诞礼物。"它几乎占据了我的全部生活，我清醒的每一刻都沉浸在电脑游戏和编程中。"他不仅掌握了汇编语言和 BASIC 语言，还编写了基于文本的冒险游戏。

那时，软件盗版盛行，Apple II 配备的双软盘驱动器使得计算机爱好者们能够通过计算机俱乐部分享软件和游戏。"我是匹兹堡一个计算机俱乐部的成员。我曾复制软件并与朋友分享。盗版软件市场蓬勃发展，人们习惯于在软盘上交换游戏和软件。"他解释道。正是这种交换机制激发了他的一个想法：利用这种方式来捉弄他的朋友们。他有时会修改与朋友共享的软盘，使其在屏幕上显示特定消息或关闭计算机。

◆ 一鸣惊人，天下知

1982 年，年仅 15 岁的斯克伦塔在就读于宾夕法尼亚州匹兹堡附近的黎巴嫩山公立高中期间，成功编写了一款能够通过软盘自我复制和传播的计算机病毒——麋鹿克隆，从而开启了计算机病毒的新纪元。

麋鹿克隆病毒的设计初衷并非为了造成破坏，而是作为一种恶作剧。当感染的 Apple II 计算机启动 50 次后，病毒会被激活并在屏幕上显示一首诗，其中部分为："It will get on all your disks；It will infiltrate your chips；Yes, it's Cloner!"（它会侵入你所有的软盘；它会渗透你的芯片），如图 5-4 所示。

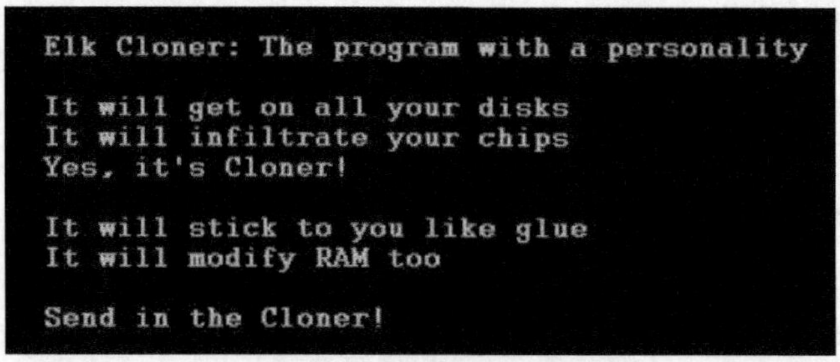

```
Elk Cloner: The program with a personality

It will get on all your disks
It will infiltrate your chips
Yes, it's Cloner!

It will stick to you like glue
It will modify RAM too

Send in the Cloner!
```

图 5-4　麋鹿克隆病毒被激活后显示的诗

斯克伦塔回忆道："那只是一个小恶作剧。如果必须在因此而出名与一无所知之间选择，我宁愿因此而出名。但这对于我所做的一切来说是一个奇怪的占位符。"麋鹿克隆病毒是恶作剧与黑客技术的结合。由于当时网络连接的缺乏，软盘成为交换软件的主要方式。斯克伦塔意识到这是让软件程序移动的途径，于是突发奇想：让恶作剧程序在软盘更换期间隐藏于计算机内存中，并感染下一个将要插入的软盘，从而完成传播。

斯克伦塔用了大约两周的时间，利用汇编语言编写了麋鹿克隆病毒，以实现通过软盘传播其恶作剧的想法。麋鹿克隆在启动时会发出"嘎嘎"的声音。如果机器没有重新启动，它会感染新插入的软盘。尽管其影响相对温和，麋鹿克隆的出现却引发了对计算机安全威胁的广泛关注，人们开始意识到计算机系统的脆弱性及恶意软件可能带来的风险。

通过麋鹿克隆病毒的创造，斯克伦塔无意中揭示了数字世界中的一个重要真理：无论计算机系统和网络技术如何先进，只要有程序代码存在的地方，就会存在各种软硬件缺陷（漏洞），就有可能成为恶意行为的目标。这一事件促使计算机科学家和安全专家开始更加重视软件和系统的安全性，开启了防病毒软件和计算机安全技术研究的新时代。

5.3.2　弗雷德·科恩

在探索计算机程序自我复制能力的进程中，从冯·诺依曼对计算机程序复制能力的理论预见，到约翰·康威（John Conway）在其《生命游戏》（*Game of Life*）中实现的首个模拟"病毒"，再到美国 AT&T 贝尔实验室三名年轻程序员开发的具备自我复制特性的《磁芯大战》（*Core War*）游戏，以及里奇·斯克伦塔创造的实际感染计算机系统的"麋鹿克隆"病毒，这一系列发展不仅展示了科学界对自我复制程序概念的持续兴趣和深入探索，也逐步揭示了计算机病毒对信息安全构成的潜在威胁。

在这一历史进程中，弗雷德·科恩（Fred Cohen）首次明确提出"计算机病毒"（Computer Virus）专指具有自我复制能力的计算机程序，这标志着计算机病毒研究领域的正式诞生。科恩的定义为计算机病毒研究奠定了理论基础，并推动了计算机安全领域的进一步发展。

◆ 打开潘多拉盒子

1983 年 11 月 10 日，在宾夕法尼亚州利哈伊大学的一场安全研讨会上，南加利福尼亚大学的研究生弗雷德·科恩在 VAX11/750 计算机上演示了一种具备自我复制和传播能力的计算机程序。该程序能够通过 UNIX 系统自我复制，并可能引发系统崩溃。这一实验不仅展示了计算机程序自我复制和传播的能力，也揭示了其潜在的破坏性。

科恩的这一想法源于他在南加利福尼亚大学工程学院修读密码学家伦纳德·阿德曼课程时的灵感。"如果一个木马可以自我复制，那么所有的程序都有可能受到影响，最终，每个运行该程序的人都会被感染。"尽管阿德曼最初反对在其计算机系统上进行相关实验，但科恩在获得管理员许可后，成功编写并演示了这个程序。

阿德曼指出这种程序与生物病毒的相似性：生物病毒利用感染细胞的资源进行自我复制，他建议将这种程序命名为"计算机病毒"。虽然这并不是首个计算机病毒，但科恩的概念验证程序在学术界引起了广泛关注。为证明其理论，科恩发表了相关论文，首次提出"计算机病毒"这一术语及其定义。由于首次提出计算机病毒这一概念，弗雷德·科恩被誉为"计算机病毒之父"。

1987 年，科恩继续其研究，并证明了计算机病毒研究领域中的一个重要结果：不存在一种能够完美检测所有可能病毒的算法。这一发现揭示了计算机安全领域的复杂性，也标志着数字世界中的潜在威胁已然显现。至此，网络空间里的潘多拉盒子已被打开。

◆ **安全防御践行者**

随着计算机和网络技术的不断发展，计算机病毒逐渐引起了公众对信息安全的广泛关注。1986 年首次报告的"巴基斯坦大脑病毒"（Pakistani Brain）对个人计算机系统造成了严重损害，标志着计算机病毒开始对信息系统构成实际威胁。科恩关于计算机程序自我复制性的公开演示和深入研究，不仅在科学界和公众中引发了对计算机病毒及其威胁性的高度关注，还推动了计算机病毒防治技术的发展。

计算机病毒的传播和复制机制与生物病毒相似，需要通过突变来适应系统内的防御机制。病毒编写者不断升级他们的作品，以应对抗病毒软件的防御措施或利用系统内的新漏洞。计算机病毒表现出类似于生物病毒的行为特征，包括潜伏期和激活机制等。这些特性使得计算机病毒成为数字世界中的一大威胁。

在提出"计算机病毒"的概念后，科恩深刻认识到其对信息系统的潜在危害，并开始致力于计算机安全防御的研究和实践。他创立了一家公司，主要为美国政府提供安全咨询服务，并致力于推动全球数据保护标准的制定。科恩的工作不仅在计算机病毒研究领域留下了深刻的印记，还为信息安全防御提供了宝贵的经验和指导。2014 年 9 月 24 日，科恩应邀参加了 2014 年中国互联网安全大会，并发表了题为"制定有科学依据的数据保护全球标准"的主题演讲，致力于推动数据保护的全球标准规范。

通过科恩的工作，人们意识到了计算机病毒研究和信息安全防御的重要性，以及数字化时代保护信息系统安全所面临的机遇和挑战。他的贡献不仅开创了计算机病毒研究的新篇章，也为后续信息安全防御技术的发展奠定了坚实的基础。

5.3.3　巴基斯坦兄弟

为应对日益严峻的软件盗版问题，并挽救他们杂货店日渐下滑的营业额，巴基斯坦的阿姆贾德·法鲁克·阿尔维（Amjad Farooq Alvi）和巴斯特·法鲁克·阿尔维（Basit Farooq Alvi）两兄弟决定开发一款可以追踪盗版软件的程序。这款程序在检测到非法复制的软件时，能够显示警告信息并提供他们的联系方式。然而，这一旨在保护软件版权的程序却被称为"Brain 病毒"，在 20 世纪 80 年代软盘交换广泛流行的背景下，意外地传播到全球各地，感染了大量计算机系统，成为历史上首个广泛传播的计算机病毒。

◆ **青春逐梦**

阿姆贾德于 1962 年 8 月 10 日出生于巴基斯坦拉合尔一个重视教育的医生家庭。在父亲的悉心培养下，阿姆贾德得到了良好的教育。高中毕业后，他进入拉合尔伊斯兰学院，随后在旁遮普大学获得了数学和物理学的学士学位。阿姆贾德对电子产品和机械设备有着浓厚的兴趣，这些设备总能激发他去创造一些独特而新颖的东西。

1987 年，阿姆贾德与他的兄弟巴斯特通过多方筹集资金，在拉合尔开设了一家专注于计算机和软件业务的公司。面对这一新兴且前景广阔的行业，两兄弟满怀希望和期待。公司开业后，生意迅速发展，许多政府机构和企业成为他们的客户，购买计算机和相关软件，营业额持续增长。

但当地盛行的软件盗版行为对他们的业务造成了严重影响。客户购买软件后常常进行非法复制，有些人甚至靠将盗版软件低价转售以牟取利益。当时巴基斯坦的法律体系并不完善，特别是缺乏针对计算机行业的具体法律保护，使得两兄弟感到极度沮丧和无奈。

一天，巴斯特回到老家，看到父亲将树枝放入鱼塘中以防止鱼被偷。这一幕给了他灵感：如果将计算机比作鱼塘，软件比作鱼，那么防止软件被盗的最佳方法就是在计算机中设置一种"树枝"。这个想法让巴斯特兴奋不已，他认为通过在计算机中植入特定的程序，一旦有人试图盗版软件，该程序便能立即发出警报，从而有效防止盗版行为的发生。

◆ 灵感乍现

受父亲在鱼塘中放"树枝"防盗方法的启发，巴斯特回到拉合尔后与阿姆贾德共同研究并开发一款防盗版程序。仅半个月后，他们成功编写出了第一款防盗版程序，并命名为 Brain。这款程序被嵌入他们出售的软件中，一旦有人试图复制这些软件，Brain 便会启动，占据盗版者软盘的剩余空间，并显示包含兄弟俩公司介绍、地址和联系电话的信息，如图 5-5 所示。

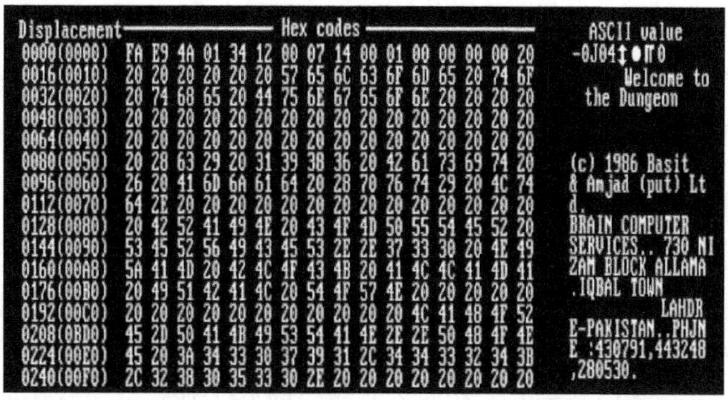

图 5-5　Brain 病毒发作后显示的信息

Brain 程序通过拦截对引导扇区的中断请求并将其重定向至原始引导扇区，从而隐藏其存在。当计算机通过软盘复制了含有 Brain 程序的软件时，它不仅会减慢软盘访问速度，甚至可能导致某些软盘驱动器无法使用。结果，许多使用盗版软件的计算机出现了存储问题，不少用户主动联系兄弟俩，承认错误并请求他们帮助解决问题。

令人意外的是，兄弟俩接到的第一个电话来自美国迈阿密大学，这表明 Brain 程序通过软盘已经传播到了遥远的地区。1988 年 5 月，《普罗维登斯公报》的记者在尝试从软盘打印文章时遇到了磁盘错误，经过专家检查发现，软盘的磁盘标签发生了变化：它现在显示"(c)Brain"。在磁盘的引导扇区内还检测到一个 3002 字节的程序，大约相当于 40 个键入的页面，其中包含一条特别的版权信息：

Welcome to the Dungeon (c) 1986 Basie & Amends (pvt) Ltd VIRUS_SHOE RECORD V9.0 Dedicated to the dynamic memories of millions of viruses who are no longer with us today - Thanks GOODNESS!! BEWARE OF THE er..VIRUS: this program is catching program follows after these messages....$#@%$@!!

随着 Brain 程序的扩散，兄弟俩开始接到来自英国、美国等地的大量电话，请求他们进行杀毒处理。尽管他们试图解释自己的初衷并非恶意，但电话线很快被占满。这一事件让他们意识到，他俩可能无意中开发出了世界上第一个广泛传播的计算机病毒。这件事也让人们认识到软件安全的重要性，为后续"反病毒"领域的兴起奠定了基础。

5.3.4　罗伯特·莫里斯

1988 年 11 月 2 日，美国康奈尔大学的研究生罗伯特·莫里斯（Robert Morris Jr.）设计了一个程序，旨在评估互联网的规模。该程序从麻省理工学院的网络系统中启动。莫里斯的初衷是通过该程序测量互联网的扩散能力，但他未能预见到该程序会失控，并迅速从美国东海岸扩散到西海岸，最终感染了当时互联网上约 10%的计算机。这场未预料的扩散引发了美国互联网领域的广泛恐慌，成为历史上第一次由计算机蠕虫引发的重大网络安全事件。该程序后被命名为"莫里斯蠕虫"，成为数字安全领域的一个重要案例，标志着计算机蠕虫在网络空间的首次出现。

◆ 虎门无犬子

老罗伯特·莫里斯（Robert Morris Sr.），1932 年 7 月 25 日出生于马萨诸塞州波士顿，是一位杰出的密码学家和计算机科学家。他毕业于哈佛大学，获得数学学士及应用数学硕士学位。1960—1986 年，莫里斯在贝尔实验室担任研究员，主要研究 Multics 操作系统，随后参与了 UNIX 系统的开发。他还参与了《磁芯大战》游戏的开发，该游戏被认为计算机病毒概念的早期表现。1986 年之后，莫里斯加入美国国家安全局担任国家计算机安全中心的首席科学家。他因在计算机科学领域的创新贡献受到高度赞誉，并在 1991 年波斯湾战争前夕的网络战策划中扮演了关键角色，对萨达姆·侯赛因的政府实施电子攻击，彰显了他在网络战领域的重要影响力。

罗伯特·莫里斯（Robert Morris Jr.）是老罗伯特·莫里斯的儿子，生于 1965 年 11 月 8 日，新泽西州长山镇人。1987 年，他毕业于哈佛大学，获得文学学士学位，随后进入康奈尔大学攻读工程硕士学位。彼时，互联网尚处于初步发展阶段，年轻的计算机科学天才莫里斯对互联网技术表现出极大的热情。

◆ **吃蟹第一人**

1988 年 11 月 2 日下午约 6 点，莫里斯在康奈尔大学计算机实验室完成了一个程序的编写工作。随后通过麻省理工学院的一个公共账户释放了该程序，该程序通过在临时文件夹中创建进程和文件，并利用 VAX 及 Sun Microsystems 系统上的漏洞，以及 UNIX 电子邮件传递软件 Sendmail 中的漏洞，以惊人的速度自行复制和传播，导致数千台系统速度减慢，严重影响了整个互联网的运行。

看到该程序如此迅速地传播，莫里斯感到惊慌。当天晚上 11 点左右，他联系了哈佛大学 IT 实验室的技术人员安德鲁·萨杜斯，承认自己引发了一场危机，并请求萨杜斯在 Usenet 上发布一条匿名消息："互联网上可能有病毒"。图 5-6 所示为现藏于美国计算机历史博物馆的包含莫里斯蠕虫源代码的软盘。

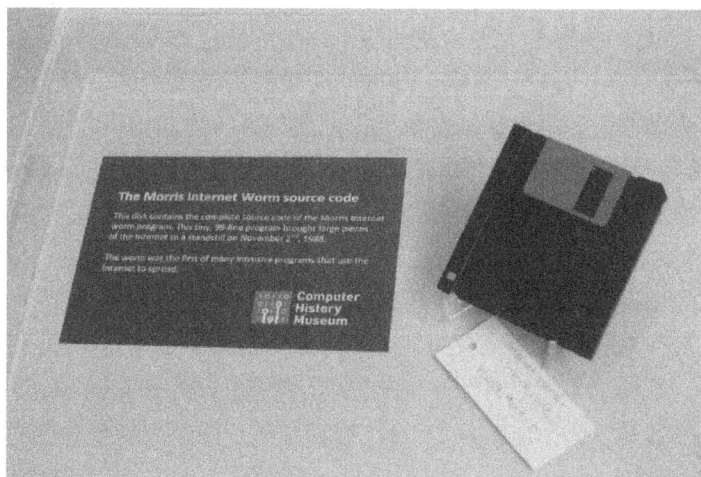

图 5-6　现藏于美国计算机历史博物馆的包含莫里斯蠕虫源代码的软盘

在该程序释放后的 72 小时内，约 6000 台主机感染了该蠕虫，约占当时全球联网主机数量的 10%。受感染的计算机包括美国宇航局、五角大楼、伯克利大学、斯坦福大学、麻省理工学院等重要机构和大学，造成了数百万美元的经济损失。意识到错误后，莫里斯前往马里兰州阿诺德的父母家，并向联邦调查局自首。

1990 年 1 月 22 日，莫里斯因违反《计算机欺诈和滥用法》被纽约锡拉丘兹联邦法院判处三年缓刑，罚款 10,050 美元，并需执行 400 小时的社区服务。这一判决是首次根据该法律进行的定罪，标志着历史上第一例恶意软件制造者的刑事定罪。案件上诉期间，美国国防高级研究计划局（DARPA）成立了计算机应急响应小组（CERT）以协调信息交换并对计算机安全事件做出适当响应。

莫里斯蠕虫事件是网络历史上的一个标志性事件，它不仅暴露了当时迅速发展的互联网技术中的安全漏洞，还激励了新一代技术创新者们在网络防御领域的不断探索和进步。该事件揭示了全球互联网络潜在的风险，并引发了网络安全技术的持续发展，以应对不断演化的网络威胁。此外，莫里斯蠕虫的影响促使美国政府加强了对网络犯罪的法律制裁，通过更新和扩展相关法律来更有效地治理网络安全问题。

在服完法律规定的刑罚后，莫里斯返回哈佛大学继续学术生涯，并于 1999 年获得博士学位。此后，他加入麻省理工学院（MIT）电气工程与计算机科学系，成为该领域的重要学者。2006 年，莫里斯在 MIT 获得了终身教授，彰显了他在学术界的杰出贡献。2019 年，他因在工程和技术领域的卓越贡献当选为美国国家工程院院士，其成就得到了进一步肯定。

5.3.5 陈盈豪

1998 年 4 月 26 日，CIH 病毒首次在全球范围内引发了大规模感染。此后 5 年间，每年的 4 月 26 日，这一病毒都会再次发动攻击，持续在全球范围内肆虐。1999—2003 年 CIH 病毒共感染了约 6000 万台计算机，造成的间接经济损失高达 10 亿美元。由于其极端的破坏性，CIH 病毒被认为是计算机安全历史上最具破坏力的病毒之一。

与早期主要破坏软件数据的计算机病毒不同，CIH 病毒代表了一次向硬件破坏领域的重大转变。它不仅能够完全摧毁硬盘上存储的所有数据，还可以通过重写计算机主板上的 BIOS 程序，导致主板功能受损，从而使计算机无法正常启动。这种对 BIOS 的攻击在当时被视为一种极为先进和危险的技术手段。

CIH 病毒的名称来源于其创造者的姓名。病毒的制作者是来自中国台湾地区大同工学院的学生陈盈豪，病毒名称"CIH"便是从他名字拼音（Chen Ing-hau）中提取的首字母缩写。CIH 病毒的暴发日选择在 4 月 26 日，据说是基于陈盈豪高中时期的座位号。

◆ **专注的游戏迷**

陈盈豪，1975 年 8 月 25 日出生于中国台湾地区高雄市三民区，是著名 CIH 病毒的制作者。目前，他在集嘉通讯公司（技嘉子公司）的手机研发中心担任主任工程师，专注于操作系统内核的开发，致力于创新和优化智能手机操作系统的人性化体验。

陈盈豪从小就对电脑游戏充满了热情，解决游戏中的技术难题激发了他对计算机技术的浓厚兴趣。他自学了 BASIC 和 C 语言，并立志成为一名游戏设计师。

高中期间，他开始使用计算机语言编写各种程序，不断提高自己的编程技能，为未来的大学学习和职业生涯打下了坚实的基础。

尽管最初计划进入职业技术学院，但在母亲的建议下，陈盈豪选择了就读中国台湾地区大同工学院计算机系。在大学期间，他的兴趣进一步加深，每天在图书馆查阅最新的技术资料，并通过实践不断深化对计算机知识的理解。1995 年，微软公司发布具有里程碑意义的 Windows 95 操作系统后，陈盈豪的兴趣转向操作系统内核的研究。

Windows 95 的推出不仅改变了个人计算机的使用体验，还引入了许多新技术概念，为陈盈豪提供了广阔的研究领域。他深入探索 Windows 系统内核，精通结构化异常处理

（SEH）和中断描述符表（IDT）的利用，从而获得了 CPU 的 RING0 特权。这使他能够直接进行硬件 I/O 操作，并通过对 BIOS FLASH 进行特定的逻辑电压操作，成功实现对 BIOS 程序的改写或清除。图 5-7 所示为主板上的 CMOS 芯片中存储着 BIOS 程序。

图 5-7　主板上的 CMOS 芯片中存储着 BIOS 程序

陈盈豪的职业生涯不仅拓展了其对操作系统内核的研究，也对计算机安全和病毒防护领域产生了深远的影响。他在集嘉通讯公司担任主任工程师期间，继续推动智能手机操作系统的创新和优化，以改善用户体验。

◆ 自负的技术高手

1998 年，陈盈豪开发完成了以自己名字命名的 CIH 病毒，并设定其发作日期为 4 月 26 日，以纪念他高中的座位号。尽管最初这款病毒仅在校内计算机上进行测试，但由于意外泄露，它迅速传播，最终在全球范围内感染了约 6000 万台计算机，造成了大约 10 亿美元的经济损失。这一事件引发了广泛的关注和讨论。

1998 年 4 月 30 日，陈盈豪在服兵役期间被台北警方带走接受问话。面对媒体的高度关注和压力，他情绪波动，最终被送回花莲的营区并住院观察。尽管台北警方曾考虑将他招募为电子战专家，但基于他的精神状况问题和家族病史的考虑，最终放弃了这一计划。

由于无人上诉，陈盈豪最终获释，并向社会公开道歉。2003 年，中国台湾地区立法机构通过了"刑法第三十六章妨害计算机使用罪"，这项立法在很大程度上参考了陈盈豪的案例。尽管 CIH 病毒主要感染了 Windows 95 和 Windows 98 系统，但其广泛的传播和极大的破坏能力使其成为计算机安全史上的重要案例。此外，还有人建议将 4 月 26 日命名为"世界计算机病毒日"以示纪念，提醒人们不要忘记 CIH 病毒带来的深刻教训。

CIH 病毒不仅引起了全球计算机用户和网络安全专家的广泛关注，还促使计算机安全技术和病毒防治措施的深入研究和快速发展。在技术层面，CIH 病毒是首个能够直接影响计算机硬件的计算机病毒。CIH 病毒的暴发促使中国台湾地区和其他国家加强了对网络犯罪的法律制度建设。

这一事件极大地提高了公众对计算机病毒和网络安全的认识，同时也推动了学术界和工业界在恶意软件分析和防御技术上的研究。许多安全技术，如病毒检测、系统加固和灾难恢复等领域，都得到了显著的发展。CIH 病毒案例成为后续研究和技术进步的重要参考，是计算机安全领域的一个重要转折点。

5.4 病毒研究组织

在计算机病毒发展过程中，出现过一些由技术爱好者组成的病毒研究组织。这些组织通常由一群志同道合的，对计算机安全、编程和网络技术充满热情、自由不羁、崇尚黑客精神的人组成，他们在计算机病毒领域具有深厚的技术基础和创新能力。

这些病毒研究组织的研究成果为网络安全领域的发展奠定了重要基石。虽然他们曾发布过具有破坏性的病毒，造成相当大的损失和影响，但不可否认，这些组织在推动网络安全技术进步方面也做出了重要贡献。他们的洞察力和技术能力不仅丰富了人们对计算机病毒的认识，还推动了病毒检测和防御系统的改进，使得网络安全更加成熟和稳健。

5.4.1 29A

成立于 1994 年的 29A 是一个著名的计算机病毒研究组织，由一群热衷于计算机病毒研究和编写的技术爱好者组成。29A 的成员来自全球各地，他们专注于研究和开发新型的计算机病毒、蠕虫和其他恶意软件，旨在挑战和测试安全软件的检测和防御能力。他们致力于探索计算机系统的漏洞与安全性问题，以推动网络安全技术的发展和完善。

◆ 兴趣相投

计算机病毒往往具备恶作剧的特性，这吸引了一部分精力旺盛的年轻人，他们利用病毒来戏弄他人，以满足其虚荣心并展示其技术能力。在人类社会中，相似的个体趋向聚集在一起。一群对计算机病毒技术充满热情的人，因为共同的兴趣而形成了计算机病毒研究团体。29A 就是这样一个以出色技术和创新能力著称的计算机病毒编写团队。该团队成立于 1994 年，主要活跃于 1996—2003 年，专注于编写和发布各种病毒代码，尤其是针对 Windows 操作系统的病毒。29A 网站首页如图 5-8 所示。

29A 这个名字源自十六进制数 0x29A（对应十进制数 666），在某些文化中，这个数字与“充满数目”相关联。这也反映了他们对计算机病毒编写的一种“恶魔式”自娱自乐的态度。29A 的成员通常使用化名以保持匿名性，如 Lord Julus、Mental Driller、Benny、Jacky Qwerty 等。他们经常在自己的电子杂志中分享技术文章和新病毒代码。

29A 因其创新性和高水平的技术广为人知，他们研究并开发了许多新型病毒和恶意软件，包括新传播方式、隐藏技术、免杀和破坏功能等。例如，他们开发了一些首创特定技术的病毒，如 Win32.Cabanas（首个 Windows 2000 病毒）和 Stream（首个利用 NTFS 数据流的病毒）。这些病毒不仅仅是为了破坏，更是为了展示复杂的技术方法和推动病毒编写技术的发展。

图 5-8　29A 网站首页

◆ **时过境迁**

除了从事病毒软件的研究和开发，29A 组织也积极参与计算机安全社区的活动，包括组织会议、发布技术文章和分享研究成果。自 29A 成立后，他们每年大约在圣地亚哥德孔波斯特拉或马德里举行三次会议，讨论计算机病毒的新技术并发布创新的病毒代码。该组织于 1996 年 12 月 13 日上午发布了首期以 "29A" 命名的电子杂志，并于 1998 年 2 月 13 日上午发布了第二期。随后，有成员提出将杂志改为论坛形式，以便更灵活地分享和讨论研究成果。

29A 的每期杂志都包含一系列文章，涵盖病毒编写的各个方面，从基础编程到高级技术，如多态代码、蠕虫、木马和病毒传播技术等。这些文章对计算机病毒编写社区产生了深远影响。29A 编写的病毒和恶意软件通常具有一定的破坏性，可能对计算机系统和数据造成损害，因此引起了广泛关注和警惕。尽管他们的活动具有争议性，但 29A 在计算机病毒研究领域取得了一些重要成果，为安全软件和网络安全技术的发展作出了重要贡献。

29A 在 21 世纪初逐渐消失。成员因个人原因退出或转向其他领域，导致组织解散。虽然 29A 的活动具有争议性，但他们的工作对安全研究社区有一定价值。通过分析这些高级病毒，安全专家可以更好地了解和预防未来的病毒威胁。

如果读者对计算机病毒研究感兴趣，建议通过合法和安全的途径学习。例如，可以参加计算机安全课程，阅读信誉良好的出版商出版的书籍，或参与由专业组织（如 IEEE、ACM）主办的会议和研讨会。这不仅可以学习到专业的安全知识，还能确保自己的行为符合法律和道德标准。

5.4.2　VLAD

澳大利亚的 VLAD（Virus Labs and Distribution，病毒实验与分发）组织是一个在 20 世纪 90 年代初期非常活跃的病毒编写团体。该组织由来自全球各地的计算机病毒爱好者组成，旨在研究和开发新的计算机病毒技术，并通过电子杂志分享其研究成果。VLAD

以其强大的技术实力著称，是世界上最早编写出能够感染 Windows 95 和 Linux 操作系统病毒的组织之一。

◆ 激情相聚展宏图

VLAD 成立于 1993 年，最初由澳大利亚的病毒编写者组成，后来扩展至全球各地。与其他病毒研究团体（如 29A）类似，VLAD 的成员对计算机病毒的技术细节和创新设计有着浓厚兴趣。该组织成立的初衷是提供一个技术交流的平台，促进病毒编写者之间交流和技术分享，从而推动病毒编写技术的发展。VLAD 的目标不仅是创造病毒，更是通过技术创新来拓展计算机安全的边界。如图 5-9 所示为 VLAD 组织的 Logo。

图 5-9　VLAD 组织的 Logo

VLAD 的成员多使用化名，如 Metabolis、Antigen、Qark、Darkman 和 Quantum 等。他们主要通过 BBS 和互联网进行交流与合作。在技术上，VLAD 处于领先水平，开发出一些具有复杂技术逃避检测的病毒，如加密、变形和其他隐蔽技术，使得这些病毒难以被发现和分析。成员们还研究了如何在不同操作系统和环境中有效传播病毒。

VLAD 创造并发布了一些具有创新性的病毒，包括首个 Windows 3.1 TRS 病毒 PH33r、首个闪存 BIOS 感染器 Meningitis、首个 Windows 95 病毒 Bizatch 和首个 Linux 病毒 Staog。这些病毒体现了 VLAD 在计算机病毒研究和开发方面的卓越技术水平。

◆ 无奈退出历史舞台

VLAD 最著名的活动之一是出版了 *VLAD Magazine* 电子杂志，如图 5-10 所示。这本杂志不定期发布，内容包括病毒编程的技术文章、教程、新病毒的源代码及对计算机安全领域的评论。这些文章通常包括详细的代码示例和技术解释，能够帮助读者深入理解病毒的工作原理。这本杂志对当时的病毒编写社区产生了深远影响，推动了多种新技术的发展，如多态和隐形病毒技术。

尽管 VLAD 的活动具有破坏性和非法性，但他们的工作对计算机安全领域产生了一定影响。通过分析 VLAD 开发的病毒，安全研究人员可以了解最新的病毒技术和发展趋势，从而研发更有效的防御措施。VLAD 的技术文章也为安全研究提供了有价值的参考资料，能帮助研究人员深入了解病毒的工作原理。

VLAD 是计算机病毒历史上一个重要而复杂的组织。他们的活动反映了早期互联网时代的黑客文化，具有挑战权威、追求自由和对技术痴迷等特点。了解 VLAD 的故事有助于我们更好地理解计算机病毒的发展历史，以及如何应对当今的网络安全挑战。

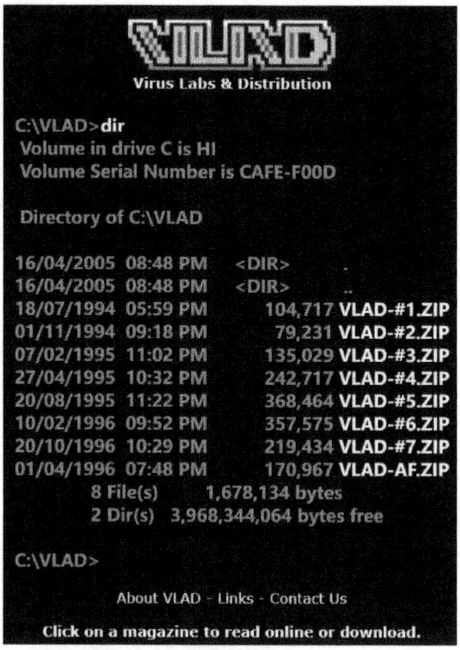

图 5-10　VLAD 出版的电子杂志

5.4.3　VX Heaven

成立于 20 世纪 90 年代后期的 VX Heaven（Virus eXchange Heaven，病毒互换天堂）是一个著名的病毒样本库网站，旨在为病毒研究者和反病毒专家提供一个交流平台，在网络安全和病毒研究领域扮演了独特的角色。VX Heaven 主要为病毒编写者和研究者提供一个共享和下载病毒源代码、研究论文、技术文章和工具的平台。尽管其内容引发了法律和道德上的争议，但它也促进了对病毒行为和防御技术的深入理解，被视为病毒研究和计算机安全教育的重要资源库。

VX Heaven 在病毒研究历史上具有标志性意义。其活动及所引发的争议深刻反映了网络空间中信息自由与安全防护之间的复杂关系。通过提供一个开放的平台，VX Heaven 不仅推动了病毒编写技术的发展，还为安全研究人员提供了宝贵的研究素材，使他们能够更好地理解和应对恶意软件的威胁。

◆ **病毒样本库的曲折历程**

VX Heaven 是一个备受争议的病毒样本库网站，旨在为对计算机病毒感兴趣的个体提供广泛的信息资源。这些资源包括不断更新的安全杂志、病毒样本、源代码、多态引擎、病毒生成器、编写教程、文章、书籍及新闻档案。此外，VX Heaven 还为病毒编写者和团体提供免费的托管服务，因此，它不仅受到病毒研究者的欢迎，也是反病毒专家经常访问的重要信息交流平台。

由于 VX Heaven 提供的内容容易被滥用于创建和传播计算机病毒，该网站的创建者可能也有挑战现有法律和道德规范的动机，通过创建和维护这样一个有争议的平台，他们试图挑战关于病毒研究合法性和道德性的主流观点，引发人们对这些问题的思考和讨论。因此，VX Heaven 一直处于法律和道德的灰色地带，其最终命运也容易预料。

2012 年 3 月，乌克兰警方根据该国刑法典第 361-1 条（创建恶意程序以出售或传播它们为目的）查封了该网站服务器，导致其暂时关闭。VX Heaven 的创建者在法庭上辩称，网站的初衷是研究和教育，旨在为病毒编写者和研究团队提供一个分享知识和代码的交流平台，而非牟利。

或许乌克兰当局更关注有组织的网络犯罪团伙，VX Heaven 的计算机病毒爱好者并非其优先打击对象。2013 年 7 月，该网站在暂停运营一年多后重新开放。不过，VX Heaven 在 2017 年 6 月后似乎停止了更新，无法提供最新的病毒技术资料，只能访问之前的内容。此后，类似的计算机病毒样本库交流平台如 VX-Underground、VirusShare 和 VirusTotal 等继续为计算机病毒和反病毒技术的发展提供重要的信息资源。

◆ 无知非防御之道

VX Heaven 成为一个备受关注的计算机病毒技术交流平台，部分原因在于其创建者所坚持的理念："无知非防御之道"。这一理念在网站首页显著位置展示，标语为 "Viruses don't harm, ignorance does!"（病毒不会伤害，无知才会！），如图 5-11 所示。这表明，只有通过深入理解计算机病毒的技术和原理，才能更有效地进行防御。

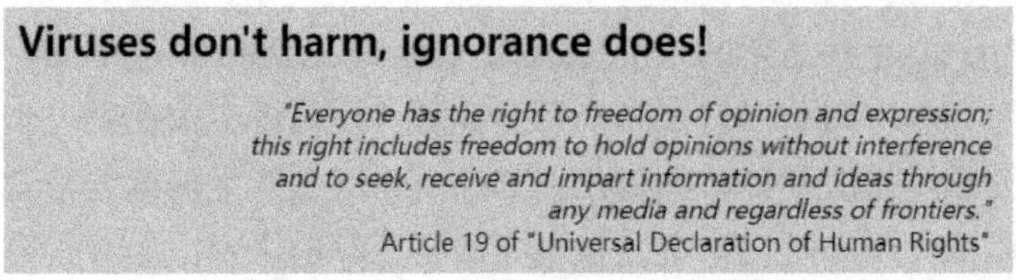

Viruses don't harm, ignorance does!

*"Everyone has the right to freedom of opinion and expression;
this right includes freedom to hold opinions without interference
and to seek, receive and impart information and ideas through
any media and regardless of frontiers."*
Article 19 of "Universal Declaration of Human Rights"

图 5-11　VX Heaven 网站首页

实际上，VX Heaven 所倡导的自由开放和平等交流的理念，与《孙子兵法》中的"知彼知己者，百战不殆；不知彼而知己，一胜一负；不知彼，不知己，每战必殆"相呼应。此外，任何技术本身都是中性的，其好坏取决于使用者的意图和行为。虽然滥用和传播计算机病毒是非法且不道德的，但禁止计算机病毒技术的研究会导致对新兴病毒技术的理解不足，从而使防御技术落后，阻碍计算机安全技术的进步。

对计算机病毒技术应持中立观点。在法律和道德允许的范围内，探讨和交流计算机病毒技术对计算机安全领域具有重要意义。但制造和未经授权传播计算机病毒行为是非法且不道德的。计算机病毒技术的研究是把双刃剑：既能提升网络安全防护，也可能带来潜在风险。因此，维持这种研究的合法性和道德性至关重要。通过负责任的研究和严格遵守法律，可以确保科技进步为社会带来更多利益而非风险。

5.4.4　VirusView

如果说前面提到的计算机病毒研究组织或网站旨在为专业人员提供技术交流与知识共享平台，那么计算机病毒知识百科则更专注于提供准确、权威的病毒术语定义和解释。它旨在促进信息安全领域的沟通和知识理解，为用户打造一个全面、可靠、开放的计算机病毒和恶意代码公共知识资源。

VirusView 是一个专门的计算机病毒知识科普平台，犹如一个计算机病毒知识博物馆，致力于普及计算机病毒知识并提高公众的安全防御意识。通过提供权威的病毒信息和术语解释，VirusView 力求让每一位用户都能在信息安全领域获得准确、可信的知识，以增强其对计算机病毒的理解和应对能力。

◆ 缘起威胁通缉令

安天实验室（Antiy Labs）由肖新光（Seak）等人于 2000 年创立，基于对计算机病毒与反病毒技术的深刻理解和长期的技术积累。该实验室专注于网络病毒监控与防御、终端保护及安全评估等领域，致力于开发前沿的安全产品，为公众提供全面的安全服务和保障。同时，安天实验室还为国内外主流安全企业和著名研究机构提供关键的技术支持。

2012 年以来，安天实验室借鉴国外"罪犯通缉令"的形式，每年制作并发布一套名为"威胁通缉令"的扑克牌。这一创新举措不仅记录了技术团队抗击网络威胁的经历，也向公众普及了网络安全知识。这套扑克牌基于安天实验室的年度监测和分析结果，精选并总结上一年度具有代表性的安全威胁，如 APT 攻击中使用的恶意代码工具、零日漏洞（0day），以及那些具有广泛传播感染范围或特殊技术特性的恶意代码。

扑克牌共 54 张，包括四种花色（红心♥、黑桃♠、方块♦、梅花♣）各 13 张，以及两张王牌。每种花色代表一类年度影响最大的威胁，每类中列出 13 个具体的威胁实例。大王和小王分别代表该年度最值得关注的前两大威胁。在设计上，每张卡片的主要视觉元素是手绘的威胁可视化形象，生动描绘了网络背后攻击者的形象。每张卡片还包含威胁的首发时间、名称、通俗缩写和简要描述。这些扑克牌在国内外各类网络安全大会上免费发放，以提高公众对网络威胁的认识和防范意识。

◆ 病毒百科终面世

提供计算机病毒和恶意代码的精确命名及配套的知识体系，一直是从早期的反病毒领域扩展至整个网络安全行业的重要任务。1991 年的 CARO 会议标志着业界对计算机病毒命名首次达成共识，该会议提出最初的四段式命名规则，通常被称为"CARO 公约"。依据 CARO 公约，安全厂商（如卡巴斯基、赛门铁克和趋势科技等）开发了各具特色的恶意代码命名体系，其中卡巴斯基的 Viruslist 等资源较为知名。

由于计算机病毒和恶意代码的快速增长和多样化，不同安全厂商在处理和命名标准上存在显著差异，这使得恶意代码的统一命名变得较为困难。特别是，CARO 公约是在以感染式病毒为主的 DOS 时代形成的，它虽然提供了精确的分段命名方法，但缺乏一个全面的"分类"概念，这点限制了计算机病毒知识体系的统一性和科学性。

为解决这一问题，并向业界、研究机构及公众提供一种统一的计算机病毒和恶意代码的公共知识资源，安天实验室基于互斥原则和 CARO 公约的结构化命名规则，对恶意代码进行了细致的分类。这一分类包括按恶意代码家族、变种和有效样本等维度进行的详尽划分，安天实验室提供了 8 个基础分类的阶段性全量统计数据，以及自 2014 年以来的历年增量数据和年度总量数据。

2023 年 12 月 12 日，安天实验室推出了计算机病毒百科网站 VirusView，该网站完全免费并支持中英双语，旨在为公众在信息安全领域的交流、教育学术领域的知识传递及专业知识查询等提供统一的标准和准确的描述信息。截至 2024 年 5 月，VirusView 已经收录了超过 50 000 条病毒名词，完整覆盖了所有已知的病毒家族。

综上，计算机病毒知识百科的推出为标准化恶意代码命名、共享权威病毒信息、支持学术研究和公共教育提供了一个统一的平台。该平台汇集了翔实的病毒历史数据和趋势分析，解决了不同安全厂商在恶意代码命名上的标准差异，使数据更加一致和可靠。同时，它促进了国际的信息安全交流与合作，推动了行业创新，支持了网络安全企业和研究机构的工作。通过普及网络安全知识，提升公众防范意识，计算机病毒知识百科显著增强了全球网络安全防护能力，为行业标准化和科学化提供了重要支撑。

博 弈 篇

计算机病毒被喻为网络空间的数字顽疾，其存在如同宇宙中的暗物质，无形中影响着整个网络生态。对立统一是世间万物和谐共处的基础，计算机病毒的出现催生了相应的防御与反制机制，即反病毒技术的不断发展与进化。与其说是相生相克的轮回，不如说是历史演进的沧桑。计算机反病毒技术是应对计算机病毒的有效防御手段，且两者之间的"魔道之争"仍在持续上演。

第 6 章　绝地反击：反病毒简史

计算机病毒是一类能够自我复制的恶意程序，它们通过嵌入和篡改计算机系统内的代码，实现传播和感染其他程序，类似于生物体内的病毒。它们不仅能破坏文件、盗取数据，还可能使整个计算机系统瘫痪，甚至传播到网络中的其他设备。

反病毒软件则可以类比为宿主的免疫系统，其设计初衷在于检测、识别并清除这些恶意程序。它们通过多种技术手段，如实时监控、文件扫描、行为分析和特征码识别，来保护计算机系统免于病毒侵害。这一保护机制确保了系统的正常运作，能抵御外部威胁。

病毒与反病毒软件之间的对抗博弈可喻为寄生虫与宿主之间的复杂互动。病毒依赖于宿主计算机系统进行复制和传播，而反病毒软件则扮演着宿主免疫系统的角色，专注于发现和消除病毒。随着物联网、人工智能和量子计算等新技术的不断推进，促使双方技术和策略不断进化与提升，病毒与反病毒之间永无止境的对抗博弈将更加复杂化与多样化。

6.1　反病毒软件简史

在网络空间，计算机软件和计算机病毒似乎是同时存在的，而反病毒软件则是作为一种防护机制后来才被开发出来的。反病毒软件是专门针对各种类型的计算机病毒而开发的一类软件，它通过枚举已知的病毒特征码或行为，对计算机系统内的文件、程序、进程、注册表等系统资源进行监控、扫描、识别和清除，以保证系统的正常运行和数据的安全性。

计算机病毒和反病毒软件之间的关系并不是简单的食物链中的猎物与捕食者关系，而更类似于进化论中的竞争和适应性关系。计算机病毒通过不断变异和进化来绕过反病毒软件的检测，而反病毒软件则通过不断更新和改进自身以适应新型病毒的威胁。在这种竞争和适应性的关系中，计算机病毒和反病毒软件相互影响、共同发展，形成一个持续的动态平衡，推动了网络安全领域的技术发展和创新。

◆ 潮起"爬山虎"

冯·诺依曼的自我复制机为计算机病毒诞生奠定了理论基础，他论证了自我复制程序存在的可能性。在此之后，各大公司的计算机程序员都开始尝试自我复制程序的实践可能性。1966 年，美国贝尔实验室的三位程序员开发了《磁芯大战》游戏，这款游戏可视为计算机病毒的雏形。网络空间中第一个真正意义上的计算机病毒，是由美国 BBN 技术公司的程序员鲍勃·托马斯（Bob Thomas）于 1971 年设计开发的。

为展示自我复制计算机程序感染其他计算机的潜力，鲍勃·托马斯在运行 Tenex 操作系统的 PDP-10 大型计算机上编写了一个实验程序，名为 Creeper（爬山虎）。作为 ARPANET 网络的一项安全测试，"爬山虎"对受感染机器的影响微乎其微，仅在受感染计算机屏幕上显示一条消息："I'M THE CREEPER: CATCH ME IF YOU CAN（我是爬山虎：如果可以的话，抓住我）"，如图 6-1 所示。

```
BBN-TENEX 1.25, BBN EXEC 1.30
@FULL
@LOGIN RT
JOB 3 ON TTY12 08-APR-72
YOU HAVE A MESSAGE
@SYSTAT
UP 85:33:19    3 JOBS
LOAD AV    3.87    2.95    2.14
JOB TTY  USER        SUBSYS
1    DET  SYSTEM      NETSER
2    DET  SYSTEM      TIPSER
3    12   RT          EXEC
@
I'M THE CREEPER : CATCH ME IF YOU CAN
```

图 6-1 "爬山虎"病毒

在网络空间，程序员间的较量总是悄无声息的。或许是受《磁芯大战》游戏所渲染的攻防对抗角色的影响，或许是厌倦了"爬山虎"程序不停显示具有挑衅意味的信息，托马斯的同事雷·汤姆林森（Ray Tomlinson）随后有针对性地开发了一款用于检测并删除"爬山虎"程序，命名为"死神"（Reaper）。当"死神"通过 ARPANET 网络时，会扫描并删除发现的"爬山虎"程序。这标志着网络空间中首个反病毒软件的诞生。这些早期的实践为后来反病毒软件的发展奠定了基础，推动了网络安全领域的技术进步与商业发展。

◆ McAfee 振臂一呼

计算机病毒的仿生学理念几乎是与生俱来的，这不仅体现在其程序设计原理上，连其命名也无一例外。在爬山虎病毒出现的第二年，出现了小兔（Rabbit）病毒，由于当时受感染主机较少，并没有造成太大的影响。在沉寂了 10 年之后的 1982 年，美国 15 岁的高中生里奇·斯克伦塔设计了针对 Apple Ⅱ计算机的"麋鹿克隆"病毒。这不仅是针对 Apple Ⅱ计算机系统设计的第一个病毒，也是历史上第一个广泛传播的计算机病毒。1986 年，巴基斯坦兄弟设计的"Brain"病毒，是第一个广泛传播的 PC 病毒。网络空间的潘多拉盒子被打开后，如何解决计算机病毒所带来的安全威胁，已成计算机安全专家面临的首要问题。

1987 年，德国计算机安全专家伯恩德·菲克斯（Bernd Fix）针对当时流行的感染 DOS 系统.EXE 和.COM 可执行文件的维也纳（Vienna）病毒，开发了一个杀毒软件，并将其也命名为"Vienna"。这是首次公开记录的计算机病毒查杀软件。菲克斯的工作不仅是反病毒技术的一个重要里程碑，也为后续的计算机安全防护奠定了基础。通过开发 Vienna 杀毒软件，菲克斯展示了如何有效地检测和清除计算机病毒，为未来的网络安全技术提供了宝贵的经验和启示。

随后，约翰·迈克菲（John McAfee）在美国洛克希德·马丁公司工作期间，注意到当时暴发的 Brain 病毒样本，并开始思索如何有效地查杀计算机病毒。在对计算机病毒进行了深入研究之后，他敏锐地意识到，针对病毒传播最有效的防御方法是开发专门的程序来检测和消除这些病毒。这一思路与菲克斯的理念不谋而合。但迈克菲迅速抓住了杀毒软件的商业机会。

迈克菲辞去了其在洛克希德·马丁公司的工作，立即创立了自己的公司 McAfee Associates，专注于开发和分销计算机杀毒软件产品。McAfee VirusScan 是其推出的首款商用反病毒软件，采用个人用户可以免费使用但企业需支付许可费的商业模式。该模式迅速取得了经济回报，迈克菲没过多久就成为亿万富翁。迈克菲开创的反病毒软件商业模式，点燃了计算机反病毒领域的技术创新和创业热潮，为反病毒软件的商业化发展树立了标杆。这一模式不仅推动了计算机安全行业的发展，也为后续的网络安全公司提供了宝贵的商业经验。

◆ 运筹帷幄

随着迈克菲创立反病毒软件商用公司，反病毒软件行业迅速崛起，各个公司相继推出了自己的产品，为应对不断增长的计算机病毒威胁掀起了一股技术研究热潮。德国公司 G Data Software 发行了首款适用于 Atari ST 计算机的反病毒软件，诺顿公司也推出了备受瞩目的 NOD32 反病毒软件。其他公司如德国的 Avira、捷克的 Avast、荷兰的 AVG Technologies 和英国的 Sophos 也纷纷加入这场反病毒技术革命。

随后，更多反病毒软件公司相继成立。北京江民科技公司（简称江民公司）于 1989 年创立，并推出了备受好评的 KV 系列反病毒软件。斯洛伐克的 ESET 公司于 1992 年问世，罗马尼亚的 Bitdefender 公司于 1996 年成立，俄罗斯的 Kaspersky 实验室则于 1997 年建立，这些公司的加入进一步加剧了反病毒软件市场的竞争格局，从客观上推动了反病毒技术的发展。

随着时间的推移，计算机病毒的形态和数量呈现出前所未有的增长趋势，给反病毒软件技术带来了巨大挑战。20 世纪 90 年代初期，随着互联网的普及和计算机系统的广泛应用，病毒的传播途径变得更加多样化和隐蔽化，导致原有基于病毒特征码的查杀技术逐渐失去优势。面对这一新形势，反病毒软件公司不得不加大研发投入，探索更加先进的反病毒技术，以提升对抗日益复杂的计算机病毒威胁的能力。

◆ 艰难跋涉

1995 年 8 月 24 日，微软（Microsoft）公司发布了具有里程碑意义的操作系统——Windows 95。这一操作系统不仅革新了操作系统的设计理念，还彻底改变了人们使用计算机的方式，对个人计算机的普及和整个科技行业产生了深远的影响。Windows 95 的推出是计算机技术历史上的一个重要时刻。

　　Windows 95 作为一个 32 位操作系统，相较于之前的 16 位 DOS 系统，提供了更多功能和更复杂的系统架构。这为病毒编写者提供了新的攻击面和利用点。Windows 95 引入了更复杂的文件系统和更丰富的系统调用，病毒编写者可以利用这些新特性创造更隐蔽和更有效的病毒。

　　Windows 95 的推广和普及极大地扩展了个人计算机的用户基础，这意味着病毒有了更广阔的传播平台。随着越来越多的家庭和企业采用 Windows 95，病毒的潜在影响和传播速度显著增加。此外，Windows 95 是首个真正推动互联网集成的 Windows 操作系统，集成了 Internet Explorer 并提供了更好的网络支持。这使得病毒传播途径从局部网络扩展到全球互联网，病毒可以更快速地在全球范围内传播，从而增加了病毒防治的难度。

　　客观上，随着 Windows 95 的推出和病毒威胁的增加，反病毒软件面临前所未有的挑战。尤其是 1998 年 CIH 病毒的大暴发，该病毒能够直接破坏受感染计算机的 BIOS 芯片，不仅删除或损坏数据，还使整个计算机系统无法启动，从而造成硬件级的破坏。这使原来运筹帷幄、胸有成竹的反病毒软件，在面对首次破坏计算机硬件的病毒时，显得力不从心。一时间，反病毒软件仿佛陷入无路可走的困境。但这一挑战也推动了反病毒技术的迅速发展，使其更加完善和强大。

◆　山花烂漫

　　CIH 病毒的出现曾经让反病毒软件显得力不从心，但也催生了反病毒技术的快速创新和发展，以更好地适应不断演变的网络安全威胁。针对传统特征码检测方法的局限性，反病毒软件开始采用启发式方法来识别未知病毒。这种方法不仅依赖于病毒特征数据库，还分析文件的行为和代码结构，以预测潜在的恶意软件。此外，通过监控程序运行时的行为来检测恶意软件，特别是那些可能绕过传统病毒定义的新型或变种病毒。

　　随着云计算的普及，许多安全公司开始利用云基础设施来增强反病毒解决方案。云安全平台能够实时收集和分析全球范围内的威胁数据，使病毒库得以更快更新，反应速度也更为迅速。此外，沙箱技术也是反病毒领域常用的技术之一，用于在安全的环境中运行和分析可疑程序，以观察其行为，而不对主系统造成影响。这项技术有助于安全研究人员在安全的环境中分析恶意软件，同时阻止潜在的病毒感染。

　　随着人工智能和机器学习的发展，这些技术被广泛应用于反病毒软件中。通过大数据分析，机器学习模型能够自动识别和分类新的威胁模式，提高恶意软件检测的准确性和效率。此外，为了提供更全面的安全保护，反病毒解决方案开始与网络安全技术整合，形成端点检测和响应（EDR）系统。这些系统包括防病毒、防间谍软件、防钓鱼、防勒索软件、防火墙、入侵检测系统等，不仅可以阻止病毒，还提供工具来检测、调查和响应网络内的安全事件。至此，反病毒软件从早期的系统守护者演化为现代的网络防御者，且呈现出更加智能化和综合化的发展趋势。

6.2 反病毒技术简史

在现代计算机系统中，冯·诺依曼体系结构导致数据与代码之间的界限不明显，无法严格区分存储数据和执行代码的内存区域。这为计算机病毒提供了潜在的利用机会，使其能够在数据存储区域中植入或隐藏恶意代码。因此，在这种体系结构下，识别和区分恶意代码与正常代码变得具有"不可判定性"。这种不可判定性意味着计算机病毒的检测与防御面临着固有的技术挑战。

反病毒技术需要不断演化以应对日益复杂和动态变化的病毒威胁，但这种演化通常是对已知病毒行为的响应。因此，反病毒技术在很多情况下可能会滞后于病毒技术的发展。当然，病毒与反病毒之间相互依存和对抗博弈的关系表明，反病毒技术的发展不仅需要对现有病毒技术的深入理解，还必须预测和准备应对未来潜在的病毒威胁，这需要持续不断的技术创新和动态演化。

◆ 特征码杀毒

自 20 世纪 70 年代第一个计算机病毒"爬山虎"出现以来，反病毒技术也随之萌芽。当时，为了查杀"爬山虎"病毒，研究者开发了第一个反病毒软件"死神"。随着时间的推移，病毒技术从实验室逐渐走向网络空间，对计算机系统产生了实质性的威胁，反病毒技术也应运而生。

1986 年，Brain 病毒用垃圾数据填满受害者硬盘而引发了广泛的恐慌。在这场恐慌尚未平息之时，臭名昭著的 Vienna（维也纳）病毒也开始肆虐，破坏文件系统，导致系统崩溃和数据丢失。面对此类计算机病毒的疯狂传播与感染，技术专家们开始有针对性地开发反病毒软件与之进行对抗。

这一时期的反病毒技术主要基于病毒特征码，即通过逆向分析病毒样本，提取出代表病毒唯一特征的特征码或病毒签名。然后，利用这些特征码与待检测文件进行对比，就能精确检测出是否感染了该病毒。这种一一对应的检测方法在 20 世纪 80 年代到 90 年代中期的病毒检测中表现出色，对于已知病毒的查杀效果极佳。

然而，随着计算机病毒变种数量的急剧增加，基于特征码的一一对应查杀逻辑逐渐显得捉襟见肘。病毒变种的多样性和复杂性使得这种方法难以有效应对新型和变种病毒。每当出现新的病毒变种时，反病毒软件就需要更新其特征码数据库，这不仅耗时、耗力，而且无法保证在病毒传播初期就能及时识别和查杀。为了应对日益复杂的网络安全威胁，反病毒技术不得不持续发展和创新。

◆ 广谱特征码杀毒

随着多态病毒、变形病毒和隐匿病毒等计算机病毒变种的迅速出现与增加，传统的"一个萝卜一个坑"特征码检测技术已无法满足反病毒技术的需求，反病毒技术需要寻求新的突破。在这种背景下，广谱特征码技术应运而生。广谱特征码是指在同一类病毒程序中通用的特征字符串。例如，许多病毒变种都是由母病毒衍生而来的，这类病毒通常具有一些相同的特征字符串。如果能够提取这些共同的特征字符串，就能检测出这一类计算机病毒。

广谱特征码检测技术由江民公司首创，并在 20 世纪 90 年代中期至 2000 年广泛应用，极大地提升了对计算机病毒变种的检测能力，创造了江民公司昔日的辉煌。尽管这种技术能够有效检测病毒变种，但也带来了较高的误报率，常常将正常程序误判为病毒。此外，随着互联网技术的普及，计算机病毒的攻击数量不断增多，广谱特征码检测技术的局限性也逐渐显现。

互联网的快速发展使得病毒传播速度加快，攻击方式更加多样化和复杂化，广谱特征码检测技术逐渐难以应对新型威胁。为应对这一挑战，反病毒技术需要进一步发展，结合行为分析、机器学习和云计算等新兴技术，构建更加智能和全面的防护体系。这种转变不仅提高了对已知病毒的检测和查杀效率，也增强了对未知威胁的预防和响应能力，确保计算机系统在复杂多变的网络环境中保持更高的安全性。

◆ 启发式杀毒

2000 年前后，随着互联网技术的迅速发展，各类计算机病毒层出不穷，原来的广谱特征码检测技术已无法有效应对这些新型威胁。为了对抗多态、变形病毒，反病毒领域引入了启发式检测技术。启发式检测技术不依赖传统的病毒特征码数据库，而是通过分析代码行为和文件属性来预测潜在的恶意活动。例如，它会监控程序是否试图修改关键系统文件、注册表，或尝试在系统启动时自行安装。此外，启发式检测还包括对可疑程序的沙箱测试，即在一个隔离的环境中执行该程序，观察其行为但不允许其对实际系统产生影响。这可以帮助安全专家分析未知软件的潜在威胁。

这种通过行为判断、文件结构分析等手段进行启发式查杀的病毒检测技术，在较少依赖特征库的情况下，能够识别和阻止尚未明确识别的新型或变种病毒，尤其在对抗快速演变的病毒威胁方面显示出其重要性。启发式检测技术通过监控程序行为和分析文件结构，能够更早地发现潜在威胁，并采取相应措施进行防护。

然而，启发式检测技术也面临一些挑战。随着病毒种类和数量呈指数级增长，行为分析和代码模拟可能需要大量的计算资源，导致系统性能下降。此外，启发式检测技术的误报率和漏报率也可能较高，因为某些正常程序的行为可能被误判为恶意活动。这不仅影响了系统的性能和用户体验，也可能导致系统安全性的降低。

为应对这些挑战，现代反病毒技术不断进行改进和优化。例如，结合机器学习和人工智能技术，可以更准确地识别恶意行为，减少误报和漏报。同时，云计算技术的应用也提高了启发式检测的效率，通过云端资源的协同处理，减轻了本地系统的负担。通过结合多种先进技术，反病毒技术可以提供更全面和高效的防护，保障计算机系统的安全性。

◆ 云查杀

随着互联网的发展，计算机病毒也开始迅速扩散，像灰鸽子、熊猫烧香这些病毒拉开了病毒网络化发展的序幕。在此背景下，云安全概念得到了广泛应用，其中云查杀技术成为反病毒领域的重要手段。云查杀技术利用云计算的强大资源和集中式数据处理能力来检测和清除计算机病毒，与传统的本地查杀技术相比，云查杀技术通过将数据分析和处理任务外包给远程服务器，可以提供更快、更广泛的保护。

云查杀技术的工作原理：用户的设备会定期或实时地将可疑文件或文件的特征（如哈希值、行为信息等）发送到云服务器。在云服务器上，这些数据会被与已知的病毒特征和行为模式进行对比。云服务器存储了庞大的数据库，包含各种病毒的签名、行为模式和其他相关信息。这个云数据库会持续更新，提供最新的威胁情报。一旦发现新的计算机病毒，云服务器可以迅速将处理方法（如清除指令、隔离步骤等）发送到用户设备，从而采取必要的防御措施。

云查杀技术通过利用云计算的优势，提供了一种高效、动态且资源轻便的方式来提高用户的网络安全。一方面，它能够在几乎不占用本地计算资源的情况下，为用户提供全面的病毒防护。另一方面，由于云服务器具有强大的计算能力和存储空间，能够实时处理和更新海量病毒样本，使得威胁响应更加迅速和精准。

然而，云查杀技术也面临挑战，尤其是在隐私保护和数据安全方面。将敏感数据发送到云服务器可能引起用户的隐私担忧，并且存在数据传输过程中被截获或滥用的风险。为解决这些问题，云查杀技术需要结合严格的加密措施和隐私保护策略，以确保用户数据的安全。

未来随着技术的不断进步和对隐私保护措施的增强，云查杀技术有望在网络安全领域扮演更加重要的角色。通过不断优化和创新，云查杀技术将为用户提供更加可靠和全面的安全保障，使其在面对复杂多变的网络威胁时，依然能够有效地保护用户的数字资产。

◆ 智能查杀

尽管反病毒技术取得了长足的进步，但在不断变化的网络威胁环境中，它们仍面临着持续的挑战。

✧ 多态病毒

这种病毒在每次感染时都会发生变异，因此很难仅根据特征匹配来检测它们。反病毒开发人员不断努力增强算法，以便能够领先于多态病毒的变化。

✧ 零日漏洞

这种漏洞利用尚未被软件供应商知晓的漏洞来传播病毒。对反病毒开发人员来说，检测和防御零日漏洞仍然是一场持续的战斗，因为这些漏洞在被发现之前往往是未知的。

◇ 无文件病毒

这种恶意软件仅驻留在内存中，难以通过传统方式检测到。无文件病毒利用操作系统中的合法进程和工具来执行其恶意活动。这种隐蔽的行为使得传统的反病毒解决方案难以对其进行检测和防御。

为应对日益复杂的网络威胁，反病毒技术正在利用先进技术并拥抱未来趋势。智能查杀技术是通过利用人工智能（AI）和机器学习（ML）算法，来提高恶意软件检测和响应的自动化和效率的技术。智能查杀技术通过以下几方面彻底改变了反病毒领域。

◇ 机器学习与海量数据分析

通过分析海量数据集并识别模式，机器学习算法可以更准确地检测和分类计算机病毒。这种方法能够实现主动威胁检测，最大限度地减少误报，并能够实时适应新威胁。

◇ 复杂行为分析

人工智能能够分析程序行为并检测异常行为，及时捕捉那些依赖行为而非静态特征的计算机病毒，使得对抗多态病毒和无文件病毒更加有效。

◇ 实时自适应

智能查杀技术利用持续学习和自适应能力，能够根据最新的威胁情报实时更新防御策略，从而在病毒暴发后的第一时间进行有效响应。

未来的智能查杀技术将通过结合人工智能的强大分析能力和威胁情报，为现代网络安全提供一种强有力的工具。通过不断优化和创新，智能查杀技术不仅能够应对当前的威胁，还将为未来可能出现的复杂攻击提供有效的防护。随着技术的不断进步和更多实际应用的深入，这些智能反病毒技术将变得更加精准和高效，将提供更全面和可靠的系统保护。

6.3 风云人物

在网络空间与计算机病毒对抗的过程中，曾出现过无数风云人物。尽管他们的人生轨迹各不相同，或独孤求败，或壮志凌云，或亦正亦邪，或名垂青史，但无一例外，他们在对抗计算机病毒的数字军备竞赛中所展现出的决绝与豪情，足以让他们在网络安全的历史长河中独领风骚。他们不仅展示了技术的力量，更彰显了人性的光辉。他们的故事激励着一代又一代的后来者，以智慧和勇气书写着属于自己的传奇篇章。

6.3.1 约翰·迈克菲

约翰·迈克菲（John McAfee）是一位传奇、备受瞩目且备受争议的反病毒软件先驱。作为商业领域中首位推出反病毒软件的人，他创立了著名的迈克菲反病毒软件公司。

但他也因涉嫌海外谋杀邻居、逃税数百万美元、欺诈和洗钱等罪名而备受争议。2021 年 6 月 23 日，西班牙法院裁定将他引渡至美国应对逃税指控。不幸的是，约翰·迈克菲于当天在西班牙监狱内去世，享年 75 岁。

◆ **反病毒技术先驱**

1945 年 9 月 18 日，约翰·迈克菲出生于位于英国辛德福德（Cinderford）的美国陆军基地，父亲是一名驻扎在该基地的美国军人，母亲是英国人。作为独生子，迈克菲在美国弗吉尼亚州塞勒姆度过了童年。他的成长过程充满了挑战，因为父亲酗酒并对他和母亲实施暴力，这使得迈克菲的童年生活充满了痛苦与不幸。迈克菲 15 岁时，父亲在醉酒状态下自杀，结束了对家庭成员的暴力威胁。

高中毕业后，迈克菲进入弗吉尼亚州塞勒姆的罗阿诺克学院就读，并于 1967 年获得数学学士学位。随后，他前往路易斯安那州立大学攻读数学博士，但因与一名本科女生的关系而被学院开除，后来这名女生成为他第一任妻子。

迈克菲对信息技术的热情引领他进入硅谷这个充满机遇的地方。他的职业生涯始于 1968—1970 年在位于纽约市的 NASA（美国国家航空航天局）太空研究所担任程序员，参与了阿波罗登月计划。之后，他在通用电气、洛克希德、施乐、西门子和 IBM 等公司担任软件设计师，不断追求新的挑战和职业机会。

20 世纪 80 年代，迈克菲在洛克希德·马丁公司工作时收到同事寄来的 Brain 病毒样本，这是 MS-DOS 系统中的第一个计算机病毒，开发初衷是打击软件盗版。经过深入研究后，他意识到对抗计算机病毒程序的最佳方式是开发其他程序来检测和清除它们。仅用了两天时间，他就开发出了著名的迈克菲反病毒软件 McAfee VirusScan。

1987 年，迈克菲创立了自己的计算机反病毒公司 McAfee Associates（迈克菲协会），并推出了以他名字命名的反病毒软件（这款软件至今仍被数百万台计算机使用），一个月内就有 400 万人使用。他采用共享软件模式，让用户免费试用软件，然后收取永久许可费。这种商业模式使得迈克菲反病毒软件在计算机安全领域取得了巨大成功，迈克菲也因此成为亿万富翁，成为当时网络信息领域备受瞩目的软件企业家。

◆ **备受争议的技术富豪**

当约翰·迈克菲所创建的公司及其反病毒软件发展如日中天，其本人更是飞黄腾达时，迈克菲于 1994 年做出了令人意外与费解的辞职决定，并以 1 亿美元的价格出售了他在该公司的全部股份。该公司在 2010 年被英特尔公司以 77 亿美元收购，并更名为英特尔安全公司。如果迈克菲不辞职的话，他将成为全球富豪榜上赫赫有名的亿万富翁。

在辞掉工作后，迈克菲全身心地投入他喜欢的事情中。他喜欢瑜伽，就写了几本涵盖瑜伽哲学和历史、瑜伽经典文献、现代瑜伽流派的发展演变及各流派教学风格的书籍。他喜欢驾驶超轻型飞机在低空旅行，便购买了一架以可靠性、舒适性和易于操作而闻名的塞斯纳（Cessna）私人飞机，用于短途飞行、个人飞行或商务飞行。他也大量投资房地产和雷曼兄弟债券。

而使其再次成为公众关注点的是，他涉嫌参与邻居格雷戈里·福尔的谋杀案。谋杀案发生后，在听到伯利兹警方试图对他进行讯问的风声后，迈克菲立即逃亡并消失在热带丛林中。随后，迈克菲结束了在危地马拉的逃亡旅程，并被国际刑警组织引渡至美国。2014 年 8 月，他被特邀参加在拉斯维加斯举行的著名黑客大会——DEF CON 会议。在会议上，他警告人们不要轻易使用智能手机，并指出应用程序可能被用来监视消费者的隐私信息。2015 年 8 月，迈克菲因酒后驾车和持有枪支而被田纳西州警方拦下并逮捕。尽管遭遇了这些挫折，但他并未停止他那传奇般的生活方式，而是将目光转向了美国总统竞选。2015 年 9 月 8 日，迈克菲宣布成立新政党——网络党（Cyber Party），并表示将以网络党的候选人身份参加美国总统竞选。

2020 年 10 月 5 日，迈克菲在西班牙被逮捕，这是根据美国司法部的要求进行的。美国司法部指控他未能申报和缴纳 2014—2018 年赚取的数百万美元收入的税。此外，美国证券交易委员会（SEC）也起诉迈克菲，指控他利用其名气在 Twitter 上推荐一些"首次代币发行"（ICO），从中非法赚取了超过 2300 万美元。

2021 年 6 月 23 日，迈克菲被发现死于西班牙的一间监狱牢房，享年 75 岁。尽管他的个人生活充满争议，但他对网络安全行业的影响是不容忽视的。迈克菲在反病毒软件领域的开创性工作，为现代网络安全奠定了基础，其企业家精神也激励了无数技术界的人士。

从创立迈克菲反病毒软件公司，到后来的多元化创业，迈克菲展示了其卓越的创新能力和市场敏锐度。他不但在 20 世纪 90 年代引领了反病毒软件市场的发展，还在比特币和加密货币领域表现出了独特的前瞻性视野。迈克菲对网络安全的贡献远超其个人生活的争议部分，他的技术和思想为未来的网络安全发展奠定了坚实的基础。今天的技术界人士依然能从他的创新精神和对突破传统的执着中获得灵感。尽管他晚年的法律问题和悲剧性结局使他的形象变得复杂，但他的技术遗产将永远留存在网络安全的历史档案中。

6.3.2 尤金·卡巴斯基

尤金·卡巴斯基（Eugene Kaspersky）是俄罗斯著名的网络安全专家和成功的企业家，卡巴斯基实验室的联合创始人兼首席执行官。作为该公司的领导者，他致力于计算机病毒的研究和防护，并积极倡导实施网络免疫（Cyber-immunity）措施，这一理念旨在打造一个几乎不受网络威胁影响的数字生态系统。因此，他被誉为"反病毒教皇"，这一称号不仅彰显了他在反病毒技术方面的贡献，还表明了他在全球网络安全领域的崇高地位。尤金·卡巴斯基的远见卓识和技术领导力，不仅带领卡巴斯基实验室取得了卓越成绩，也极大地提升了全球网络安全水平。

◆ **数学神童**

尤金·卡巴斯基于 1965 年 10 月 4 日出生在俄罗斯黑海沿岸的诺沃罗西斯克

（Novorossiysk）市。父亲是一名工程师，母亲是历史档案管理员。在少年时期，卡巴斯基就展现出对数学和技术的浓厚兴趣，母亲购买了大量数学杂志以满足他的求知欲。14 岁时，他在国家赞助的数学竞赛中获得第二名，引起了克格勃的关注，因为克格勃一直对潜在的密码学家感兴趣。

在克格勃的推荐下，14 岁的卡巴斯基转学至莫斯科大学开设的柯尔莫戈罗夫寄宿学校专攻数学。16 岁时，他跳级进入克格勃高等技术学院的密码、电信与计算机科学学院，开始了为期 5 年的信息压缩和密码学课程学习。该学院是为俄罗斯军方和克格勃培养情报人员的机构。1987 年毕业后，他被任命为苏联军队的情报人员，从事克格勃的密码分析工作。

1989 年 10 月，卡巴斯基在他的工作计算机 Olivetti M1704 上发现了一种名为 Cascade.24 的病毒。当他打开计算机时，屏幕上的字符仿佛瀑布般纷纷坠落，这种视觉效果激发了他的好奇心和探究热情。他决定利用自己在密码学领域的专业知识分析这种病毒的原理，并开发一款病毒清除工具。岂料，这次意外的探究竟然开启了卡巴斯基在网络安全领域的传奇职业生涯。

◆ **杀毒男孩**

卡巴斯基在克格勃工作时的小试身手，既解决了同事所遇到的计算机病毒烦恼，还坚定了自己深入研究计算机病毒及其防御策略的决心。因此，他潜心研究了当时流行的计算机病毒，并开发出相应的反病毒工具。不久，尤金·卡巴斯基就在克格勃内部成为解决复杂计算机安全问题的专家。由于他频繁地帮助同事们解决各种病毒问题，大家戏称他为"杀毒男孩"（Antivirus Boy）。

1991 年，卡巴斯基获准提前退役，离开克格勃后，加入一家名为 KAMI 的私营公司，担任信息技术中心的职务，全身心投入到反病毒软件的研究工作中。他与同事们共同努力改进反病毒软件，并于 1992 年推出了一款名为 Antiviral Toolkit Pro 的产品。然而，这款反病毒软件发布后市场反应平平，每月仅能吸引十几位客户购买，月收入约为 100 美元，客户主要来自乌克兰和俄罗斯的公司。在此期间，卡巴斯基在克格勃度假胜地谢维尔斯科耶遇到了他的第一任妻子娜塔莉亚·卡巴斯基（Natalya Kaspersky）。

1994 年，对卡巴斯基的 Antiviral Toolkit Pro 来说是幸运的一年。经过团队近三年的努力研发与改进，卡巴斯基的反病毒软件在性能上取得了显著进步。在当年德国汉堡大学举办的反病毒软件评比中，卡巴斯基的反病毒软件获得了最佳检测率的桂冠。这一殊荣迅速为卡巴斯基赢得了来自欧美公司的更多业务。随后，卡巴斯基和他的团队投入了更多精力和资源，进一步提升反病毒软件的性能，使其在竞争激烈的计算机安全市场中站稳了脚跟，并在某些技术领域处于领先地位。

为了将反病毒技术与企业家愿景结合，卡巴斯基与妻子娜塔莉亚·卡巴斯基及朋友阿列克谢·德·蒙德里克决定共同创立一家反病毒软件公司。1997 年 6 月 26 日，卡巴斯基实验室正式成立。卡巴斯基负责领导公司的反病毒研究，而娜塔莉亚·卡巴斯基则担任首席执行官。

1998 年，CIH 病毒在全球范围内大暴发。卡巴斯基实验室迅速集结力量，研发出反制工具，成为当时唯一能够清除 CIH 病毒的反病毒软件产品。此举使卡巴斯基实验室声名鹊起，并迅速发展。1998—2000 年，公司年收入增长了 280%，其中近 60%的收入来自国际业务。公司员工人数也从 1997 年的 13 人增加到 2000 年的 65 人。到 2000 年，卡巴斯基实验室已成为全球网络安全领域的佼佼者。

◆ 反病毒教皇

随着互联网技术的发展和普及，计算机病毒已成为黑客组织进行网络攻击的主要工具之一，这为卡巴斯基实验室提供了重要的发展机遇。卡巴斯基实验室的全球专家团队成功逆向追踪并揭露了一系列复杂且高隐蔽性的网络攻击，包括针对伊朗核设施长达 5 年的 Stuxnet 病毒和 Flame 病毒，以及针对东欧、俄罗斯和中亚地区政府机构、外交机构、研究机构、能源公司和军事组织的 Red October 病毒。

如今，卡巴斯基实验室已成为全球发展最快的 IT 安全供应商之一，在近 200 个国家和地区开展业务。公司在 30 多个国家设有 34 个区域办事处，拥有超过 4000 名专业人员和 IT 安全专家，致力于利用卓越的网络安全技术保护全球超过 4 亿用户。同时，卡巴斯基实验室与国际刑警组织、欧洲刑警组织及多个国家的警方合作，积极支持打击网络犯罪。在卡巴斯基的领导下，任何看似诡异难解的病毒最终都能被破解和清除，因此他被誉为"反病毒教皇"。

卡巴斯基因其在网络安全领域的杰出贡献获得了英国普利茅斯大学授予的荣誉理学博士学位。作为一位广受尊敬的专家，他经常在全球各地的大学进行网络安全演讲，并在业内领先的会议和活动中发表主题演讲。

2016 年，卡巴斯基发起"没有赎金"计划，以应对勒索软件及其制作者。该计划由卡巴斯基实验室、国际刑警组织和英特尔安全联合发起。在一年内，来自不同国家的数十家反病毒公司和警察部门加入该计划，通过反勒索病毒网站帮助数千名受害者恢复了数据，节省了数百万欧元的赎金。

此外，卡巴斯基还在国际网络安全领域的重要会议上发表讲话，倡导签署国际网络战条约，以禁止政府支持的针对关键基础设施的网络攻击。他强调："国际合作是打击网络犯罪的唯一途径。"不乱于心，不困于物，既温暖自己，又照亮别人。卡巴斯基不仅指明了网络安全行业的发展方向，还通过倡导国际合作，为全球网络安全的提升作出了巨大贡献。

6.3.3　马库斯·哈钦斯

马库斯·哈钦斯（Marcus Hutchins）是一位备受瞩目的英国网络安全专家，他在 2017 年 5 月凭借其个人智慧和出色直觉，成功阻止了全球最危险的 WannaCry 勒索病毒的扩散。他的举措拯救了全球无数计算机系统，堪称力挽狂澜。然而，令人意外的是，2017 年 8 月，当他在美国拉斯维加斯参加完 DefCon 黑客安全会议，试图返回英国时，却被美国联邦调查局特工在拉斯维加斯国际机场逮捕。他被指控涉嫌在 2014—2015 年参与创建和传播 Kronos 恶意软件，该软件用于收集银行账户、密码等网络犯罪活动。

◆ 英国乡村少年黑客

马库斯·哈钦斯出生于 1995 年，成长在英国伦敦 30 英里外的宁静小镇布拉克内尔。父亲是一位来自牙买加的社会工作者，母亲是苏格兰护士。为了让孩子们在更淳朴的环境中度过童年，哈钦斯的父母在他 9 岁时搬到了德文郡偏远地区的一座养牛场，远离了喧嚣的城市生活，享受田园牧歌的氛围。

在学校里，哈钦斯是少数几个混血儿之一，身材高大，与农村孩子不同，他更喜欢冲浪而非踢足球。内向而独立的性格让他沉迷于计算机世界。通过在父母的计算机上学习 Basic 语言，他迅速掌握了编程技能，并意识到编程可以让他创造虚拟世界中的一切。尽管学校的计算机实验室有安全限制，他仍能通过编程绕过这些限制，安装并运行了一些被禁止的游戏软件，如《反恐精英》和《使命召唤》。

在他 13 岁生日时，哈钦斯请求父母购买零件，自己组装了一台个人计算机。这台计算机他视若珍宝，他开始浏览黑客论坛，探索更深层次的编程。在一个论坛上，他了解到一种伪装成 JPEG 文件的 MSN 蠕虫病毒，引发了他对黑客技术的兴趣。14 岁时，为了展示他的编程能力，他开发了一个密码窃取软件，虽然这让他在论坛上获得了认可，但也让他陷入了道德困境。

随着他常去的 MSN 论坛关闭，他转向另一个名为 HackForums 的社区，这里汇聚着一群年轻且野心勃勃的黑客。在这个以实力为尊的黑客社区中，拥有僵尸网络是获得尊重的最低标准。黑客利用僵尸网络进行分布式拒绝服务（DDoS）攻击，迫使目标系统宕机。16 岁时，哈钦斯与化名为 Vinny 的客户合作，开发了 UPAS Kit（印尼爪哇岛上的 upas 毒树分泌的毒汁可用于制作毒镖和毒箭）工具，并在黑客市场上销售，这标志着他的技术之路迈出了重要一步。

经过数月的辛勤努力，哈钦斯成功完成了 UPAS Kit 的开发，并在 2012 年夏季将其推向市场。Vinny 用比特币支付了数千美元的开发费用，使哈钦斯踏上了自由编程之路。他购买了新设备，开始炒比特币，并在家中自学编程。2014 年 6 月，他根据 Vinny 的要求升级了工具，并将其命名为 Kronos（克洛诺斯，希腊神话中宙斯之父），这款软件成为史上臭名昭著的银行木马病毒之一。

◆ 拯救互联网的英雄

由于开发了 Kronos 银行木马，哈钦斯内心总在道德与犯罪感之间不停摇摆与挣扎，有段时间甚至还为此深陷抑郁状态之中。为了使自己回归到对恶意软件攻防技术的追求，他创建了 MalwareTech 博客，不时分享其关于很多恶意软件技术的客观分析和心得，从而获得了很多黑帽和白帽黑客的关注。

停更 Kronos 恶意软件之后，哈钦斯开始对世界上最大僵尸网络中的 Kelihos 和 Necurs 进行逆向工程分析，以监控僵尸网络内部活动情况。他有针对性地编写了一些僵尸网络监控程序，以标记并统计出被僵尸网络控制的计算机。他将这些逆向分析与僵尸网络监控程序分享在其 MalwareTech 博客中。不久，美国洛杉矶网络安全公司 Kryptos Logic 的首席执行官 Salim Neino 看到哈钦斯关于 Kelihos 僵尸网络的博文后，就向其抛出橄榄枝，并在线联系了他，希望其能为该公司创建一个僵尸网络跟踪系统。这个系统可在用户的计算机 IP 地址出现在 Kelihos 等僵尸网络中时发出报警，并为哈钦斯赢得了 10,000 美元的酬金。

由于哈钦斯在僵尸网络逆向分析方面已有深厚积累，他很快就开发完成了 Kelihos 僵尸网络跟踪程序。完成这个项目后，哈钦斯又继续为另一个更大规模的僵尸网络 Sality 开发了跟踪器。Kryptos Logic 的首席执行官 Salim Neino 非常欣赏哈钦斯在网络安全领域的敏锐洞察力与编程才华，为他提供了一份年薪六位数的工作邀约。能够将自己的特殊才华用于正义的网络安全防御事业，哈钦斯内心不再纠结，踌躇满志地踏上了崭新的网络安全攻防技术研究历程。

2017 年，哈钦斯被邀请出席由英国国家网络安全中心举办的一次启动仪式，旨在招募网络安全领域中"最优秀及最聪明的"人才与政府合作。尽管哈钦斯秉持着黑客对权威质疑的天性，但他开始相信公共与个人的合作是确保互联网安全的关键。这种合作关系创造出的力量令人振奋：一旦哈钦斯有需要分享的信息或疑问，他可以立刻与英国情报部门取得直接联系，这让他内心充满了荣耀与崇高感。

同年 5 月 12 日中午，英国皇家伦敦医院的一位年轻麻醉师发现他无法登录医院的邮件系统。起初，他以为是办公计算机过于陈旧导致的问题。不久之后，医院的 IT 管理员告诉他，这次问题不同寻常，感觉更像是病毒正在医院网络上传播。他们随后打开了办公室内的另一台计算机，开机后看到了带锁图案的红色屏幕，上面写着："Oops, your files have been encrypted!"（糟糕，你的文件被加密了！）屏幕下方则显示需要支付 300 美元的比特币才能解锁该机器。WannaCry 勒索病毒锁屏画面如图 6-2 所示。

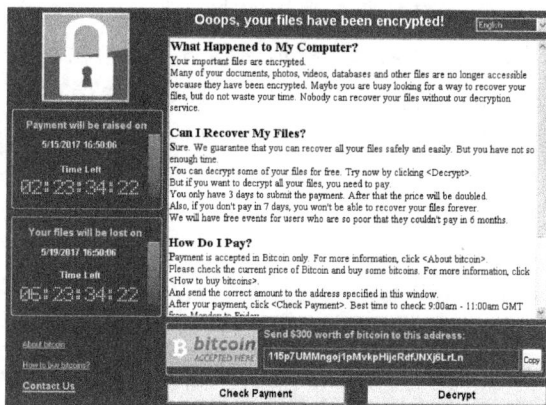

图 6-2　WannaCry 勒索病毒锁屏画面

很快，整个医院的计算机都被这种病毒所感染，导致当天安排的手术被迫取消，急救服务也因此延迟。网络安全研究人员将这种蠕虫病毒命名为 WannaCry，因为它在加密文件时会在文件名后添加".wncry"扩展名。WannaCry 病毒在加密计算机时使用了一种名为"永恒之蓝（EternalBlue）"的漏洞利用工具进行传播。"永恒之蓝"是 2017 年 4 月，由一个名为"影子经纪人"的黑客组织从美国国家安全局（NSA）窃取出来并公布在网络上的漏洞利用工具。

在 WannaCry 病毒的肆虐下，受害者非常广泛，包括德国铁路公司，俄罗斯联邦储蓄银行，汽车制造商雷诺、日产和本田，中国多所大学，印度的警察局，西班牙电信公司，联邦快递，波音公司等。短短一下午，该勒索病毒就破坏了将近 25 万台计算机的数据，预计损失约 60 亿美元，而且情况仍在继续恶化中。

此时，哈钦斯正在享受长达一周的"居家旅游"休假。2017 年 5 月 12 日下午 2:30 左右，吃完午餐后的哈钦斯回到计算机前，才发现这场互联网大灾难。几分钟后，一个代号 Kafeine 的黑客朋友向哈钦斯发来一份 WannaCry 病毒的代码副本。拿到代码后，哈钦斯立即开始逆向分析这些代码。在虚拟机中运行这个程序时，他发现该程序在执行加密前，会向一个看似随机生成的网址发送一条查询信息。如果不能收到该网址的返回信息，程序会启动加密勒索操作；如果能收到该网址的返回信息，程序则不做任何操作。

哈钦斯立即在网络浏览器中输入这个网址，但发现该网站不存在。他敏锐地意识到，这个勒索病毒采用了"命令/控制"模式，即某个服务器能向被感染的计算机发送控制指令。意识到这一点，哈钦斯迅速访问了域名注册商 Namecheap，并在下午 3:08 花费 10.69 美元注册了这个网址。随后，他将该域名指向了 Kryptos Logic 公司的一组"SinkHoling（天坑）"服务器。结果，他立刻收到了来自全球数千台新感染计算机的连接请求。哈钦斯在 Twitter 上通报了这一信息，引起世界各地研究人员、记者和系统管理员的关注。

哈钦斯看似随意的域名注册，竟然成功阻止了 WannaCry 病毒的进一步传播，使全球互联网免于一场全面爆发的数据加密勒索大灾难。这场攻击仅在英国就导致大约 19,000 个医疗预约被取消，5 个急诊室被迫转移病人。哈钦斯的干预使剩下的 92 个设施免受影响，同时缓解了攻击在美国工作日高峰期的迅速传播。哈钦斯成为了力挽狂澜的互联网英雄，英国小报用夸张的标题报道他，称他是在卧室中"意外"拯救世界的英雄。

◆ FBI 阶下囚

2017 年 8 月，DefCon 全球黑客大会在拉斯维加斯隆重举行，哈钦斯作为备受瞩目的特邀嘉宾，光彩照人地登上了舞台。主持人慷慨地赞誉他为"网络安全领域的巨星"，这一刻，哈钦斯感受到了内心深处的满足和成就。他似乎终于摆脱了曾经网络犯罪的阴影，开始了新生活。

为避免粉丝的打扰，哈钦斯选择与朋友在 AirBnb 租下一处宽敞豪华的别墅，享受着私人游泳池、尽情狂欢的派对。而狂欢之后的现实却出人意料——在 DefCon 会议的最后一天，一辆神秘的黑色 SUV 停在他们租住的别墅外，给他带来了前所未有的不安。

在准备离开拉斯维加斯返回英国时，哈钦斯被美国 FBI 特工拦下，指控他涉嫌参与创建和分发 Kronos 银行病毒木马。在朋友和网络安全专家的支持下，哈钦斯获得了保释，并开始面对司法审判的挑战。

经过漫长的审判，法官认可哈钦斯的过去和未来潜力，最终判决他一年的刑期，可以狱外服刑。哈钦斯感到释然，尽管心中仍有负罪感，但他决心将过去的错误转化为帮助他人的力量。他希望超越 WannaCry 和 Kronos 的标签，成为一个真正造福社会的人。

哈钦斯的故事是一段曲折的网络安全传奇。他在挣扎与成长中找到了自己的位置，展现出不可思议的坚韧和勇气。他的经历不仅是一段个人奋斗史，更是对道德、责任与变革的深刻思考。

6.3.4　彼得·苏尔

彼得·苏尔（Peter Szor）（1970 年 7 月 17 日—2013 年 11 月 11 日）是备受瞩目的匈牙利计算机病毒和恶意软件研究专家，他在反病毒引擎的开发和研究领域取得了卓越的成就。他曾为多家知名公司如 Pasteur、F-PROT、AVP、Symantec 和 McAfee 等提供技术支持，并作为赛门铁克（Symantec）安全响应中心的安全架构师，设计和构建了诺顿防病毒产品线的前沿防病毒技术。

彼得·苏尔被邀请加入计算机防病毒研究人员组织 CARO，频繁在 Virus Bulletin、EICAR、ICSA、RSA 和 Usenix 等顶级安全会议上发表演讲。他不仅定期为计算机病毒和安全杂志撰写文章，还于 2005 年出版了备受赞誉的著作 *The Art of Computer Virus Research and Defense*（计算机病毒防范艺术），这本书被公认为病毒与反病毒研究领域的经典之作。

彼得·苏尔凭借其深厚的专业知识和贡献，对计算机安全领域产生了深远的影响。他的贡献不仅体现在技术上，也体现在培养并启发了一代又一代的安全研究人员方面。

◆ 反病毒先驱

彼得·苏尔（Peter Szor）于 1970 年出生在匈牙利巴拉顿湖畔的一个宁静小镇。自幼他就表现出对计算机的浓厚兴趣，这为他未来的职业生涯奠定了坚实的基础。1993 年，彼得·苏尔从匈牙利帕瑙尼亚大学毕业，获得计算机科学学士学位。在大学期间，他已经开始深入研究各类计算机病毒的行为和防护技术，并撰写了相关论文。毕业后，他创立了备受赞誉的计算机反病毒软件巴斯德（Pasteur），在匈牙利的安全领域初露锋芒。

1996 年，彼得·苏尔移居芬兰，加入 F-Secure 公司，参与 F-PROT 反病毒软件的研发。1998 年，他创建了 Data Fellows 安全公司，专注于计算机病毒分析和防护产品的研发。随后，他横跨大洋，从寒冷的赫尔辛基来到气候宜人的加利福尼亚，在洛杉矶的赛门铁克（Symantec）公司工作。在赛门铁克期间，他设计和构建了诺顿防病毒产品线的前沿防病毒技术。之后，他又在得克萨斯州奥斯汀的初创公司 Ziften 工作，并于 2011 年加入迈克菲（McAfee）公司。

◆ 天妒英才，英年早逝

彼得·苏尔在加入迈克菲（McAfee）公司后，继续致力于开发创新解决方案，以应对不断增长的计算机病毒威胁。他的前瞻性思维在一次采访中显露无遗，他预测到移动平台和社交网络将成为未来计算机病毒的主要目标。他警示道：随着病毒编写和传播活动日益被有组织的犯罪分子所利用，反病毒专家们将不可避免地成为黑客团伙的首要目标，面临着更为复杂和危险的挑战。

然而，天妒英才。彼得·苏尔于 2013 年 11 月 11 日突然辞世，年仅 43 岁。他的英年早逝令网络安全领域倍感悲痛，失去了一位杰出的反恶意软件研究先驱。为永久纪念这位"聪明的头脑和真正的绅士"，病毒公告（Virus Bulletin）社区于 2014 年 5 月设立了"彼得·苏尔奖"，该奖项旨在表彰在技术安全研究领域作出卓越贡献的个人，以延续彼得·苏尔在安全领域的深远影响和贡献。

彼得·苏尔的逝世对整个安全领域来说是一个巨大的损失。他不仅是一位杰出的技术专家，更是一位慷慨分享知识和经验的导师和领袖。在安全社区中，他享有盛誉，被认为是一个具有远见卓识和创新精神的人物。他的研究成果和专业见解对整个行业产生了深远影响，为许多安全专家提供了宝贵的指导和启发。他不仅警觉地分析了当下的威胁，还为未来的安全挑战提供了洞见和策略。

"彼得·苏尔奖"成为业内的重要荣誉，激励更多人继承和发扬彼得·苏尔的精神。这项奖项象征着对卓越安全研究的认可，也纪念了彼得·苏尔为网络安全事业所做的贡献。他的精神和影响力将继续激励新一代安全专家不断前行，努力应对日益复杂的网络威胁，确保他的光辉业绩得以延续。

彼得·苏尔将会一直被记住，不仅因为他在技术上所取得的卓越成就，还因为他的人格魅力和对整个行业的深远影响。他的一生虽然短暂，但留下的遗产和精神将继续指引和激励无数的网络安全从业者，为人类建立更安全的数字世界而不懈努力。

6.4 反病毒研究组织

中性的技术既能造福人类，也可能带来无尽的祸患。纵观网络安全的发展历史，病毒与反病毒技术皆起源于那些对计算机和网络技术充满热情的黑客。他们对技术的深入探索、挑战既定技术权威的勇气，以及将技术用于人类福祉的执着追求，使得他们如同数字世界中的璀璨星辰。

当计算机病毒开始肆虐网络空间，威胁数字世界的安全时，这些技术精英利用他们的智慧开发出反病毒技术来对抗这些威胁。然而，面对日益复杂的网络安全挑战，单打独斗已难以应对。在这场数字军备竞赛中，反病毒的技术精英意识到只有团结一致，组建强大的团队和组织，才能在技术赛场上取得优势。

6.4.1　EICAR

EICAR（European Institute for Computer Antivirus Research，欧洲计算机反病毒研究所）成立于 1991 年，是一家致力于深入研究计算机病毒和反病毒技术的非营利组织。该机构在技术解决方案和预防措施方面积极采取各种举措，旨在防止计算机病毒、特洛伊木马等恶意代码的制作和传播，以及打击计算机犯罪、欺诈行为和对个人数据的恶意利用。EICAR 标准反病毒测试文件作为业界公认的测试标准，被广泛应用于评估反病毒软件的有效性，为保护计算机和网络安全发挥着重要作用。

◆ **EICAR 标准反病毒测试文件**

EICAR 标准反病毒测试文件（EICAR Standard Anti-Virus Test File）是由 EICAR 和计算机反病毒研究组织（CARO）联合设计开发的一个计算机文件，旨在测试反病毒软件的查杀性能及响应能力。设计这个测试文件的初衷是让用户在不使用真正计算机病毒的情况下，对反病毒软件进行安全测试。EICAR 将这种使用"活病毒"测试反病毒软件的方式比作在一个垃圾桶里放了一把火，以测试火警系统的灵敏度。因此，这个测试文件虽然并非真正的计算机病毒，不会对计算机造成实际损害，但它在检测和评估反病毒软件的有效性方面发挥着重要作用。

该测试文件由著名的反病毒研究人员 Padgett Peterson 和 Paul Ducklin 共同编写，设计为由 ASCII（American Standard Code for Information Interchange，美国信息交换标准代码）表中人类可阅读的字符组成，用户可以使用标准计算机键盘轻松创建。由于创建该测试文件是在 20 世纪 90 年代，当时使用的是 MS-DOS 操作系统，因此该文件是一个仅适用于 MS-DOS 系统的纯 x86 机器代码的.COM 可执行文件。EICAR 测试文件在执行时将在屏幕上显示字符串"EICAR-STANDARD-ANTIVIRUS-TEST-FILE!"然后停止运行，不会对计算机造成任何损害。

EICAR 测试文件包含 68 个测试字符串，其具体内容如下：

X5O!P%@AP[4\PZX54(P^)7CC)7}$EICAR-STANDARD-ANTIVIRUS-TEST-FILE!$H+H*

通过这个测试文件，用户能够在完全无风险的情况下，验证他们使用的反病毒软件是否能够检测和应对潜在的威胁。这种测试方法提高了反病毒软件开发和评估的安全性和效率，确保广大用户的计算机和网络安全能够得到更好的保障。EICAR 和 CARO 通过这一创新，为全球网络安全领域作出了重要贡献。

◆ EICAR 测试文件探究

EICAR 测试文件设计于 MS-DOS 系统盛行的 20 世纪 90 年代，为了既能使用标准计算机键盘轻松创建，又能实现测试反病毒软件的有效性，设计人员在开发过程中可谓煞费苦心。由于 MS-DOS 是单用户单任务系统，任何可执行文件的运行都是系统资源（CPU、内存）独占式的，计算机病毒也不例外。当程序运行时，都会调用 DOS 系统中的中断向量 INT 21，以实现文件操作、内存管理、进程控制等功能。EICAR 测试文件的设计正是基于这个原理，用以检查反病毒软件发现病毒时其内部机制的反应和反馈信号。

EICAR 测试文件只包含 68 个人类可阅读的字符串，见图 6-3。

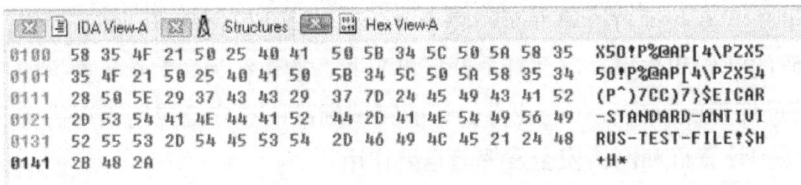

图 6-3　EICAR 测试文件中的字符串

为何由 68 个测试字符串组成的.COM 文件就能测试反病毒软件的有效性呢？下面来剖析一下该文件的真实含义。

EICAR 测试文件的结构：前 28 个字符构成的汇编代码，完成将寄存器设置成调用 INT 21 的 9 号向屏幕输出功能，DX 寄存器则指向第 29 个字符开始的字符串。由于屏幕上显示的字符串以$为结束符，因此将会显示"EICAR-STANDARD-ANTIVIRUS-TEST-FILE!"最后 4 个字节解密为 CD 21 CD 20，即调用了 MS-DOS 系统的 INT 21 和 INT 20 功能，用于退出程序。因此，我们可以将 EICAR 测试文件转换为容易阅读的汇编代码，如图 6-4 所示。

```
01.   ASSUME CS:CODES,DS:DATAS
02.   DATAS SEGMENT
03.   STRING DB 'EICAR-STANDARD-ANTIVIRUS-TEST-FILE!','$'
04.   DATAS ENDS
05.
06.   CODES SEGMENT
07.
08.   BEGIN:
09.
10.   MOV AX,DATAS
11.   MOV DS,AX
12.   LEA DX,STRING
13.   MOV AH,09H
14.   INT 21H          ; 09H编号表示显示字符串, DS:DX=串地址, '$'结束字符串
15.   INT 20H          ; 20H编号表示结束程序
16.   CODES ENDS
17.   END BEGIN
```

图 6-4　EICAR 测试文件的汇编代码

虽然 EICAR 测试文件曾在一定的历史时期扮演了重要的角色，但由于它仅适用于 16 位二进制程序的 MS-DOS 环境，当计算机生态逐渐从 16 位 DOS 系统切换至 32 位乃至 64 位 Windows 系统后，这个测试文件便无法运行，因此也失去了在现代计算机环境下测试反病毒软件有效性的实际意义。

总之，EICAR 标准反病毒测试文件的开发和应用，是反病毒技术在其漫长发展历程中的一个重要里程碑，为早期计算机系统中评估反病毒软件性能提供了创新方法。如今，EICAR 的研究范围已经扩大，不仅涵盖计算机病毒，还包括广义恶意软件的研究，以及内容安全、无线 LAN 安全、RFID 和信息安全意识等安全领域。

在数字化时代，随着技术的不断演进和网络威胁的日益增多，EICAR 作为一个权威的安全研究机构，不断致力于在多个安全领域进行深入研究，以保护用户免受各种恶意软件和网络攻击的威胁。通过跨领域的研究和合作，EICAR 不断推动安全技术的发展，为建立更加安全的数字环境作出贡献。

6.4.2　CARO

自 1990 年成立以来，计算机反病毒研究组织（Computer Anti-virus Research Organization，CARO）一直是全球反病毒研究领域的重要力量。这个组织由世界各地著名反病毒公司的顶级专家组成，致力于对恶意软件进行深入研究和分析，以提高整个行业应对这些威胁的能力。

CARO 最为人所知的贡献之一是其在 1991 年推出的病毒命名公约，其徽标如图 6-5 所示。这一公约旨在统一恶意软件的命名标准，以避免不同反病毒软件在病毒识别上产生混淆。尽管这一命名公约被广泛接受和应用，但在实施过程中也面临了不少挑战，包括来自反病毒软件供应商和行业团体对于新公约的接受度和适应性问题。

图 6-5　CARO 徽标

每年一度的 CARO 研讨会是该组织的标志性活动，自 2007 年开始举办。这个研讨会通常由举办国的一家反病毒软件公司负责组织和主持，吸引了全世界 120～130 名顶级的反恶意软件专家参与。研讨会的独特之处在于其严格的隐私和保密措施，包括禁止任何形式的摄影和录音，以确保讨论内容在一个安全和保密的环境中进行。

此外，CARO 还与欧洲计算机反病毒研究所（EICAR）合作，取得了许多显著的成果。例如 EICAR 测试文件，这个文件包含一个特定的可执行字符串，设计用于测试反病毒软件的检测效率。这样的测试工具为反病毒软件的开发和优化提供了一个标准的评估方法。

总之，CARO 在推动全球反病毒技术的进步和标准化方面发挥了重要作用。通过其年度研讨会和与其他组织的合作，CARO 不仅加强了全球反病毒专家之间的交流与协作，还显著提升了整个行业的能力。CARO 的努力确保了反病毒技术能够不断发展，以应对日益变化的网络威胁和挑战。

6.4.3　AMTSO

AMTSO（Anti-Malware Testing Standards Organization，反恶意软件测试标准组织）成立于 2008 年，总部位于美国加利福尼亚州。这是一家国际非营利组织，致力于提升反恶意软件测试的质量、公正性、客观性和透明度，以满足网络安全行业对高标准测试的迫切需求。AMTSO 汇聚了来自全球超过 60 家安全软件公司、测试机构、学术机构和媒体的专业力量，推动测试标准的发展和应用，成为网络安全行业的重要组成部分。AMTSO 成员徽标如图 6-6 所示。

图 6-6　AMTSO 成员徽标

AMTSO 的核心活动如下：

（1）制定测试标准。AMTSO 制定了一系列标准，旨在指导如何公正、准确地测试反恶意软件产品。这些标准确保了测试的可靠性和有效性，为整个行业的进步奠定了基础。

（2）资源发布。为支持测试者和消费者更好地理解和评估反恶意软件产品的性能，AMTSO 提供了一系列的测试工具、指导文件和研究报告。

（3）组织会议和研讨会。通过定期举办会议和研讨会，AMTSO 为成员和其他利益相关者提供了一个交流经验、讨论行业趋势和改进测试方法的平台。这样的互动有助于推动行业内的协同进步。

（4）认证和评估。AMTSO 还提供认证程序，验证测试的准确性和是否符合 AMTSO

标准。这种认证帮助增强了测试结果的可信度和公正性，使消费者能够更放心地选择安全产品。

此外，AMTSO 推出了 RTTL（Real Time Threat List，实时威胁列表），为测试人员、安全供应商和学者提供了一个共享恶意软件样本、URL 和遥测数据的平台。RTTL 由来自全球的安全公司、测试实验室和其他专家共同维护，提供了更完整、更准确的信息，支持流行率加权和特定区域的测试。这种资源的共享促进了更准确、更相关的反恶意软件测试，使消费者和企业能够在选择安全产品时做出更明智的决策。RTTL 的完全访问权限仅限于 AMTSO 成员。

AMTSO 还运营着 ThreatList 系统，这是一个独立但相关的样本共享系统，旨在填补曾广泛使用的 WildList 留下的空白。ThreatList 共享 RTTL 的许多功能，但与 AMTSO 成员资格无关，任何人都可以查询并使用有关 ThreatList 系统的信息。

通过这些活动和资源，AMTSO 在全球范围内推动了反恶意软件测试的标准化和专业化，确保了行业内测试的公正性和透明度，从而为用户提供了更可靠的安全产品选择。AMTSO 的努力不仅提高了测试方法的科学性和公信力，也增强了全球网络安全领域的整体防御能力。

6.4.4　Virus Bulletin

自 1989 年成立以来，Virus Bulletin 已经成长为全球网络安全领域的权威机构之一。它以其独立和严格的测试方法，特别是通过 VB100 认证，为反病毒软件的评估设定了高标准。这些测试的目的是确保用户能够信赖他们所使用的安全产品，并确保这些产品能有效地抵御恶意软件的威胁。Virus Bulletin 徽标如图 6-7 所示。

图 6-7　Virus Bulletin 徽标

VB100 认证是一个重要的基准，因为它提供了一个清晰且严格的评估标准，即 100%的病毒检测率和 0%的误报率。这意味着参与测试的反病毒软件必须能够检测到所有 WildList 数据库中的病毒，而不产生任何误报。这种高标准保证了只有最高效的产品才能够通过测试，从而给用户提供了一个可靠的参考，以选择最适合他们需求的安全解决方案。

除 VB100 认证之外，Virus Bulletin 还通过定期发布研究报告、安全漏洞和防护措施的文章，为网络安全社区提供了宝贵的资源。这些文章不仅增强了行业的知识基础，还帮助公众塑造了对网络威胁的认识和理解。

Virus Bulletin 还定期举办国际会议，这些会议被视为业界的重要事件，吸引了来自全球的网络安全专家。这些会议不仅是展示最新研究成果的平台，也是专业人士交流经验、讨论行业趋势和挑战的场所。被誉为"杀软界的奥林匹克"，Virus Bulletin 会议展现了其在全球网络安全领域中的领导地位和影响力。

总之，通过其 VB100 认证和其他活动，Virus Bulletin 在推动网络安全技术和意识方面发挥了关键作用。它不仅帮助设定和维护了行业标准，还通过教育和资源分享支持了全球网络安全的整体发展。Virus Bulletin 的工作确保了用户有可以信赖的网络安全环境，同时为反病毒软件提供商提供了展示其技术实力的平台。

在全球网络安全领域，CARO、AMTSO 和 Virus Bulletin 这三个组织虽然在功能和侧重点上有所不同，但都致力于提高恶意软件防护技术的有效性和可靠性。CARO 专注于恶意软件研究和共享威胁情报，AMTSO 致力于提升反恶意软件测试的标准和方法，而 Virus Bulletin 则以其严格的测试和认证程序闻名。它们之间存在合作关系，例如，AMTSO 和 Virus Bulletin 经常在测试标准和方法上进行交流，而 CARO 的研究成果也可能被其他两个组织在各自的领域应用。这种协同合作提升了全球网络安全的整体水平，进一步推动了全球网络安全防护技术的进步和发展。

趋 势 篇

寒武纪物种大爆发，奠定了地球生物多样性与生态食物链的基础。作为网络空间的暗物质，计算机病毒是否也会迎来网络空间的寒武纪？倘若发生了网络空间寒武纪病毒大爆发，如何有效构建固若金汤的数字马其顿防线以抵御计算机病毒攻击及由此引发的网络空间泛在化威胁？人工智能（AI）技术可否赋能计算机病毒攻击与防御，以及如何有效赋能计算机病毒攻防的持续对抗博弈？

第 7 章　魔道之争：病毒与反病毒博弈

在数字世界中，计算机病毒与反病毒软件之间的对抗可谓一场动态演化的博弈。近年来，人工智能（AI）和机器学习技术被广泛应用于这场旷日持久的攻防战，双方都在不断利用最先进的技术来增强自身的实力。病毒开发者利用 AI 生成更复杂、更隐蔽的恶意代码，反病毒软件厂商则同样借助 AI 技术，快速识别和响应新型威胁。在这场永无止境的攻防战中，没有永远的胜者，只有暂时的领先者，且攻防博弈将随着时间的推移而持续演化。

7.1　网络空间攻防博弈

网络空间的攻防博弈是指在网络安全领域，攻击者和防御者之间长期持续的对抗与竞争。攻击者利用各种技术手段对网络系统进行入侵和破坏，防御者则通过加强网络安全措施和采用防御策略来保护系统的完整性和保密性。这场博弈始于互联网发展初期，并随着网络技术的不断进步和变革而演化，涵盖了网络安全的各个方面，包括网络攻击、漏洞利用、计算机病毒和恶意软件的传播，以及数据泄露等多种威胁。无论是攻击手法还是防御技术，都在不断地发展和升级。

7.1.1　网络空间博弈

◆ 网络空间

网络空间（Cyberspace）是由互联网构成的虚拟环境，涵盖了各种信息、资源和服务。这一概念最初由科幻作家威廉·吉布森（William Gibson）在其 1984 年出版的小说《神经漫游者》中提出。在小说中，网络空间被描述为一个由电子设备构建的虚拟环境，用户可以通过神经接口直接与之交互。这一构想深刻影响了人们对数字技术与未来互联网的想象。

互联网的概念源于 20 世纪 60 年代初的信息论和早期对计算机网络的构想，目的是创建一个能实现不同计算机用户间通信的网络。这一构想源于美苏争霸的冷战时期，以美国为首的资本主义阵营为应对苏联的导弹袭击并保全自身的防御系统，以分布式互联方式联通了各地的防御指挥系统。

1969 年 10 月，美国国防高级研究计划局（DARPA）开发的阿帕网（ARPANET）投入运行，标志着世界上第一个实际运作的数据包交换网络的诞生，其是互联网（Internet）的前身。1974 年，DARPA 的罗伯特·卡恩（Robert Kahn，互联网之父和 2004 年图灵奖获得者）和斯坦福大学的文顿·瑟夫（Vint Cerf）共同设计了 TCP/IP 协议，这一新协议定义了数据在网络间传输的标准方法。1983 年 1 月 1 日，ARPANET 正式将其核心网络协议从网络控制程序转换为 TCP/IP 协议，这一转变为互联网的进一步发展奠定了异构网络互联基础。至此，TCP/IP 协议族成为互联网互联协议的事实标准，取代了国际标准化组织（ISO）推出的 OSI（Open System Interconnection，开放系统互连）参考模型。

随着网络技术的迅猛发展及时间的推移，网络空间的概念逐渐从科幻领域走向现实，开始被用来描述现实世界中的数字网络环境。目前，网络空间通常指的是全球性的、动态的，由计算机网络设备和信息系统构成的虚拟环境。这个环境包括互联网、电信网络、计算机系统及所有通过这些网络和系统进行交互的用户和数据。

网络空间具有如下特点。

➢ 全球性。网络空间不受地理位置的限制，其覆盖范围广泛，连接全球。

➢ 动态性。网络空间是高度动态的，内容和结构随着技术的发展和用户的互动不断变化。

➢ 交互性。用户可以实时互动，进行信息交换、商业交易、社会交往等。

➢ 虚拟性。虽然基于实体的硬件设施，但网络空间本身是虚拟的，存在于电子形式的数据和软件应用之中。

网络空间是一个多维度、动态发展的概念，涉及技术、社会、法律和伦理等多个方面。它的存在和演变对社会产生了深刻影响。技术的持续进步，尤其是人工智能、大数据和物联网的快速发展，正在推动网络空间向更高、更快、更强的智能化和自动化方向迈进。这些变化不仅重塑了人们的沟通方式，也重新定义了商业模式、政府运作和文化交流的框架。

随着网络空间的扩展和深化，其安全问题也日益受到全球关注。网络攻击、计算机病毒传播、数据泄露和信息战等问题不断发生，威胁个人、企业乃至国家的安全与稳定。因此，确保网络空间的安全和稳定已成为国际社会的一个重要议题。

◆ **网络空间博弈**

网络空间博弈是指在全球网络环境中，各国政府、企业、黑客及其他网络行为体之间进行的一系列网络攻防活动。这种博弈涉及计算机病毒传播、网络攻防和情报收集等多个方面，是当前国家安全和网络安全的重要组成部分。

网络空间博弈的起源可以追溯到互联网发展的早期阶段，当时主要是一些黑客为了探索和挑战网络技术的限制而进行的攻击尝试。随着互联网技术的发展和应用的普及，网络空间逐渐成为国家间新的竞技场，目前已成为继陆、海、空、天之后的第五维疆域。20 世纪 90 年代中后期，随着网络技术的广泛应用，网络攻击手段也日趋成熟和复杂，网络空间博弈开始呈现利益化、组织化、国家化的特征。

在网络空间博弈过程中，主要行为体大致有三类。

> 国家行为体。各国政府或其授权的机构，利用网络手段进行情报收集、攻击对手的关键基础设施，或进行心理战和公关战等。

> 非国家行为体。包括黑客组织、恐怖组织、私营企业等，他们可能为了政治、经济利益或单纯的技术挑战而进行网络攻击。

> 个人黑客。技术高超的个体，可能因个人信仰、好奇心或其他动机参与网络空间博弈。

网络空间博弈的主要方式如下。

> 网络攻击。主要包括分布式拒绝服务攻击（DDoS）、计算机病毒、木马、钓鱼攻击、勒索挖矿等。

> 网络防御。建立和完善网络防御系统，如入侵检测系统（IDS）、防火墙、反病毒、数据加密技术等。

> 情报活动。通过网络手段收集有关对手的情报信息，用于分析对手的网络能力和意图。

网络空间博弈直接影响到国家安全和社会稳定。网络攻击可能导致重要数据泄露、关键基础设施瘫痪，甚至引发更大规模的冲突。同时，网络空间的匿名性和跨国性使得追踪攻击者和应对攻击变得更加复杂。随着技术的进步，尤其是人工智能、量子计算和物联网的发展，网络空间博弈将变得更加复杂和微妙。未来的网络空间博弈可能会更加依赖于自动化和智能化的工具，同时也会带来新的安全挑战和伦理问题。

7.1.2 病毒与反病毒博弈

类似于寒武纪物种大爆发，计算机病毒作为网络空间的"暗物质"，也经历了类似的"寒武纪大爆发"现象。随着信息网络技术的快速发展与普及，计算机病毒的种类、攻击手段和复杂程度显著增加。这种"网络空间寒武纪"现象可能导致多样化的病毒威胁快速涌现，使得网络安全形势愈发严峻和复杂。

网络空间中的病毒与反病毒博弈描述了一种持续的技术对抗过程。攻击者通过设计和部署计算机病毒实施攻击，网络安全专家则开发并优化反病毒软件以防御这些攻击。博弈的核心在于攻防双方技术能力的持续演进和策略的不断更新。计算机病毒能够自我复制并在用户不知情的情况下传播，其目的可能包括破坏系统功能、窃取敏感数据或引发其他安全问题。为反制这些威胁，反病毒软件采用了多种检测技术，如签名匹配、行为分析和启发式方法，以识别和阻止病毒活动。

◆ 病毒"狼烟四起"

1971 年，美国 BNN 公司的程序员鲍勃·托马斯为了测试 ARPANET 的网络安全性，编写了一款名为"Creeper"（爬山虎）的实验性程序。这个程序能自我复制并在网络中传播，成为历史上首个网络病毒的实例，从而无意中开启了网络病毒与反病毒技术之间的动态对抗。为有效地检测并清除"Creeper"病毒，托马斯的同事雷·汤姆林森开发了一个名为"Reaper"（死神）的程序。这个程序被设计为自动在 ARPANET 网络中穿梭，识别并清除"Creeper"。这种清除机制是对抗计算机病毒的早期尝试，为后续病毒防治技术的发展奠定了基础。

在"Creeper"被"Reaper"清除后的第二年，出现了名为"Rabbit"（小兔）的病毒，但由于当时受感染的主机数量较少，它并未造成显著影响。1982 年，美国 15 岁的高中生里奇·斯克伦塔（Rich Skrenta）出于好奇和恶作剧心理，设计了针对 Apple II 计算机的 Elk Cloner 病毒。这不仅是首个针对 Apple II 计算机系统的病毒，也是历史上首个广泛传播的计算机病毒。1986 年，巴基斯坦兄弟为反击软件盗版设计了 Brain 病毒，这成为第一个广泛传播的 PC 病毒。1988 年，康奈尔大学 23 岁的研究生罗伯特·莫里斯创建并发布了拥有几十行代码的第一个互联网蠕虫，感染并崩溃了连接到互联网的 60000 台计算机中的约 10%，造成了数百万美元的损失。至此，网络空间 DOS 时代的潘多拉盒子已被打开。

在 1995 年微软推出 Windows 95 操作系统之前的 DOS 时代，各类计算机病毒的出现多出于编程高手的技术炫耀、好奇心理及恶作剧心理。他们通过编写独特的病毒，以展现各自高超的编程技术，希望获得技术社区的认同和崇拜。因此，从某种意义上说，计算机病毒是个人英雄主义在网络空间的必然产物。

然而，随着计算机和网络技术的深入融合及数字经济的快速发展，信息与网络技术逐渐渗透到现实社会的各个层面。病毒编写者们开始意识到，计算机病毒不仅可以用于炫耀和恶作剧，还可以实现某些经济利益。于是，网络技术改变了计算机病毒传播感染方式和发展模式，相应地，计算机病毒也逐渐演变为网络攻击的主要载体。

此外，随着 Windows 95 操作系统引入了对 VBA（Visual Basic for Applications）宏的支持，使得用户可以在 Office 文档中嵌入额外的宏代码。这一特性使得病毒编写者能够利用 VBA 编写宏病毒，从而将病毒的感染范围从传统的 DOS 可执行文件扩展到 Office 数据文档。

从这个视角来看，Windows 95 对 VBA 宏代码的支持，显著降低了病毒编写的技术门槛。以前需要使用晦涩难懂的汇编语言编写的计算机病毒，现在可以通过简易的 VBA 语言实现。这种源代码可见的宏病毒不仅容易被复制和修改，还导致了病毒变种的快速增加，整体上促进了计算机病毒数量的迅速增长。此后，计算机病毒似乎进入了其演化发展的"寒武纪"，各类病毒技术层出不穷。

1998 年，CIH 病毒的大爆发改变了人们对计算机病毒的传统认知，首次展示了病毒不仅可以破坏软件和数据，还能够对计算机硬件造成永久损害。CIH 病毒通过重写计算机的 BIOS 固件，使受感染的计算机因缺失初始化启动代码而无法启动，开创了破坏硬件设备的先例。这一事件凸显了计算机病毒对硬件层面造成威胁的潜力，促使安全专家重新评估和强化硬件防护措施。

1999 年，Melissa 病毒首次利用电子邮件作为传播媒介，通过感染用户的电子邮件联系人列表进行快速传播，造成了 8000 万美元的经济损失。这种传播方式显著提高了病毒的扩散速度和影响范围，标志着计算机病毒传播手段的重大转变。Melissa 病毒的爆发促使企业和用户加强对电子邮件安全的重视，并推动了反垃圾邮件和反病毒技术的发展。

2000 年，LoveLetter 病毒（也称为 ILOVEYOU 病毒）利用社会工程学手段诱骗用户下载并执行恶意代码。该病毒通过伪装成一封看似无害的电子邮件附件，成功感染了大量计算机，展示了社会工程学在病毒传播中的强大作用。LoveLetter 病毒的广泛传播引发了人们对用户教育和意识提升的关注，强调了识别和防范社会工程学攻击的重要性。

2002 年，CodeRed 病毒引入了"无文件"内存攻击的概念。该病毒通过利用系统漏洞直接在内存中执行恶意代码，而不用在磁盘上留下任何文件痕迹，从而难以被传统的反病毒软件检测和清除，成为计算机病毒"无文件"攻击的先例。CodeRed 病毒的出现推动了安全行业对内存保护和实时监控技术的研究和应用，进一步提升了对高级持续性威胁（APT）攻击的防御能力。

2003 年，为应对日益增多的网络攻击，美国国土安全部成立了国家网络安全部门，这是美国政府第一个致力于网络安全的官方工作组，也表明网络安全获得了美国政府的认可与重视。2009 年 6 月 23 日，美国网战司令部成立，属于美国战略司令部的下级联合司令部，是美国军方机构，负责保护军方计算机系统。2010 年 5 月 21 日正式运行，国家安全局局长凯斯·亚历山大（Keith Alexander）中将为首任司令，总部位于美国马里兰州米德堡陆军基地。

2010 年，Stuxnet 病毒首次针对工业控制系统进行隐遁攻击，长期隐匿在伊朗核电系统中，破坏了伊朗核电站的铀浓缩离心机。Stuxnet 病毒的出现标志着网络攻击从传统的 IT 系统扩展到工业基础设施，揭示了网络战对国家关键基础设施的潜在威胁与破坏。

2014 年，Heartbleed 漏洞暴露了 OpenSSL 库中的一个严重安全缺陷，使得广泛部署 OpenSSL 的互联网服务器面临数据泄露的高风险。该漏洞允许攻击者通过恶意构造的心跳消息，从服务器内存中读取敏感信息，包括私人密钥和用户数据。Heartbleed 漏洞的发现引发了全球范围内的紧急修补和安全加固行动，促使各大企业和组织迅速更新其安全策略和系统，以防止潜在的数据泄露和滥用。

2017 年，WannaCry 勒索病毒席卷全球，利用了微软 Windows 操作系统中的一个未及时修补的漏洞（EternalBlue）。该病毒借助加密算法对受感染计算机上的数据进行加密，并要求受害者支付赎金以解锁数据。WannaCry 病毒的全球性爆发影响了不同行业的超过 25 万台计算机，包括医疗、金融、政府和教育部门。此事件不仅造成了严重的经济损失和运营中断，还标志着勒索软件成为网络犯罪的重要工具之一。WannaCry 事件进一步推动了企业和政府加大对网络安全防护措施的投资，强调了及时更新和修补系统漏洞的重要性。

可以预见，随着新技术的不断涌现，新的安全漏洞也将不断被发现和利用。计算机病毒和其他形式的恶意软件将继续演变，以利用这些新技术和漏洞。无论是物联网、人工智能、区块链，还是 5G 网络，这些前沿技术的广泛应用都可能成为新的攻击目标。例如，利用人工智能技术来创建自适应和智能化的恶意软件，通过机器学习算法来逃避检测和防御措施。

此外，物联网设备的普及将使得攻击面大幅增加，许多设备由于资源限制和设计缺陷，可能无法实现有效的安全防护，成为攻击者的潜在目标。还有，区块链技术虽然以其去中心化和高安全性著称，但其智能合约和其他应用层也可能存在漏洞，成为攻击者利用的对象。5G 网络的高带宽和低延迟特性虽然带来了极大的便利，但也可能被攻击者用来实施更快速和大规模的网络攻击。

因此，未来由计算机病毒引发的网络安全形势将变得更加复杂和严峻。为应对这一挑战，安全研究人员和从业者需要不断提升自身技术水平，开发更为先进的反病毒等安全防护措施，并保持对新技术和新威胁的高度警惕。同时，政府、企业和个人也需要加强网络安全意识，共同构建一个更加安全的数字环境。

◆ 反病毒"奋起对抗"

当计算机病毒在网络空间掀起利用漏洞、破坏数据和发起攻击的浪潮时，反病毒技术也随之崛起，开启了与计算机病毒/恶意软件漫长而复杂的对抗历程。

随着个人计算机的普及，特别是在 DOS 时代，计算机病毒开始逐渐泛滥。反病毒技术也迎来了快速发展期。德国计算机安全专家伯恩德·菲克斯（Bernd Fix）在 1987 年开发了第一款反病毒软件，用于检测和对抗臭名昭著的维也纳（Vienna）病毒。这款软件同样被命名为"Vienna"，体现了病毒与反病毒技术之间的直接对抗与短兵相接。维也纳病毒的出现促使更多的安全专家开始关注病毒检测和防护技术，进一步推动了反病毒技术的研究和应用。

1987 年，技术奇才约翰·迈克菲（John McAfee）创建了以自己名字命名的反病毒公司 McAfee Associates。这家公司不仅开发了有效的反病毒软件，还推动了反病毒技术的商业化发展，为整个行业的持续发展树立了典范。McAfee Associates 的成功标志着反病毒解决方案从实验室走向市场，成为计算机用户日常生活中不可或缺的一部分。随着 McAfee 公司的崛起，反病毒软件行业迅速扩展，涌现出一批知名企业，如诺顿（Norton）、卡巴斯基（Kaspersky）和趋势科技（Trend Micro），它们各自开发了具有独特功能和技术优势的反病毒产品。

进入 21 世纪后，互联网的快速发展和广泛普及使得计算机病毒的传播速度和影响范围大幅增加。与此同时，计算机病毒的种类和复杂度也不断提升，从传统的病毒、蠕虫和木马，到后来的勒索软件、间谍软件和 APT 攻击。面对日益严峻的网络安全形势，反病毒技术也在不断演进，采用了如行为分析、机器学习和云计算等先进技术来提高检测和防护能力。

在这个动态的博弈过程中，反病毒软件不仅仅是简单的病毒扫描工具，而且已发展成为集成多种安全功能的综合解决方案，包括防火墙、入侵检测系统（IDS）、入侵防御系统（IPS）及端点检测与响应（EDR）等。现代反病毒软件不仅能够实时监控和防护，还可以进行威胁情报分析和自动化响应，以应对复杂多变的网络威胁环境。

此外，随着物联网设备的普及，新的安全挑战也随之而来。智能家居设备、联网汽车和工业控制系统等都成为潜在的攻击目标。针对这些新兴领域的安全需求，反病毒技术也在不断扩展和创新。例如，针对物联网设备的轻量级安全代理和专门的安全协议正在开发和应用，以确保这些物联网设备的安全性。

从"爬山虎"与"死神"程序的早期博弈，到维也纳病毒与其反病毒软件的对抗，再到 McAfee Associates 引领的反病毒商业化浪潮，反病毒技术不断演化、不断进步，形成了与计算机病毒不断博弈的动态平衡。这一历程不仅见证了技术的进步，也反映了网络空间中安全与威胁之间的永恒斗争。在未来，人工智能和机器学习技术将进一步融入反病毒领域，以提高病毒检测和响应的智能化水平。例如，通过深度学习算法，反病毒软件可以更准确地识别和预测未知威胁，从而实现更高效的防护。此外，区块链技术也有望在反病毒领域发挥作用，通过去中心化的方式提高数据的完整性和透明性，增强其安全性。

总之，网络空间中的病毒与反病毒博弈是一场没有终点的竞赛，反病毒技术的发展史是一部不断创新和进步的历史。在这一过程中，技术专家、企业和用户共同努力，推动了整个网络安全行业的进步。面对未来的挑战，反病毒技术将继续演化、不断进步，为构建更加安全和可信的网络空间贡献力量。

7.2 AI 赋能未来网络攻防

随着网络空间在地缘政治中的战略意义日益凸显，看似无形隐匿的网络空间，实则攻防交织、暗流涌动，充满了潜在的冲突。随着 AI 等高新技术的快速发展与崛起，具有赋能属性的 AI 已深度融入网络空间的攻防对抗中，正显著改变网络空间的攻防格局。世界各国政府已高度重视 AI 在网络安全领域的赋能应用，这将为网络安全带来无限机遇与风险。

AI 技术赋能网络攻防，使得网络攻防变得更加智能化和自动化。攻击者可以大规模扫描网络并利用机器学习算法来识别系统漏洞，执行 APT 攻击，生成高度逼真的网络钓鱼邮件，迅速发起精准的网络攻击。同时，防御者也可通过机器学习和大数据分析，实时监控网络流量，识别异常行为，预测潜在威胁，并自动采取防御阻断措施。这种 AI 驱动的网络攻防技术可大幅提升系统的响应速度和准确性。

然而，AI 技术的应用也带来了新的安全威胁。深度伪造技术（Deepfake）可以生成逼真的虚假视频和音频，广泛用于传播虚假信息，实施社会工程学攻击，甚至在政治和军事领域制造混乱，严重影响社会安全和信任。此外，在隐私保护和数据安全方面，AI 的应用也提出了新的挑战：AI 模型需要大量数据进行训练和调整。为防止这些数据泄露和滥用，对数据的安全管理和保护至关重要。

7.2.1　AI 赋能"剑更锋"

在网络空间，作为一种对人类智能延伸与扩展的新兴技术，AI 近期的迅猛发展与快速崛起已引发了人们众多的关注与探索。作为中性的技术，赋能属性是 AI 的本质所在。在对抗博弈激烈的网络空间，攻防双方利用 AI 技术各自赋能，动态拉锯战态势初现，网络空间攻防博弈格局剧变。

计算机病毒/恶意代码作为网络攻击的载体，可以利用人工智能技术赋能开发与应用。例如，计算机病毒/恶意代码可以利用机器学习算法，自动生成变种，以逃避检测。或者利用深度学习技术，自动进行漏洞挖掘与利用。这使得计算机病毒/恶意代码的攻击能力大幅提升，将给网络防御带来更大挑战。

◆ 自动化攻击

当前，生成式 AI 技术正处于迅猛发展阶段，各大厂商竞相推出各类 AI 产品，从文字模式的 ChatGPT，到包含文字、图像、语音、视频等多模态的 GPT-4，无不在验证奇点技术理论：技术发展至某个奇点后，将呈现指数级发展态势。随着 AI 技术的不断进步，其在网络攻击中的应用也更加广泛和复杂，尤其是在自动化生成计算机病毒和恶意代码方面。

生成对抗网络（GAN）等先进的 AI 技术可以用于创建新的计算机病毒/恶意代码变种，使传统的签名检测方法失效。GAN 通过生成器和判别器的对抗训练，不断优化生成的计算机病毒/恶意代码变种，使其在特征上不同于已知的恶意代码，从而逃避反病毒检测。此外，AI 还能快速分析目标系统的防御机制，生成有针对性的攻击策略，并实时调整攻击手段以规避检测。例如，通过深度学习和强化学习，攻击者可以训练 AI 模型识别系统漏洞，自动生成并部署攻击代码。这种技术不仅能够生成多样化的恶意代码，还能够快速适应防御系统的动态调整，极大地增加了检测防御的复杂性。

此外，AI 技术还可以用于优化攻击流程和提高攻击效率。通过自动化的漏洞扫描和渗透测试，AI 能够快速识别目标系统的弱点，并生成最有效的攻击路径。同样地，AI 可以自动地进行网络钓鱼、社会工程学攻击和分布式拒绝服务（DDoS）攻击。利用自然语言处理（NLP）技术，AI 可以生成高度逼真的钓鱼邮件和短信，诱骗受害者点击恶意链接或提供敏感信息。通过自动化的数据挖掘和社交媒体分析，攻击者可以精准定位目标，实施个性化的攻击策略。

在 APT 攻击中，AI 还可以帮助攻击者实现长期潜伏和持续渗透。通过机器学习算法，攻击者可以实时监控目标系统的防御策略，动态调整攻击手段，确保攻击的隐蔽性和持续性。例如，AI 可以自动生成和更新恶意代码，以适应目标系统的防御措施，确保攻击的持续有效。

面对这种 AI 赋能的日益复杂化和自动化的计算机病毒攻击，签名检测、行为分析等传统防御机制显得力不从心。为应对这些新型威胁，防御者也需要借助 AI 技术，提升检测和响应能力。通过机器学习和大数据分析，防御系统可以实时监控网络流量，识别异常行为，并自动化地调整防御策略，以应对不断变化的攻击手段。

◆ 智能逃避技术

AI 技术的迅猛发展不仅使网络攻击更加自动化和复杂化，还能显著提升计算机/恶意代码的逃避检测能力，使其变得更加隐蔽和难以检测。通过机器学习和深度学习技术，计算机病毒可以不断学习和适应各种防御机制，极大地增强了其隐蔽性和持久性。例如，利用机器学习算法来分析防病毒软件和入侵检测系统（IDS）的工作原理，计算机病毒可以通过反复试探和学习，识别出这些防御系统的检测模式和特征，再通过 GAN 生成器和判别器的对抗训练，生成能够绕过检测系统的病毒变种。

此外，计算机病毒还可以利用 AI 技术进行实时分析和动态调整。通过嵌入 AI 模型，计算机病毒能够在被执行时监测系统环境和防御机制的响应，根据检测到的防御策略动态改变自身行为。例如，有些计算机病毒可以在检测到沙箱环境时暂停执行其恶意行为，或在检测到特定的入侵检测规则时改变其通信模式和数据传输方式。这种动态适应能力使得计算机病毒更加难以被捕捉和分析。

进一步，AI 技术还可以帮助计算机病毒进行多层次的混淆和加密。通过自动化代码混淆技术，计算机病毒可以生成大量不同的代码变种，使得逆向工程和静态分析变得极其困难。结合多态和变形技术，计算机病毒可以在每次执行时生成不同的代码结构，进一步增强其逃避能力。此外，AI 还可以用于自动化地生成复杂的加密算法，使得计算机病毒的通信和数据存储更加隐蔽和难以破解。

在网络攻击中，AI 还可以用于操控僵尸网络（Botnet）和 APT 攻击。通过机器学习算法，攻击者可以优化僵尸网络的指挥和控制通信，使其更加隐蔽和难以追踪。例如，在 APT 攻击中，AI 可以帮助攻击者实时分析目标系统的防御策略，动态调整攻击路径和手段，以确保长期潜伏和持续渗透。总而言之，AI 技术可极大地增强计算机病毒的逃避检测能力和攻击隐蔽性，从而使得未来的网络安全面临的挑战更加严峻。

◆ 社会工程学攻击

AI 技术的进步还能显著提升社会工程学攻击的精准性和复杂性。通过分析社交媒体和其他公开数据，AI 能够生成高度逼真的钓鱼邮件，使用户更容易上当受骗。这种技术不仅提高了攻击的成功率，还使得攻击者能够更高效地进行大规模的社会工程学攻击。

首先，AI 可以利用 NLP 技术，从社交媒体、博客、论坛等公开数据源中提取大量的个人信息和行为模式。这些信息包括用户的兴趣爱好、社交关系、职业背景、日常活动等。通过对这些数据的深入分析，AI 能够生成高度个性化的钓鱼邮件和信息，使其显得更加真实和可信。例如，AI 可以模仿用户的朋友或同事的语气和写作风格，发送包含恶意链接或附件的邮件，诱骗用户点击。

其次，AI 可以通过机器学习算法，自动生成和优化钓鱼邮件的内容和结构。通过对大量历史钓鱼邮件的分析，AI 能够识别哪些内容和格式最容易骗取用户的信任，并基于这些模式生成新的钓鱼邮件。AI 还可以实时监控钓鱼邮件的效果，收集用户的反馈数据，进一步优化邮件的内容和发送策略。例如，AI 可以根据用户的点击率和回复率，调整邮件的标题、正文和发送时间，以提高攻击的成功率。

最后，AI 还可以用于自动化的社会工程学攻击。通过对社交媒体数据的分析，AI 能够识别出目标用户的社交网络和关系链，生成个性化的攻击策略。例如，AI 可以模拟用户的朋友或家人的身份，发送包含恶意链接或附件的消息，诱骗用户提供敏感信息或执行某些操作。AI 还可以利用深度伪造技术，生成逼真的语音或视频，进一步增强其攻击的可信度。

在 APT 攻击中，社会工程学攻击往往是初始渗透的关键。AI 可以帮助攻击者实现更隐蔽和复杂的社会工程学攻击，突破目标系统的防御。例如，AI 可以分析目标组织的内部结构和员工关系，生成有针对性的钓鱼邮件，诱骗特定员工提供登录凭证或执行恶意操作。通过这种方式，攻击者可以在不引起警觉的情况下，逐步渗透和控制目标系统。

综上所述，AI 技术的赋能为计算机病毒提供了强大的攻击、逃避检测等能力，使得网络攻击变得更加隐蔽和难以检测。为应对这种新型威胁，防御者需要不断创新和升级防御技术，利用 AI 和大数据技术提升检测和响应能力，才可能在这场复杂的网络攻防拉锯战中占据优势。

7.2.2　AI 赋能"盾更坚"

AI 技术既可赋能计算机病毒攻击，也可赋能计算机病毒检测和防御。传统的计算机病毒检测方法主要依赖于特征码匹配，即通过识别已知病毒的特征码进行检测。然而，随着计算机病毒变种的不断出现和复杂度的增加，这种方法的效率和准确性受到了严重挑战。相比之下，通过利用机器学习和深度学习算法等人工智能方法，可以显著提升计算机病毒检测效率和准确性，使防御之盾更加坚固，给网络防御带来全新保障，有助于构建更坚固的网络安全防御体系。

◆ **威胁检测**

机器学习算法在威胁检测领域展现出强大的应用潜力，尤其在检测异常行为和潜在的恶意活动方面。基于行为的检测系统通过分析系统和网络活动，能够识别出与已知恶意行为相似的模式，从而实现早期预警和防御。具体而言，机器学习算法可以通过以下几种方式提升威胁检测的效果。

（1）特征提取与模式识别。机器学习模型可以从大量的系统日志、网络流量数据和用户行为记录中提取特征。这些特征不仅包括静态特征（如文件哈希值、IP 地址等），还包括动态特征（如系统调用序列、网络连接频率、数据包大小等）。通过训练和优化，模型能够识别出异常模式和潜在威胁。

（2）异常检测。异常检测算法（如孤立森林、支持向量机、k-means 聚类等）可以用于识别偏离正常行为基线的活动。例如，通过建立正常网络流量的基线模型，当检测到异常的流量模式（如突然的大量数据传输、异常的端口扫描行为等）时，系统可以发出警报。

（3）行为分析与关联。高级威胁检测系统不仅关注单一事件，还通过关联分析将多个事件联系起来，以识别复杂的攻击链。例如，通过关联不同时间段内的可疑登录尝试、文件访问和网络连接，可以发现潜在的多阶段攻击（如 APT 攻击）。

（4）自适应学习与更新。威胁检测系统可以通过持续学习和更新，适应不断变化的威胁环境。在线学习算法和增量学习技术使得模型能够在接收到新的威胁情报和攻击样本后，迅速调整和优化检测策略，提高检测的时效性和准确性。

（5）混合检测方法。结合监督学习和无监督学习，威胁检测系统可以更全面地覆盖已知和未知威胁。监督学习通过已标注的攻击样本训练模型，识别已知威胁；无监督学习通过聚类和降维等技术，发现未知的异常行为和潜在威胁。

◆ **计算机病毒/恶意代码分析**

AI 技术在计算机病毒/恶意代码分析领域同样展现出显著的优势，可通过自动化分析过程，迅速识别恶意代码的行为和目的。结合静态和动态分析工具，AI 技术能够更高效地提取和识别恶意代码特征，提升分析的深度和广度。具体而言，AI 技术在计算机病毒/恶意代码分析中的应用可从以下几个方面进行扩展和深化。

（1）静态分析。静态分析工具通过不执行代码的方式，直接对计算机病毒的二进制文件或源代码进行分析。机器学习模型可以用于识别代码结构、指令序列、字符串特征等静态特征。例如，通过训练分类器，可以将代码片段分为恶意或良性，或进一步识别出计算机病毒的家族和变种。静态分析的优点是速度快、覆盖面广，但对代码混淆和加密技术的应对能力有限。

（2）动态分析。动态分析工具通过在受控环境中执行代码，监测其运行时的行为。

AI 技术可以用于分析系统调用序列、文件操作、网络通信等动态特征。例如，通过构建行为模型，可以识别出计算机病毒的典型行为模式，如持久化机制、数据泄露、横向移动等。动态分析能够提供更深入的行为洞见，但执行过程相对耗时，且需要安全的沙箱环境。

（3）混合分析。结合静态和动态分析的方法，AI 技术可以实现更全面的计算机病毒分析。例如，通过静态分析提取初步特征，结合动态分析验证行为模式，提升整体检测的准确性和鲁棒性。混合分析方法能够弥补单一方法的不足，提供更加全面的计算机病毒分析结果及威胁情报。

（4）特征提取与表示学习。深度学习技术在计算机病毒特征提取与表示学习中发挥了重要作用。卷积神经网络（CNN）可以用于提取代码的局部特征，递归神经网络（RNN）可以用于捕捉代码的序列特征，生成对抗网络（GAN）可以用于模拟计算机病毒变种，提升模型的泛化能力。这些技术能够自动从大量样本中学习特征表示，显著提升计算机病毒分析的效果。

（5）自动化分析与响应。AI 驱动的计算机病毒/恶意代码分析系统可以实现自动化的分析流程，从样本收集、特征提取、行为分析到威胁情报生成，形成闭环的自动化分析与响应机制。例如，通过实时监测和分析网络流量，可以自动识别和隔离计算机病毒感染的主机，减少人工干预，提高响应速度。

◆ 入侵检测和预防系统（IDPS）

AI 技术还可赋能入侵检测和预防系统（IDPS），通过实时分析网络流量和系统日志，AI 技术可以更有效地检测并阻止潜在的攻击。以下从多个角度详细探讨 AI 在 IDPS 中的具体应用和优势。

（1）实时数据分析。AI 技术能够处理和分析大规模的网络流量和系统日志数据，实时检测异常行为。通过使用深度学习和机器学习算法，如卷积神经网络（CNN）、长短期记忆网络（LSTM）、孤立森林（Isolation Forest）等，IDPS 可以识别复杂的攻击模式和异常行为。例如，LSTM 可以用于分析时间序列数据，检测持续时间长的攻击行为，如数据泄露或 DDoS 攻击等。

（2）特征工程与模式识别。AI 技术通过自动化特征工程，从网络流量和日志数据中提取有价值的特征。例如，使用自然语言处理（NLP）技术分析日志信息，提取关键的行为特征；使用图神经网络（GNN）分析网络拓扑结构，识别异常的节点和连接模式。这些特征可以用于训练分类器，识别已知和未知的攻击模式。

（3）行为分析与关联检测。AI 可以通过行为分析和关联检测，识别多阶段攻击（如APT 攻击）。通过关联不同时间、不同来源的事件，AI 技术可以构建攻击链模型，识别出攻击者的行动路径。例如，使用贝叶斯网络或马尔可夫链模型，分析事件之间的因果关系，识别潜在的攻击步骤和目标。

（4）自适应学习与模型更新。AI 驱动的 IDPS 系统能够通过自适应学习，不断更新和优化检测模型。例如，使用强化学习技术，IDPS 可以动态调整检测规则和响应策略，优化检测效果。

（5）异常检测与自动响应。AI 技术可用于异常检测，识别偏离正常行为基线的活动。通过使用无监督学习算法（如孤立森林、k-means 聚类等），IDPS 可以发现未知的攻击行为和潜在威胁。此外，AI 技术还可以实现自动响应机制，在检测到威胁后，自动执行预定义的响应措施，如隔离受感染的主机、阻断恶意流量、生成安全警报等。

（6）混合检测方法。结合监督学习和无监督学习，AI 驱动的 IDPS 系统可以更全面地覆盖已知和未知威胁。监督学习通过已标注的攻击样本训练模型，识别已知威胁；无监督学习通过聚类和降维等技术，发现未知的异常行为和潜在攻击。混合检测方法能够提高 IDPS 系统检测的全面性和准确性。

◆ 用户行为分析（UBA）

用户行为分析（UBA）是利用机器学习和数据分析技术，对用户在系统中的行为进行监测和分析，以识别异常活动和潜在威胁。UBA 在网络安全中的应用，能够显著提升对内部威胁和复杂攻击的检测能力。以下从多个角度介绍机器学习技术在 UBA 中的具体应用和优势。

（1）行为基线建立。通过机器学习技术，UBA 系统可以建立用户的正常行为基线。通过分析用户的历史行为数据，如登录时间、访问频率、数据传输量、文件访问模式等，系统可以构建每个用户的行为模型。例如，使用聚类算法（如 k-means、DBSCAN）对用户行为进行聚类分析，识别出不同类型的正常行为模式。

（2）异常检测。一旦建立了用户的正常行为基线，UBA 系统就可以通过异常检测算法识别偏离基线的行为。常用的异常检测算法包括孤立森林、支持向量机、高斯混合模型等。例如，孤立森林可以有效检测出突然的大量数据传输或访问异常文件等异常行为，这些行为可能是数据泄露或未经授权的访问。

（3）时间序列分析。用户行为具有时间相关性，时间序列分析技术可用于捕捉用户行为的时间模式。长短期记忆网络（LSTM）和自回归积分滑动平均模型（ARIMA）等时间序列模型可用于分析用户行为的时间序列数据，识别出异常的时间模式。例如，LSTM 可以检测出用户在非正常工作时间的登录和数据传输行为。

（4）行为关联分析。复杂攻击往往涉及多个步骤和行为的关联，行为关联分析可以识别出这些关联模式。通过构建用户行为图，使用图神经网络等技术分析行为之间的关联关系，可以识别出多阶段攻击的线索。例如，用户在短时间内频繁访问多个敏感文件，可能是数据被窃取的前兆。

（5）上下文感知分析。用户行为的异常性往往与上下文相关，上下文感知分析可以提高异常检测的准确性。通过结合用户的角色、权限、地理位置、设备信息等上下文信息，UBA 系统可以更准确地识别异常行为。例如，同一用户在短时间内从不同地理位置登录，可能是账户被盗用的迹象。

（6）自动化响应与告警。UBA 系统在检测到异常行为后，可以自动触发响应措施和告警机制。通过预定义的响应策略，UBA 系统可以自动执行安全措施，如锁定账户、限制访问权限、生成安全告警等，减少人工干预，提高响应速度。例如，检测到用户的大量数据传输行为后，系统可以自动限制该用户的网络带宽，以防止数据泄露。

综上所述，AI 赋能的网络防御系统能够显著提升计算机病毒攻击检测和预防的效率和效果，有助于构建更为坚固的网络安全防御体系。面对日益复杂和多变的计算机病毒攻击，结合人工智能技术的网络防御将成为未来网络安全的重要发展方向。

7.2.3　AI 面临的攻防挑战

如果奇点技术理论成立，AI 极可能是人类社会发展的强力助推剂。近期，AI 技术取得了跨越式发展，人类的 AI 梦想已近在咫尺。OpenAI 公司自 2022 年推出 ChatGPT 之后，陆续发布了 GPT-3.5、GPT-4 等诸多改进的 AI 大模型，进一步繁荣了 AI 技术市场。尽管 AI 在计算机病毒攻防中展现了巨大的潜力，但也面临一些挑战。

（1）对抗性攻击。恶意行为者可能会利用对抗性算法生成对抗性样本，以欺骗或绕过 AI 防御系统。这些对抗性样本通过在输入数据中引入微小扰动，使得 AI 模型在分类或检测时产生误判。例如，通过对计算机病毒进行微小修改，使其特征与已知病毒的特征有所偏离，从而逃避检测。对抗性攻击的存在显著增加了 AI 防御系统的复杂性和不确定性。

（2）模型鲁棒性。AI 模型在面对对抗性样本时的鲁棒性是一个关键问题。提高模型的鲁棒性需要在训练过程中引入对抗性训练，即在训练数据中加入对抗性样本，以增强模型对这些样本的抵抗能力。然而，对抗性训练的引入也可能导致模型出现过拟合问题，并增加训练时间和计算资源的消耗。

（3）数据隐私与安全。AI 模型的训练依赖于大量的数据，这些数据可能包含敏感信息，确保数据的隐私和安全是一个重要挑战。恶意行为者可能通过数据中毒攻击，向训练数据中注入恶意样本，影响模型的训练过程，导致模型在实际应用中产生错误判断。此外，数据泄露和未经授权的数据访问也可能对 AI 防御系统造成威胁。

（4）模型可解释性。AI 模型，尤其是深度学习模型，通常被视为"黑箱"，其决策过程难以解释。缺乏可解释性使得安全专家难以理解模型的判断依据，从而难以评估模型的可靠性和安全性。提高模型的可解释性，开发透明的 AI 算法，有助于增强对 AI 防御系统的信任和理解。

（5）动态攻击与防御。恶意行为者和防御系统之间的对抗是一个动态过程。攻击者不断开发新的攻击技术，防御系统也需要不断更新和优化检测策略。这种动态对抗要求 AI 防御系统具备快速适应和响应的能力。使用在线学习和增量学习技术，可以实现模型的动态更新，提高系统的实时防御能力。

（6）计算资源与性能。AI 模型的训练和推理过程通常需要大量的计算资源和时间。在实际应用中，如何在保证检测准确性的同时，提高模型的计算效率和响应速度，是一个重要的技术挑战。优化算法和硬件加速技术（如 GPU、TPU）可以在一定程度上缓解这一问题。

（7）跨领域适应性。计算机病毒的特征和攻击手法在不同领域和环境中可能有所不同。AI 防御系统需要具备跨领域的适应能力，以应对不同场景下的计算机病毒攻击。迁移学习（Transfer Learning）和领域自适应（Domain Adaptation）技术可以帮助模型在不同领域间迁移知识，提高系统的泛化能力。

面对这些挑战，研究人员和安全专家需要不断探索和创新，开发更为鲁棒、可解释、动态适应的 AI 防御技术，构建更为坚固的网络安全防御体系。可以预见，在计算机病毒攻防的动态对抗中，AI 技术的持续进步将为网络安全带来新的机遇和解决方案。

7.3　构建数字马其顿防线

马其顿防线是在第一次世界大战期间，由协约国在希腊马其顿地区建立的一条防御战线，目的是阻止同盟国（特别是保加利亚和奥斯曼帝国）军队向南进攻。尽管战线上的战斗极其惨烈，但其存在对战争进程产生了重大影响，最终为协约国在巴尔干地区的胜利作出了重要贡献。

在不断演化的网络空间中，面对寒武纪式病毒大爆发及病毒与反病毒的持续对抗博弈所引发的日益复杂的网络威胁环境，构建坚固的数字马其顿防线至关重要。数字马其顿防线的目标是通过多层次安全架构、威胁情报共享和快速响应机制多方面相结合，形成一个快速、全面、协调、高效的数字智能防御体系。

◆ 多层次安全架构

如同人体免疫系统由多层次的免疫器官、细胞和分子共同协作，形成一个高度复杂且精密的防御体系，以保护人体免受外来病原体和内部异常细胞的侵害，构建坚不可摧的数字马其顿防线也需要采用多层次的安全架构，以增强整体纵深防御能力。通常，数字马其顿防线包括网络边界防护、数据加密、访问控制、端点保护等。每一层防护措施都应与其他层紧密协作联动，形成一个全方位、立体化的纵深防御体系，从而有效提升对各类复杂多变的网络威胁的防御能力。

1. 网络边界防护

在网络边界层面，应部署高效的防火墙、入侵检测和防御系统（IDS/IPS）、Web 应用防护墙（WAF）等。这些工具通过实时监测和过滤网络流量，能有效阻止外部威胁和未授权访问，并在攻击到达核心系统前进行实时拦截和响应。

首先，防火墙作为网络边界的第一道防线，负责对进出网络的数据包进行严格审查和控制，通过设置规则来允许或阻止特定流量，从而防止未授权访问和潜在的攻击行为。

与此同时，入侵检测系统（IDS）和入侵防御系统（IPS）在补充防火墙功能的同时，提供了更为深入的威胁分析和响应能力。IDS 通过监测网络流量和系统活动，识别潜在的恶意行为和攻击迹象，并生成警报供管理员审查。而 IPS 则在此基础上增加了自动响应机制，不仅能检测到威胁，还能在发现异常活动时及时采取措施进行阻断或缓解，以最大限度地减少威胁对系统的影响。

此外，Web 应用防护墙（WAF）专门针对 Web 应用的漏洞和威胁进行防护。WAF 能够过滤和监控 HTTP/HTTPS 流量，识别和拦截如 SQL 注入、跨站脚本（XSS）等常见的 Web 攻击，确保 Web 应用的安全性。

为提高整体联动效应，以上防护措施可集成于一个更为广泛的安全信息和事件管理（SIEM）系统中。通过 SIEM 系统，网络管理员可以实时汇总和分析来自不同安全设备的数据，形成全局性的态势感知，迅速应对突发事件。

总之，在网络边界层面，综合使用防火墙、IDS/IPS、WAF 等多种安全防护工具，结合 SIEM 系统进行统一管理和协调响应，能够构建一个多层次、纵深防御的安全框架，从而有效防御外部威胁，保护核心系统和敏感数据的安全。

2. 数据加密

数据加密是保障数据机密性和完整性的重要技术手段，它在防止数据泄露和篡改方面发挥了关键作用。加密技术通过对数据进行编码，使其在未经授权的情况下无法被解读，从而有效保护敏感信息。通常，可以利用如静态、动态、应用层等数据加密方法，对所保护的数据进行加密处理。

数据加密可以分为静态数据加密和动态数据加密两大类。静态数据加密（Data-at-Rest Encryption）主要针对存储在磁盘、数据库、文档中的数据。常见的静态数据加密方法包括全磁盘加密（FDE）、文件层级加密及数据库加密。全磁盘加密通常通过硬件或软件加密模块对整个存储设备进行加密，以确保存储介质被非法获取时数据的安全性。文件层级加密则对单个文件或文件夹进行加密控制，提供更为精细的访问控制策略。数据库加密通过对数据库中的数据进行加密，防止未经授权的用户直接访问数据库文件，以提升数据存储的安全性。

动态数据加密（Data-in-Transit Encryption）则是针对在网络中传输的数据进行加密保护。常见的动态数据加密方法包括 SSL/TLS 协议、IPSec 等。SSL/TLS 协议用于在应用层对 HTTP、SMTP、IMAP 等协议的数据流进行加密，确保传输数据的保密性和完整性。IPSec 是一个网络层协议套件，可以对 IP 数据包进行端到端的加密和认证，广泛用于建立安全的虚拟专用网络（VPN），保护企业内部通信的安全。

在应用层加密方面，数据加密技术直接嵌入应用程序中，通过应用程序接口（API）对数据进行加密和解密处理。这样可以确保数据在应用程序内部处理和传输时的安全性。此外，还可以结合访问控制和认证机制以进一步增强数据安全。

结合密码学领域的前沿技术，如对称加密算法（如 AES）、非对称加密算法（如 RSA）和混合加密方案，能够实现更加灵活和高效的加密策略。同时，采用密钥管理系统（KMS）确保密钥的安全存储、分发和更新，防止密钥泄露导致加密数据安全性受损。

总之，通过静态数据加密、动态数据加密和应用层加密等多层次的加密技术，结合完善的密钥管理方案，可以全面提升数据的机密性和完整性，防止数据在存储和传输过程中的泄露与被篡改，有助于构建一个牢固的数字马其顿防护体系。

3. 访问控制

访问控制是信息安全管理体系中的核心组成部分，旨在确保只有经过授权的人员才能够访问系统及其数据，从而有效控制风险和防范潜在威胁。常见的访问控制方法如下。

（1）多因素身份验证（MFA）。多因素身份验证显著增强了用户身份验证的安全性，通过结合多个独立的验证因素（通常包括以下三类中的至少两类）：知识因素（如密码或PIN）、所有因素（如智能卡、短信验证码或硬件令牌）和生物特征因素（如指纹、虹膜扫描或面部识别），形成多重防线。这种方法大大降低了因单一凭证泄露而导致未经授权访问的风险。此外，先进的 MFA 系统还具有异常行为检测功能，可以在发现可疑活动时触发额外的验证步骤，进一步提升安全性。

（2）基于角色的访问控制（RBAC）。基于角色的访问控制是通过为用户分配角色来管理系统访问权限的机制。每个角色与一组特定的权限集相关联，用户根据其工作职责被授予相应的角色，从而限制对敏感系统和数据的访问。该方法不仅简化了权限管理，还能有效减少权限滥用的风险。为确保 RBAC 的有效性，必须定期审查和调整用户角色和权限，确保其与实际职责相符。此外，还需定期进行安全审计，识别并修正过多授权和未及时移除的权限，确保权限最小化原则的实现，即用户仅拥有执行其工作所需的最低权限。

在 RBAC 之外，还可以结合其他高级访问控制方法进行访问控制。

（1）基于属性的访问控制（ABAC）。ABAC 为更细粒度的访问控制，通过考虑用户属性、资源属性、操作类型和环境条件等多维度因素，来动态评估和决定访问权限。通过策略语言定义规则，ABAC 能够灵活应对复杂的访问控制需求，特别是在动态环境中体现出更强的适应性和安全性。

（2）细粒度访问控制。结合 ABAC 和 RBAC 的方法，通过对资源和操作进行细粒度的权限划分，可以进一步提高访问控制的精确性。例如，可以针对特定数据字段或特定操作（如读、写、修改、删除）设置不同级别的访问权限，从而实现更细致的安全管理。

此外，还可结合其他信息安全技术与策略来进行更全面、更精细的访问控制，例如，日志审计和监控、最小特权原则、持续教育和培训等。通过多因素身份验证、基于角色和属性的访问控制，以及细粒度权限管理等多层次的访问控制机制，可以构建一个健全的访问控制体系，从而有效保护系统和数据的安全，降低风险，实现信息安全的目标。

4．端点保护

端点保护是信息安全防御体系的关键组成部分，涵盖计算机、移动设备和服务器等终端设备，这些设备是网络防御的最前线，直接面对各种复杂多变的安全威胁。因此，需要部署全面且有效的安全工具和策略进行保护。

通常，部署多层端点安全解决方案能够有效防御各种类型的攻击。

（1）终端防病毒软件。采用先进的防病毒软件，利用签名匹配和行为分析技术检测和清除恶意软件，及时更新病毒定义库以应对最新威胁。

（2）下一代防火墙（NGFW）。NGFW 通过结合传统防火墙功能和入侵防御系统（IPS）、深度包检测（DPI）等高级功能，能提供更全面的网络流量监控，具备更强的威胁拦截能力。

（3）数据丢失防护（DLP）。实施 DLP 技术，实时监控和控制关键数据的流动，防止数据泄露。DLP 解决方案应能够识别和分类敏感数据，并在违规时进行告警或阻断。

（4）端点检测与响应（EDR）。EDR 系统通过实时监控和记录端点活动，识别可疑行为，进行详细分析，并快速响应潜在威胁。EDR 应具备自动化响应功能，以实现快速而有效的威胁遏制。

此外，及时管理端点设备的漏洞并进行补丁更新是有效防御的重要策略。通过定期进行端点漏洞扫描，识别和评估存在的安全漏洞，根据优先级进行修补。在此基础上建立系统化的补丁管理流程，及时部署操作系统和应用程序的安全更新，减少漏洞被攻击者利用的机会。通过实施上述全面且科学的端点保护策略，可以显著提升企业端点设备的安全性，有效防御各种复杂威胁，保障信息和资源的安全。

◆ 威胁情报共享

威胁情报共享是提升整体防御水平的重要手段，能够帮助各组织和机构更好地预测、识别和响应安全威胁。共享威胁情报不仅可以减少信息孤岛现象，还能够提高联动协作效率，增强整体网络安全态势感知能力。

1．威胁情报共享平台

威胁情报共享平台（如信息共享与分析中心 ISAC）是实现跨组织、跨行业情报共享的重要基础设施，通常包含如下内容。

（1）标准化协议和格式。采用标准化的威胁情报传输协议和格式，如结构化威胁信息表达（STIX）和威胁自动化交换机制（TAXII），确保不同来源的威胁情报能够被有效整合和分析。这些标准化方案促进了情报的快速交换和广泛理解，减少了信息传递中的障碍。

（2）区域和全球协作。推动建立区域性或全球性的威胁情报共享平台，整合各地区和行业的安全信息资源。通过这些平台，组织可以共享威胁指标、攻击模式、应对策略等实用信息，从而提高网络整体的防御能力。

（3）预警机制。通过汇集和分析全球范围的威胁情报数据，平台可以提前识别新兴威胁和攻击手法，提供预警信息。这种提前预警能力使组织可以采取预防措施，减少潜在攻击面。

2．安全信息和事件管理（SIEM）

SIEM 系统是威胁情报共享和安全监控的重要工具，其功能包括即时检测、安全事件响应和威胁情报整合。

（1）实时数据收集。通过对网络、端点、安全设备等多个数据源进行实时数据收集，SIEM 系统能够获得全面的安全视图。数据包括日志、事件、流量记录等，有助于全面监控网络活动。

（2）关联分析。SIEM 系统可以自动化地将多个数据源中的相关信息进行关联分析，识别潜在威胁和异常行为。这种关联分析能够快速发现多点潜伏的复杂攻击。

（3）情报整合与共享。SIEM 系统内嵌威胁情报库，能够自动与外部威胁情报源同步，更新威胁情报。这种整合使得系统能够利用最新的威胁情报进行检测和响应，提高检测准确性和响应速度。

3．定期情报交流

通过定期情报交流活动，可以实现领域内安全知识和经验的共享，加速威胁情报的传播和应用。

（1）威胁情报会议或论坛。组织威胁情报会议或论坛，邀请来自政府、企业、研究机构的安全专家、从业者和学者，分享最新的安全研究成果、威胁情报、技术趋势及最佳实践。这些活动有助于提升与会者的专业知识水平，促进跨组织的协调与合作。

（2）安全社区和网络。支持并参与行业和国际性的安全社区和网络（如 FIRST、MITRE 等），加强跨组织、跨国界的情报交流与协作。建立可靠的国际合作机制和应急响应网络，提升全球范围内的威胁应对能力。

（3）持续培训与教育。定期开展内部和外部培训活动，帮助安全专业人员了解最新的威胁情报和防御技术。通过情报培训和演练，提高团队的应急响应能力和实战水平。

综合利用威胁情报共享平台、SIEM 系统和定期情报交流活动，通过标准化协议和全球协作机制，有效提高组织和行业整体的威胁防御能力。情报共享不仅能快速识别和响应威胁，还能增强应对新兴威胁的主动防御能力，构建更加安全的网络环境。

◆ 快速响应机制

高效的应急响应机制是应对网络威胁的关键，能够及时识别、隔离、消除威胁，并恢复系统正常运行。通常，一个强健的快速响应体系应包括以下内容。

1．安全运营中心（SOC）

安全运营中心（SOC）是快速响应机制的核心，通过持续监控、分析和应对威胁来保护组织的信息资产。

（1）7×24 小时实时监控。SOC 必须全天候（7×24 小时）运行，使用先进的监控工具和技术，如入侵检测系统（IDS）、入侵防御系统（IPS）和端点检测与响应（EDR），实时捕捉异常活动和潜在威胁。

（2）高级分析工具。利用机器学习和人工智能技术，SOC 能够对大量数据进行高级分析，识别隐藏在正常流量中的复杂攻击模式。如用户和实体行为分析（UEBA）和威胁情报平台（TIP）等工具可以提升威胁检测的准确性。

（3）全面可见性。SOC 需要具备全面的可见性，包括网络、端点和云环境的安全状况。通过集成多种安全工具和数据源，保证对事件的全面了解和快速响应。

2．事件响应流程

明确和标准化的事件响应流程是快速高效应对安全事件的基础。

（1）初步诊断。事件响应流程应始于对事件的初步诊断，迅速确定安全事件的性质、范围和影响。使用预先定义的事件分类和严重性等级，决定响应的优先级。

（2）隔离受感染系统。在确认安全事件后，立即隔离受感染的系统，以防止威胁扩散。这可以通过网络分段、禁用账号、关闭受感染设备等措施实现。

（3）根因分析。一旦系统被隔离，对事件进行深入的根因分析，找出具体的攻击向量和漏洞。使用取证分析技术收集证据，了解攻击者的行为路径。

（4）修复和恢复。针对发现的漏洞和威胁，制订和执行修复计划，恢复系统正常运行。包括补丁管理、配置修正和安全加固等，同时验证修复措施的有效性。

（5）文档记录。记录整个事件的响应过程，包括发现、分析、修复和恢复的每一步，以便日后审查和改进流程。

3．自动化应急响应工具

自动化应急响应工具，如安全编排、自动化和响应（SOAR）平台可以显著提升响应速度和准确性。

（1）自动化脚本和流程。使用预定义的自动化脚本和流程，快速执行隔离、封锁及其他应急响应操作，降低人为操作的失误和造成的延迟。

（2）实时威胁检测与修复。SOAR 平台能够实时收集和分析威胁数据，自动生成和执行应急响应措施，如隔离受感染设备、阻止恶意流量等，以提升整体防御效率。

（3）集成与协调。这些工具与现有的安全信息和事件管理（SIEM）系统、IT 服务管理（ITSM）平台和其他安全工具集成，确保协调一致的响应动作。

4．应急响应演练

定期的应急响应演练可以验证和增强响应团队的协作能力和实战水平。

（1）模拟攻击。开展广泛的模拟攻击演练，涵盖各种类型的安全威胁，如内部威胁、外部入侵、勒索软件攻击等，通过实际操作检验和改进响应能力。

（2）全员参与。确保演练涉及所有相关团队和人员，包括 IT 运维、安全部门、法律和公关部门等，促进行动一致和沟通顺畅。

（3）评估和反馈。演练后进行详细评估，识别薄弱环节和改进机会。根据反馈调整和优化应急响应计划，以提升整体应对能力。

5. 威胁事件报告机制

详细的威胁事件报告和分析机制使得组织能够从过去的事件中学习和改进。

（1）系统记录。建立全面的威胁事件记录系统，详细记录每次安全事件的发现、分析、响应和恢复过程，并定期审查这些记录以总结经验教训。

（2）数据分析。通过对历史事件数据进行分析，识别常见的攻击模式和漏洞，制定有针对性的防御措施，及时更新安全策略、补丁和配置。

（3）知识共享。将安全事件的应对经验、最佳实践和改进建议分享给相关团队和合作伙伴，以推动整体安全水平的提升。

（4）定期更新。定期审查和更新应急响应计划和工具，结合新出现的威胁情报和技术发展，确保应急响应机制始终处于最佳状态。

通过有机整合安全运营中心（SOC）、明确的事件响应流程、自动化应急工具、定期演练和详细的事件报告机制，组织可以构建一个快速、有效的响应体系，显著提升网络威胁的应对能力。

面对业已出现的网络空间寒武纪病毒大暴发，唯有构建固若金汤的数字马其顿防线：从技术和策略上采取多层次、全面的安全防护措施，还应加强不同组织间的信息共享与合作，并建立高效的响应和恢复机制。同时，应充分利用 AI 技术赋能攻击与防御的对抗博弈。在不断变化的网络安全形势下，通过动态调整和持续优化各项安全措施，保持数字马其顿防线的先进性和有效性，才能有效抵御层出不穷的计算机病毒威胁。

参考文献

[1] Peter Szor. 计算机病毒防范艺术[M]. 段海新，杨波，王德强，译. 北京：机械工业出版社，2007.

[2] 王倍昌. 计算机病毒揭秘与对抗[M]. 北京：电子工业出版社，2011.

[3] Michael Sikorski, Andrew Honig. 恶意代码分析实战[M]. 诸葛建伟，姜辉，张光凯，译. 北京：电子工业出版社，2014.

[4] 傅建明，彭国军，张焕国. 计算机病毒分析与对抗[M]. 武汉：武汉大学出版社，2004.

[5] Ed Skoudis，Lenny Zelter. 决战恶意代码[M]. 陈贵敏，侯晓慧，等译. 北京：电子工业出版社，2005.

[6] 张瑜. 计算机病毒进化论[M]. 北京：国防工业出版社，2015.

[7] 张瑜. Rootkit 隐遁攻击技术及其防范[M]. 北京：电子工业出版社，2017.

[8] 张瑜. 计算机病毒学[M]. 北京：电子工业出版社，2022.

[9] 张瑜，蔡君，石元泉，等. 计算机病毒技术及其防御[M]. 北京：电子工业出版社，2023.

[10] Cohen F B. Computer Viruses [D]. Los Angeles: University of Southern California，1985.

[11] Cohen F B. Computer Viruses: Theory and Experiments [J]. Computers & Security，1987，6(1): 22-35.

[12] 胡伟武，等. 计算机体系结构基础[M]. 第 3 版. 北京：机械工业出版社，2021.

[13] Randal E. Bryant，David R. O'Hallaron. 深入理解计算机系统[M]. 龚奕利，雷迎春，译. 北京：机械工业出版社，2011.

[14] Vesselin Bontchev. Methodology of Computer Anti-Virus Research[D]. University of Hamburg，Dissertation，1998.

[15] 马丁·坎贝尔-凯利，等. 计算机简史[M]. 蒋楠，译. 北京：人民邮电出版社，2020.

[16] Clifford Stoll. The Cuckoo's Egg: Tracking a Spy Through the Maze of Computer Espionage [M]. New York: Doubleday, 1989.

[17] Michael Hale Ligh, Steven Adair, Blake Hartstein, et al. Malware Analyst's Cookbook and DVD: Tools and Techniques for Fighting Malicious Code [M]. Hoboken: Wiley, 2010.

[18] Michael Sikorski, Andrew Honig. Practical Malware Analysis: The Hands-On Guide to Dissecting Malicious Software [M]. San Francisco: No Starch Press, 2012.

[19] Cameron H. Malin, Eoghan Casey, James M. Aquilina. Malware Forensics: Investigating and Analyzing Malicious Code [M]. Rockland: Syngress, 2008.

[20] Alex Matrosov, Eugene Rodionov, Sergey Bratus. Rootkits and Bootkits: Reversing Modern Malware and Next Generation Threats [M]. San Francisco: No Starch Press, 2019.

[21] Adam Young, Moti Yung. Cryptovirology: extortion-based security threats and countermeasures. Proceedings 1996 IEEE Symposium on Security and Privacy, Oakland, CA, 1996: 129-140.

后　记

新冠疫情期间，出行诸多不便，唯有安身蜗居。然而，作为思想的芦苇，我们崇尚精神至上，"躲进小楼成一统，管他春夏与秋冬"。尽管受困于现实空间，仍能自由翱翔于网络空间。在这段特殊的时期，受新冠病毒的启发，联想到计算机病毒的演化与泛滥，萌生了撰写一本计算机病毒简史的想法。

在与编辑的沟通交流中，我们的想法不谋而合，于是分工合作，推进简史的撰写事宜。写作是一段漫长而艰辛的学习与探索历程。当准备写作某方面专题时，需要长时间收集和梳理资料，再按照逻辑构思相关章节内容。在这个过程中，深刻体会到"满纸荒唐言，一把辛酸泪"所蕴含的苦衷与无奈。

回首这段写作历程，首先要感谢家人的支持与理解。疫情期间，家庭生活的琐碎与写作的专注常常发生冲突，家人的包容与鼓励，是完成这项艰巨任务的动力。正因为他们默默无闻的支持，作者才得以心无旁骛地投入写作，将心中飞扬的思想化作纸上的一行行文字。

同时，要感谢各位同行与朋友的帮助与指导。每当在资料搜索或内容构思上遇到瓶颈时，他们总是慷慨相助，提供宝贵的意见与建议。特别感谢那些在计算机病毒研究领域深耕多年的专家学者，他们的论文与专著为本书提供了坚实的理论基础。他们的无私分享和鼓励，特别是对细节的重视和批评，提升了本书的质量。

此外，还要感谢互联网的存在。网络空间的广阔与自由，使得我们在疫情期间依然能够获取丰富的资料，进行广泛的交流与讨论。互联网不仅是一座无尽的知识宝库，更是一个连接思想与心灵的平台。借助互联网无处不在的虚拟连接，弥补了现实的物理隔绝，让我们的思想得以碰撞与升华。有一种灵魂相似，隔着屏幕，却能让人无关风月，惺惺相惜。

在撰写本书的过程中，深刻体会到计算机病毒与生物病毒的惊人相似之处。它们都具有迅速传播与变异的能力，都能对系统（无论是生物体还是计算机系统）造成严重破坏。更为重要的是，它们的存在不时提醒着：人类的智慧与技术虽然在不断进步，但也面临着前所未有的威胁与挑战。

新冠疫情让我们重新审视人与自然的关系，计算机病毒的危害与泛滥也促使我们反思人与技术的关系。应该认识到，在追求技术突飞猛进的同时，如何有效地防范与应对新技术带来的潜在威胁，是每一个技术工作者和社会成员都需要认真思考的问题。技术的发展原本是造福人类，倘若不加以控制和防范，潜在的风险与威胁同样不容忽视。

写作这本《数字顽疾：计算机病毒简史》的过程，既是对过去研究成果的系统总结，也是对未来发展的展望。从早期的蠕虫病毒到现代错综复杂的 APT 攻击，每一个病毒背后都有其产生的背景和技术演变的印记。通过梳理这些历史，希望能为读者提供一个全面的人物–技术–社会等多维交融的视角，有助于其理解计算机病毒的内在逻辑和发展趋势。

当然，在写作过程中，也学到了许多新的知识和技能。每一次的研究与写作，不仅是一次知识能量的积累与释放，更是一次心灵的坦诚与历练升华。感谢这个亢奋与焦虑、傲娇与失望交织叠加的写作过程，让我们对计算机科学的理解更加深刻，对网络安全的意义认识得更为清晰。

最后，感谢电子工业出版社的编辑团队，他们的专业与敬业精神使得本书得以顺利出版。从初稿到终稿，在字里行间的斟酌与修改中投入了大量的心血。编辑团队的老师们认真负责，帮助作者把本书的每一部分都打磨得十分精细，呈现给读者的是一份精雕细琢的作品。希望这本书不仅能为读者提供知识与启示，更能引发大家对技术与安全、进步与风险的深刻思考。

愿这段特殊的写作经历，成为人生中一段难忘的记忆；愿这本书，能为读者带来一些有价值的思考与启迪。谨以此书，献给所有曾在疫情期间坚守岗位、默默奉献的人们。不要抱怨，尽量担待；不怕孤单，努力沉淀。真正能治愈自己的，只有自己。希望所有人都能在困境中找到前行的力量，在挑战中迎接新的机遇。任何时候，都要保持希望的力量，在逆境中砥砺前行，困境终将过去。

作者
2024 年 10 月

反侵权盗版声明

电子工业出版社依法对本作品享有专有出版权。任何未经权利人书面许可，复制、销售或通过信息网络传播本作品的行为；歪曲、篡改、剽窃本作品的行为，均违反《中华人民共和国著作权法》，其行为人应承担相应的民事责任和行政责任，构成犯罪的，将被依法追究刑事责任。

为了维护市场秩序，保护权利人的合法权益，我社将依法查处和打击侵权盗版的单位和个人。欢迎社会各界人士积极举报侵权盗版行为，本社将奖励举报有功人员，并保证举报人的信息不被泄露。

举报电话：（010）88254396；（010）88258888

传　　真：（010）88254397

E-mail：　dbqq@phei.com.cn

通信地址：北京市万寿路 173 信箱

　　　　　电子工业出版社总编办公室

邮　　编：100036